Manfred Fischedick
Ole Langniß
Joachim Nitsch

Nach dem Ausstieg: Zukunftskurs Erneuerbare Energien

Manfred Fischedick, Ole Langniß, Joachim Nitsch

Nach dem Ausstieg: **Zukunftskurs Erneuerbare Energien**

Redaktionelle Bearbeitung:
Thomas Menzel

S. Hirzel Verlag Stuttgart · Leipzig 2000

Die Deutsche Bibliothek – CIP-Einheitsaufnahme

Fischedick, Manfred:
Nach dem Ausstieg : Zukunftskurs Erneuerbare Energien / Manfred Fischedick ;
Ole Langniß ; Joachim Nitsch. – Stuttgart : Hirzel, 2000
ISBN 3-7776-1078-X

Birkenwaldstraße 44, 70191 Stuttgart
Printed in Germany
Umschlag, Gestaltung und Grafik: Hans Kretschmer
Satz: Dorothea Frinker
Druck: Hofmann, Schorndorf

Inhalt

Danksagung

Die Basis dieses Buches bilden die Ergebnisse der Studie *Klimaschutz durch Nutzung erneuerbarer Energien*, die im Auftrag des Bundesministeriums für Umwelt, Naturschutz und Reaktorsicherheit und des Umweltbundesamtes entstand. Eine Arbeitsgemeinschaft, bestehend aus Mitarbeitern des Deutschen Zentrums für Luft- und Raumfahrt (DLR), Stuttgart, des Wuppertal Instituts für Klima, Umwelt, Energie (WI), Wuppertal, des Zentrums für Sonnenenergie- und Wasserstoff-Forschung Baden-Württemberg (ZSW), Stuttgart, des Internationalen Wirtschaftsforums Regenerative Energien (IWR), Münster, und des Forums für Zukunftsenergien, Bonn, hat diese Studie zwischen Oktober 1998 und Oktober 1999 erstellt. Dank des intensiven Austausches mit den Auftraggebern während der ganzen Bearbeitungszeit konnten zahlreiche Vorschläge der Untersuchung zur Weiterentwicklung des Stromeinspeisungsgesetzes in den aktuellen politischen Gestaltungsprozess einfließen. Für diese effektive Art des Umgangs mit den Studienergebnissen danken die Autoren in besonderem Maße Herrn Dr. Wolfhart Dürrschmidt, BMU, und Herrn Dr. Bernhard Dreher, UBA. Nur mit der Unterstützung von Dr. Norbert Allnoch, IWR, Dr. Martin Baumert, Forum, Michael Nast, DLR, Dr. Frithjof Staiß, ZSW, und Uta Staude, ZSW, den Kollegen in der Arbeitsgemeinschaft, konnte die umfangreiche Studie in der vorgegebenen Zeit und mit dem erforderlichen Detaillierungsgrad erarbeitet werden. Sie alle haben maßgeblich zur Qualitätssicherung unserer Arbeiten beigetragen. Dies gilt gleichermaßen auch für die zahlreichen weiteren Experten in den genannten Einrichtungen, aber auch für diejenigen, die uns in den drei Anhörungen, die wir im Verlauf unserer Arbeit durchgeführt haben, zu Teilaspekten wichtige Anregungen geliefert haben. Auch ihnen sei herzlich gedankt.

Das große Interesse an den Ergebnissen dieser Studie und die aktuelle Situation der Energiepolitik in Deutschland haben uns veranlasst, wichtige Aspekte dieser Untersuchung in populärer Form einem großen Publikum nahe zu bringen und es über die Erfordernisse und Handlungsoptionen deutscher Energiepolitik zu informieren. Dabei haben wir auf Ergebnisse anderer Untersuchungen unserer Arbeitsgruppen zurückgreifen können. Die große Bereitschaft des Hirzel-Verlags, unser Buch zu veröffentlichen, hat uns wesentlich ermutigt, diesen Schritt zu tun.

Erleichtert sind wir darüber, dass ein erfahrener Lektor, Thomas Menzel, Basel, sich unserer Texte angenommen hat. Er hat dafür Sorge getragen, dass unsere Manuskripte von manchem Ballast allzu wissenschaftlicher Komplexität befreit wurden und daraus ein flüssig zu lesendes und anschauliches Buch entstand. Für diese nicht geringe Mühe danken wir ihm herzlich. Für alle möglicherweise verbliebenen Ungenauigkeiten oder Fehler sind natürlich wir Autoren verantwortlich. Gleichermaßen gilt unser Dank der Bildstelle des Wuppertal Institutes, insbesondere Hans Kretschmer, für die Aufbereitung der Grafiken und Abbildungen sowie die Buchgestaltung und Wolfram Huncke für die Mithilfe bei der Umsetzung der Buchidee in den hier nun vorliegenden Text.

Wir sind überzeugt, dass die energiepolitischen Weichenstellungen und Entwicklungen der nächsten Jahre von ganz besonderer Bedeutung für das Wohlergehen der kommenden Generationen unserer Kinder und Enkel sein werden. Ihnen sei deshalb dieses Buch gewidmet. Wir hoffen, dass es einen großen, interessierten Leserkreis findet und zahlreiche Bürger anregt, sich in die Energiepolitik „einzumischen“.

Manfred Fischedick, Ole Langniß, Joachim Nitsch
Stuttgart, Wuppertal, im Juli 2000

Vorwort

Ausstieg aus der Atomenergie – Einstieg in eine nachhaltige und umweltverträgliche Energieversorgung, das sind die Stützpfeiler der Energiewende. Sie soll den Wechsel vom fossil-nuklearen zum solar-effizienten Zeitalter einleiten. Dabei stehen die verstärkte Energieeinsparung, die Verbesserung der Energieeffizienz sowie der Ausbau der Nutzung der erneuerbaren Energien im Zentrum.

Der Schwerpunkt des vorliegenden Buches liegt bei den erneuerbaren Energien. Das ist gut so, denn sie werden noch viel zu sehr vernachlässigt. Wenn sie aus ihrem Schattendasein heraustreten und in einigen Jahrzehnten den größten Teil der Energiebereitstellung liefern sollen, dann ist es jetzt höchste Zeit, ihren Ausbau zu beschleunigen. Die damit verbundene Umstrukturierung erfordert große Anstrengungen, um geeignete Rahmenbedingungen zu schaffen, die vielen gewachsenen Hemmnisse zu überwinden und diesen Ausbau ökologisch optimiert zu gestalten.

Diese Veröffentlichung basiert auf der Studie „Klimaschutz durch Nutzung erneuerbarer Energien", die im Auftrag des Bundesumweltministeriums und des Umweltbundesamtes erstellt worden ist. Wichtige Aussagen der Studie sind bereits von der Politik aufgegriffen worden, insbesondere bei der Erarbeitung des Erneuerbare Energien Gesetzes vom 29. März 2000, mit dem das in den 90er Jahren erfolgreiche, aber dann an seine Grenzen gestoßene Stromeinspeisungsgesetz abgelöst werden konnte.

Die Nutzung erneuerbarer Energien beinhaltet vor allem die Nutzung der Solarenergie, der Wind- und Wasserkraft, der Biomasse einschließlich des Biogases sowie der Geothermie.

Die Windenergiebranche hat die Vorreiterfunktion übernommen: Mit rund 5 000 MW installierter Leistung der Windanlagen (Stand Mitte 2000) trägt sie in Deutschland im Jahr 2000 mit etwa 10 TWh bereits mit 2% zur Stromerzeugung bei und hat bereits direkt und indirekt 20 000 bis 30 000 Arbeitsplätze geschaffen. Nun müssen auch die anderen Sparten nachziehen.

Die Bundesregierung hat sich die Verdopplung des Anteils erneuerbarer Energien bis zum Jahr 2010 zum Ziel gesetzt. Dieses Ziel ist inzwischen auch im Erneuerbare Energien Gesetz gesetzlich verankert. Die EU-Kommission verfolgt das gleiche Ziel europaweit.

Gleichzeitig muss die jetzt vorzunehmende Weichenstellung mit Blick auf die mittel- und langfristigen Ziele ausgerichtet werden. Eine auf Dauer angelegte, nachhaltige Energieversorgung kann nur dann erreicht werden, wenn der Ausbau der erneuerbaren Energien auch nach 2010 kontinuierlich weiter vorangetrieben wird. Es ist ein besonderes Verdienst der Autoren, dass sie nicht allein die Verdopplung bis 2010 untermauern, sondern auch die darüber hinaus erforderliche Langfristperspektive deutlich herausarbeiten.

Meine Ziele für die Anteile der regenerativen Energien an der Energieversorgung in Deutschland lassen sich wie folgt zusammenfassen:

1. Verdopplung bis 2010, d.h. mindestens 10-12 % Anteil an der Stromerzeugung,
2. nach 2010 Anstieg um mindestens 10 % Anteil an der Stromerzeugung pro Dekade, d.h. auf mindestens 20% Anteil bis 2020 und mindestens 50% Anteil bis 2050;
3. Mindestens Verdopplung des Anteils der erneuerbaren Energien an der Energieversorgung bis 2010; darüber hinaus wird angestrebt, dass bis 2050 mindestens die Hälfte des nationalen Energieverbrauchs mit erneuerbaren Energien gedeckt wird.

Im globalen Maßstab haben die erneuerbaren Energien mit derzeit rund 18% Anteil an der Stromerzeugung einen gewissen Vorsprung gegenüber der Situation in Deutschland, hauptsächlich aufgrund der weltweit deutlich stärkeren Wasserkraftnutzung. Auch wenn der globale Energiebedarf langfristig noch steigt, halte ich das 50%-Ziel für den Anteil der erneuerbaren Energien bis 2050 auch im globalen Maßstab für notwendig und realisierbar.

Diese Publikation konzentriert sich bewusst auf die erneuerbaren Energien. Natürlich gehören auch Energieeinsparung und bessere Energieeffizienz zu den notwendigen Voraussetzungen für eine nachhaltige Energieversorgung. Ich weiß, dass dies die Autoren genauso sehen und hebe dies nur hervor, um möglichen Missverständnissen vorzubeugen. Bei der Stromerzeugung stehen höchstmögliche Wirkungsgrade und vor allem der Erhalt sowie der deutliche Ausbau der Kraft-Wärme-Kopplung (KWK) im Vordergrund. Bei den Endenergiesektoren Industrie, Verkehr, Haushalte und den sog. Kleinverbrauchern – Handwerk, Dienstleistung, Verwaltung, Schulen, Landwirtschaft usw. – gibt es nach wie vor ein enormes Einspar- und Effizienzpotenzial zu erschließen. Es reicht von besserem Wärmeschutz und modernen Heizungsanlagen über effizientere Geräte und Anlagen bis hin zu Einsparungen im Verkehrsbereich und zu energiebewusstem Verhalten. Nicht umsonst wird in dem hier vorliegenden Buch daher eine Steigerung der Energieproduktivität von heute 1,7% auf 3% pro Jahr als Ziel gefordert.

Ich wünsche mir, dass die Lektüre dieses Buches nicht allein mit einem hohen Erkenntnisgewinn verbunden ist, sondern auch viele Leser zum Handeln anspornt, um mit ihren Beiträgen den Ausbau der Nutzung der erneuerbaren Energien voranzubringen.

Jürgen Trittin
Bundesminister für Umwelt, Naturschutz
und Reaktorsicherheit

Einleitung

Vor ein paar Monaten hat die Menschheit den Übergang ins Jahr 2000, ins 21. Jahrhundert gefeiert. Dieses Datum steht geradezu als Sinnbild für den Aufbruch in die Zukunft. Und in der Tat befindet sich die Menschheit in einer Periode grundlegender Veränderungen. Neue Entwicklungen in der Weltpolitik sind durch gewaltige Umwälzungen auf wirtschaftlichem und wissenschaftlich-technischem Gebiet begleitet. Die Stichworte Globalisierung und Informationsgesellschaft deuten an, dass die Welt immer mehr zusammenwächst, die Vernetzung immer dichter wird. Mehr denn je wird sichtbar, dass alle Menschen auf diesem Planeten eine Gemeinschaft bilden.

Umso wichtiger ist es, in diesem beginnenden 21. Jahrhundert eine weitere wesentliche Veränderung einzuleiten. Die Erde bedarf künftig einer nachhaltigen Entwicklung für alle Menschen, wenn die Lebensgrundlagen auf unserem Planeten nicht ernsthaft gefährdet werden sollen. Dies bedeutet, die Endlichkeit nicht regenerierbarer Ressourcen und die begrenzte Aufnahmefähigkeit von Ökosystemen für Abfälle und Emissionen in allen Bereichen endlich zur Kenntnis zu nehmen und Lösungsansätze für die daraus resultierenden Probleme zu entwickeln. Nachhaltigkeit umfasst aber mehr als nur den Schutz natürlicher Lebensgrundlagen. Gerechtigkeit, soziale Stabilität und ausreichende Bildungs- und Arbeitschancen für jeden einzelnen Erdenbürger sind von ebenso großer Bedeutung auf dem Weg in die Zukunft. Beides, eine gewandelte Energiepolitik und eine neue Entwicklungspolitik, ebnet den Weg in eine zukunftsfähige Weltgemeinschaft.

Heute sind wir noch weit entfernt von einer derart nachhaltigen Entwicklung. Ein weiterhin starkes Wachstum des globalen Energieverbrauchs und die daraus resultierenden Emissionen gefährden in immer stärkerem Ausmaß das ökologische Gleichgewicht der Erde und könnten im Zuge der Verknappung und Verteuerung von Ressourcen bereits mittelfristig auch die ökonomische und politische Stabilität in Frage stellen. Zu dieser gefährlichen Entwicklung gesellt sich das nach wie vor extreme Wohlstandsgefälle zwischen Industrie- und Entwicklungsländern, das seine Ursache auch in dem ungleichen Zugang zu erschwinglicher und ausreichend verfügbarer Energie hat und das wiederum selbst Auslöser für viele Krisen und Konflikte sowie für umweltschädigende Entwicklungen ist.

Die vermehrte Nutzung erneuerbarer Energien könnte Wesentliches dazu beitragen, diese Probleme zu lösen. Das vorliegende Buch stellt deshalb die erneuerbaren Energien in den Mittelpunkt seiner Ausführungen. Sie sind in der Lage, ein Vielfaches des Weltenergiebedarfs auf nachhaltige Weise zu decken und damit zahlreiche Ursachen der oben benannten Gefahren und Risiken zu beseitigen oder zumindest zu mildern. Der weltweit umfangreiche Einsatz erneuerbarer Energien wäre ein wichtiger Schritt in Richtung auf eine nachhaltige Entwicklung.

Das grundsätzlich vorhandene Potenzial der erneuerbaren Energien, die quantitativen Energieprobleme der Welt zu beseitigen, ohne sie zu schädigen, ist energiepolitisch schon längst erkannt. Doch die heutige Situation ist noch immer vor allem von Ankündigungen durch die Politik geprägt: So hat die Europäische Union die erklärte Absicht, den Beitrag erneuerbarer Energien bis zum Jahr 2010 auf gut 12 Prozent zu steigern. Einzelne Länder wie etwa Dänemark haben sich noch weiter gehende Ziele gesetzt. Auch in Deutschland steht eine Verdopplung des Anteils erneuerbarer Energien bis 2010 auf der energiepolitischen Agenda. Die seit 1998 amtierende Regierung hat erkannt, dass nur sparsamer Umgang mit Energie in Kombination mit dem Ausbau erneuerbarer Energien eine wirkliche Veränderung bewirken wird.

Maßgeblich für die definierten Ausbauziele ist vor allem der zunehmende internationale Druck, die internationalen Klimaschutzverpflichtungen einzuhalten. In Deutschland wird der gerade erfolgte Ausstieg aus der Kernenergie zusätzlichen Schwung in die beginnende Neuorientierung bringen. Noch nie standen die Zeichen für eine energiepolitische Wende so günstig!

Die ehrgeizigen Zielvorstellungen fallen dabei in eine Zeit, in der die wesentlichen energiepolitischen und -wirtschaftlichen Rahmenbedingungen ohnehin wichtigen Veränderungen unterworfen sind. Die Märkte für leitungsgebundene Energien befinden sich nämlich im Prozess der Liberalisierung. Energiemärkte vernetzen sich in immer stärkerem Ausmaß grenzüberschreitend. Neben die bereits global agierenden Ölkonzerne treten fusionierte Strom- und Gasversorger, die sich immer weniger durch nationale Vorgaben beeinflussen lassen. Die nationalen Politiken, eher auf längerfristige Daseinsfürsorge und volkswirtschaftliche Effizienz der Energieversorgung ausgerichtet, werden mit kurzfristig orientierten ökonomischen Überlegungen der Energieversorgungsunternehmen konfrontiert.

Doch jeder Umbruch enthält auch Chancen und eröffnet neue Spielräume: Wenig flexible, bisher ausschließlich angebotsorientierte Energieversorger müssen sich dem Wettbewerbsdruck stellen, müssen um Kunden werben und sich verstärkt um attraktive Energiedienstleistungen kümmern. Neuen Akteuren eröffnen sich dadurch Gelegenheiten, sich mit überzeugenden Angeboten am Strommarkt zu beteiligen. Unternehmen und Bürger haben die Möglichkeit, durch die Wahl ihrer Stromlieferanten die Art der Stromerzeugung mit zu beeinflussen. Überdies hat bereits seit einiger Zeit eine Umgestaltung der Energieversorgungsstrukturen eingesetzt. Dezentrale Lösungen sind heute auf dem

Vormarsch. Unterstützt wird dieser Trend durch die rasante Entwicklung der Informationstechnologien, welche die Regelung und Überwachung vieler kleiner, vernetzter Energieanlagen ermöglichen. Der liberalisierte Energiemarkt beschleunigt diese Tendenz. Er verlangt nämlich geringe Kapitalbindung, kurze Planungs- und Bauzeiten und eine höhere Anpassungsfähigkeit an sich stetig ändernde Rahmenbedingungen.

Insgesamt gesehen sind dies gute Voraussetzungen für die verstärkte Nutzung erneuerbarer Energien. Es gilt, die Vorteile liberalisierter, grenzüberschreitender Märkte so mit energiepolitischen Maßnahmen zu kombinieren, dass Investitionen in die neuen Technologien erneuerbarer Energien mit hohen marktwirtschaftlichen Anreizen verbunden sind. Die Zukunft wird vermehrt von solchen Verlockungen, wirksamen Selbstverpflichtungen und internationalen Vereinbarungen bestimmt werden. Erfolgreiche nationale Energiepolitik wird darin bestehen, die Dynamik des Marktes durch eine geschickte Auswahl geeigneter Instrumente für die Verwirklichung der längerfristigen volkswirtschaftlichen und gesellschaftlichen Ziele einzusetzen.

Vor diesem Hintergrund wollen wir in unserem Buch den gegenwärtigen Stand der Diskussion um die Nutzung erneuerbarer Energien auf internationaler und nationaler Ebene beschreiben. Darüber hinaus wollen wir aufzeigen, wie eine zukünftige nachhaltige Energieversorgung unter Einbezug der erneuerbaren Energien aussehen könnte und wie wir eine solche Umgestaltung bei uns in Deutschland erreichen können. Dabei bildet die Frage, welche Energiearten mit welcher Technik die zukünftige Energieversorgung in Angriff nehmen werden, den Ausgangspunkt in Teil 1. Wir erläutern die wichtigsten Techniken und informieren den Leser darüber, wie erneuerbare Energien gegenwärtig eingesetzt werden und welches Potenzial darüber hinaus in ihnen steckt.

Im zweiten Teil wollen wir erörtern, welchen Stellenwert erneuerbare Energien für die künftige Energieversorgung haben. Dabei stellen wir zunächst fest, dass eine Umgestaltung des bisher gebräuchlichen Energiemix weltweit erforderlich ist, und skizzieren eine nachhaltige globale Energieversorgung, bei der die Befriedigung der rasch wachsenden Energienachfrage in den weniger entwickelten Ländern im Mittelpunkt steht. Die globalen Ziele des Klimaschutzes und der Ressourcenschonung können nur erreicht werden, wenn diesen Ländern gleichzeitig und in ausreichendem Maße dezentrale und zentrale Technologien zur Nutzung erneuerbarer Energien angeboten werden und gleichzeitig die Industrieländer mit ihrer Energie sparsamer umgehen als bisher.

Anschließend beschäftigen wir uns mit der speziellen energiepolitischen Situation in Deutschland. Ausgehend von den Verpflichtungen, die sich aus dem internationalen Klimaschutz ergeben, kommen wir zur energiepolitischen Bestandsaufnahme und damit zu dem hoch aktuellen Ausstieg aus der Kernenergie und seinen Folgen. Diese weitreichende politische Entscheidung wird nun hoffentlich den notwendigen Freiraum schaffen, Alternativen zur bestehenden Energieversorgung zu entwickeln. Das erste Etappenziel heißt Verdopplung des Beitrages erneuerbarer Energien zur deutschen Energieversorgung bis 2010. Dieses Verdopplungsziel ist die „Eintrittskarte", um alle Technologien für eine langfristige Umstrukturierung der Energieversorgung bis 2050 fit zu machen, in deren Mittelpunkt die erneuerbaren Energien stehen werden.

Im dritten Teil beschäftigen wir uns dann mit den energiepolitischen Mitteln, die eingesetzt werden müssen, um die ehrgeizigen, aber absolut notwendigen Umgestaltungsziele zu erreichen. Die erläuterten Empfehlungen sollen mithelfen, den frischen Wind, der nach der Verabschiedung erster wegweisender Gesetze und dem Einstieg in den Ausstieg aus der Kernenergie in der Zukunftsplanung für die Energieversorgung weht, möglichst intensiv zu nutzen.

Wenn unser Buch nur ein wenig dazu beiträgt, den energiepolitischen Strukturwandel zu beschleunigen und den erneuerbaren Energien die Zukunft zu ebnen, hat sich die Mühe des Schreibens gelohnt.

Teil 1
Was sind und was leisten erneuerbare Energien?

Kapitel 1
Was die Welt bewegt

Energie, die uns die Natur schenkt

Die Sonne ist nur einer von vielen Milliarden Sternen unserer Milchstraße – und ein sehr durchschnittlicher noch dazu. Aber für die Erde ist sie von existenzieller Wichtigkeit. Seit undenkbar langer Zeit spendet sie Licht und Wärme. Alles Leben auf unserem Planeten bezieht seine Energie aus ihrer Kraft. Und die Menschen haben gelernt, sie sich zunutze zu machen. Die Sonnenstrahlung wird mit Hilfe von Solarkollektoren und Solarzellen zur Wärme- und Stromerzeugung genutzt, Sonnenenergie treibt das Wetter an, sorgt damit für Wind und Niederschläge und schafft so im Zusammenwirken mit der Erdanziehung die Voraussetzungen für die Stromerzeugung aus Wind- und Wasserkraft. Pflanzen bauen mittels Sonnenstrahlung Biomasse auf, Tier und Mensch nutzen sie als Nahrung, aber auch als Energierohstoff. Wärmepumpen können Umgebungswärme aus Luft, Wasser oder dem Erdboden verwerten, und die im Meer vorhandene Energie der Wellen wird ähnlich wie die Windenergie zur Stromerzeugung verwendet. Schließlich kann sogar die Wärme des Erdinneren angezapft werden.

Alle diese vielfältigen Energiearten sind natürliche Energieströme, die von der auf die Erde auftreffenden Solarstrahlung gespeist, also stetig „erneuert" werden, und alle erneuerbaren Energien sind im weiteren Sinne solare Energien. Nach menschlichen Maßstäben sind sie unerschöpflich. Sie bieten uns nämlich pro Jahr rund das 3 000-fache des Energieverbrauchs der gesamten Welt an.

Wie uns die Tabelle auf der folgenden Seite zeigt, stammt der weitaus größte Beitrag des Energieangebots von der Strahlungsenergie der Sonne. Werden auch nur geringe Bruchteile dieser Energieströme in technisch nutzbare Energieträger, also Wärme, Strom oder Kraftstoffe wie Wasserstoff, umgewandelt, gespeichert und transportiert oder direkt genutzt, so reicht dies aus, um die Energiebedürfnisse der Menschheit auch bei steigendem Bedarf vollständig zu befriedigen. Mit anderen Worten: Die Menschheit kann mit Hilfe erneuerbarer Energie ihre Energieprobleme lösen!

Energieart	gesamtes Angebot	technisch nutzbar	derzeit genutzt
Solarstrahlung	2 850	3,80	0,001
Windenergie	200	0,50	0,0003
Biomasse	20	0,40	0,14
Erdwärme	5	1,00	0,003
Meeresenergie	2	0,05	0
Wasserkraft	1	0,15	0,035
Energiemenge insgesamt	**3 000**	**5,90**	**0,180**

Das globale Angebot erneuerbarer Energien pro Jahr im Vergleich zum technisch nutzbaren Potenzial. Der weltweit gesamte Energieverbrauch entspricht drei Stunden des tatsächlich vorhandenen Angebots (weltweiter Endenergieverbrauch pro Jahr = 1 gesetzt; siehe Glossar).

Doch bleiben wir auf dem Boden der Tatsachen und betrachten wir, was „machbar" ist: Nutzbar ist, selbst wenn technische, strukturelle und ökologische Einschränkungen beachtet werden, immer noch rund das Sechsfache des derzeitigen Verbrauchs an Energie. Die Flächen zur Nutzung von Solarstrahlung sind dabei mit zwei Prozent der globalen Landfläche sehr restriktiv gewählt worden, was nur rund zehn Prozent der derzeit nicht für Siedlungen, Wald und Landwirtschaft verwendeten Fläche entspricht. Die angenommenen Anbauflächen für Energiepflanzen, aus denen Biomasse wird, sind mit etwa fünf Prozent der landwirtschaftlich bearbeiteten Flächen angesetzt worden. Nach ihrer Nutzung werden diese Energieströme als Abwärme wieder in den globalen Energiekreislauf zurückgeführt. Selbst wenn also der Einsatz erneuerbarer Energien sehr vorsichtig veranschlagt wird, bieten diese Energiequellen praktisch unbeschränkte Möglichkeiten der Energieerzeugung. Ein Beispiel: Allein die mögliche Stromerzeugung aus Wind, Wasser und solarthermischen Kraftwerken, wobei bei der Windenergie wiederum einschränkend nur Anlagen auf dem Festland berücksichtigt werden, erreicht astronomische Größen: Gigantische 53 000 Terawattstunden (eine Terawattstunde entspricht einer Milliarde Kilowattstunden, vgl. das Glossar) pro Jahr Strom durch Wind-, 14 000 durch Wasser und 350 000 aus solarthermischen Kraftwerken im Mittelmeerraum ergeben nahezu das 30-fache der globalen Stromerzeugung des Jahres 1998. Eines ist also sicher: Eine weitgehende Versorgung der Menschheit mit erneuerbaren Energien ist denkbar.

Von der Muskelkraft zum Kernkraftwerk

Das griechische Wort enérgeia heißt so viel wie „wirkende Kraft". Im physikalischen Sinne bezeichnet Energie die Fähigkeit eines technischen Systems, Arbeit zu verrichten. Ohne den Einsatz von Energie ist keine Arbeit, keine Bewegung möglich. Die Entwicklung der Menschheit wäre ohne die Fähigkeit, vielfältige Formen der Energie zu verwenden, nicht vorstellbar. So verwundert es nicht, dass die Nutzung natürlicher Energien die menschliche Gesellschaft seit ihrer Entstehung begleitet. Bereits in vorgeschichtlichen Zeiten, lange bevor sich hochstehende Kulturen entwickelten, verwendeten unsere Vorfahren neben ihrer Muskelkraft die Sonne für Ackerbau und Viehzucht und Holz als Brennstoff.

Es war wohl kein Zufall, dass sich in den klimatisch günstigen Gegenden der Welt, in Vorderasien, Ägypten, dem indischen Subkontinent und China, die ersten Hochkulturen entwickelten. Nur dort erlaubten nämlich reichliche Sonnenwärme, relativ gleichmäßige Temperaturen und ausreichender Nachschub an Biomasse die Bildung komplexer gesellschaftlicher Strukturen, die über die unmittelbare Befriedigung menschlicher Bedürfnisse hinausgingen. Sonnenenergie war Voraussetzung für Wohlstand und Macht. In vielen Kulturen hat die Sonne deshalb als Erzeugerin des Lichts und des Lebens, als Ursprung der Fruchtbarkeit und als Gegenstand kultischer Verehrung eine große Rolle gespielt. In der Religion der Azteken stand sie im Mittelpunkt, und der ägyptische Pharao Echnaton erhob sie gar zum einzigen Gott. Die Verknüpfung von Sonne und Staatsmacht kannten neben den Ägyptern auch die Chinesen, und sie ist bis in die europäische Neuzeit erhalten geblieben – man denke nur an Ludwig XIV., den Sonnenkönig.

Auch die Nutzung der übrigen natürlichen Energien, der Windkraft, der Wasserkraft, des Brennholzes und der tierischen und menschlichen Muskelkraft ist eng verknüpft mit dem Aufstieg und Niedergang von Hochkulturen. In Athen und in Rom waren Sklaven, also das Potenzial an menschlicher Arbeitskraft, das Kennzeichen des Wohlstandes. Kühne Seefahrer wie die Phöniker oder die griechischen Kolonisatoren, welche die Windenergie als Antriebsquelle nutzten, kamen im Altertum zu Macht und Ansehen, und seefahrende Nationen wie die Spanier und die Portugiesen bauten Weltreiche auf. Holz war bis über das Mittelalter hinaus nicht nur der wichtigste Baustoff, sondern auch der meistverwendete Brennstoff. Die Verfügbarkeit von ausreichend Brennholz war lange Zeit entscheidend für die Möglichkeit der Metallgewinnung und -verarbeitung, für die Salzgewinnung wie überhaupt zur Erzeugung von Prozesswärme für Gewerbe und Kleinindustrie. Da ist es nicht erstaunlich, dass Holz auch der erste Energieträger war, der knapp wurde. Erst-

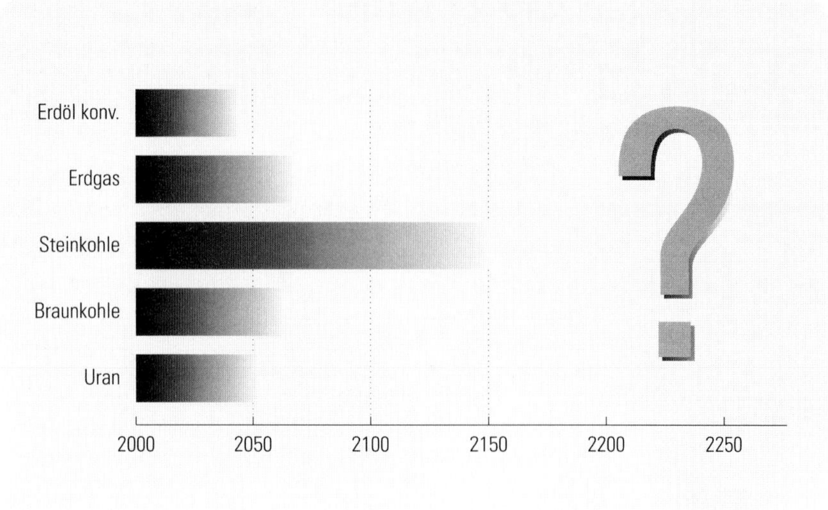

Die weltweiten Reserven an Energierohstoffen belaufen sich auf 32 400 Exajoule. Das klingt gewaltig, entspricht aber nur dem Hundertfachen des derzeitigen Weltenergieverbrauchs. Die Abbildung zeigt, wie lange die verschiedenen Energieträger noch reichen.

mals spürte die Menschheit die Konsequenzen eines rücksichtslosen Raubbaus von Ressourcen. Die Ausplünderung der Wälder führte am Ende des Mittelalters zur ersten Energiepreiskrise der Geschichte. Die Zeitgenossen klagten heftig darüber, dass die Kosten der Holzkohle drei Viertel der Kosten eines Hüttenwerks ausmachten.

Jahrtausendelang hat der Mensch also ausschließlich erneuerbare Energien genutzt – wenn auch auf einem sehr niedrigen Niveau der Energiedienstleistung. Erst die Neuzeit hat die fossilen Energiequellen erschlossen. Mit der Erfindung von Dampfmaschine und auf Steinkohle basierender Verfahren der Eisengewinnung begann im 18. Jahrhundert die Industrialisierung Europas. Der Einsatz fossiler Energieträger ermöglichte fortan die Entfesselung von Kräften, die mit erneuerbaren Energien auf der Basis der damaligen Technologien nicht bereitzustellen waren. Die neu entstehende Industrie konzentrierte sich auf die reichlich verfügbaren Kohlevorräte, ab der zweiten Hälfte des 19. Jahrhunderts kamen Erdöl und Erdgas als weitere Energieträger hinzu, und nach dem Zweiten Weltkrieg wurde auch die Atomenergie wirtschaftlich genutzt. Sie alle legten die Basis zu der enormen materiellen Entwicklung unserer Industriegesellschaft mit beinahe unbeschränktem Wachstum. Die einst so intensiv genutzten natürlichen Energieformen gerieten mit Ausnahme der Wasserkraft in den industriellen Ländern in Vergessenheit.

Doch in den letzten dreißig Jahren sind auch die Schattenseiten dieser Entwicklung sichtbar geworden. Die Ölpreiskrisen der siebziger Jahre machten die Abhängigkeit der Industrieländer vom Öl deutlich. Zudem ist die Einsicht in die Endlichkeit dieser Ressourcen sowie die Erkenntnis, dass unsere natürliche Umwelt nur über eine begrenzte Aufnahmefähigkeit für deren Emissionen verfügt, spürbar gewachsen. Seit den Reaktorkatastrophen von Harrisburg und Tschernobyl sind darüber hinaus die Risiken der nuklearen Energie ins Bewusstsein der Öffentlichkeit getreten. Eine der Folgen dieser Entwicklungen war, dass erneuerbare Energien wieder einen höheren Stellenwert in der öffentlichen Diskussion gewonnen haben. Seit etwa 25 Jahren kann man von einer mit modernen wissenschaftlichen und technischen Methoden durchgeführten und mit öffentlichen Mitteln nennenswert unterstützten Erforschung, Entwicklung und Anwendung erneuerbarer Energiequellen sprechen.

Kapitel 2
Ein wenig Technik – erneuerbare Energien im Überblick

Wir haben bereits gesehen, welche Vielfalt an erneuerbaren Energien die Natur bereithält, und wir haben auch gesehen, dass der vermehrte Einsatz dieser Energien geboten erscheint. Doch was ist erforderlich, um dieses reichhaltige Angebot der Natur zu nutzen? Die Antwort ist recht einfach: Wir benötigen technische Geräte und Anlagen, welche Strahlung, Wind, Biomasse oder Wasser in Strom, Wärme oder Kraftstoffe umwandeln. Ziel aller technischen Entwicklungen muss es sein, dies so effizient wie möglich, mit vertretbaren Kosten und mit möglichst wenig Rückwirkungen auf die Umwelt zu leisten. Gemessen an der verstrichenen Zeitspanne und den eingesetzten Mitteln, ist in technischer Hinsicht bereits einiges erreicht worden. Heute haben wir gegenüber unseren Vorfahren immense Vorteile bei der Nutzung erneuerbarer Energien. Uns stehen weit entwickelte Technologien zur Verfügung, mit deren Hilfe Energiedienstleistungen mit hoher Qualität hinsichtlich Verfügbarkeit und Zuverlässigkeit angeboten werden können – so wie es moderne Industriegesellschaften von der fossil-nuklearen Energieversorgung gewöhnt sind. Wir wollen im folgenden diese Technologien vorstellen.

Die Sonne ins Haus geholt: Kollektoren, Solarkraftwerke und Solarzellen

Kollektoren

Haben Sie an einem warmen Sommertag schon einmal eine Tafel Schokolade in Ihrem in der Sonne abgestellten Auto vergessen? Wenn ja, wissen Sie, dass die Strahlung der Sonne nicht nur Licht, sondern auch Wärme freisetzt. Genau diese Eigenschaft nutzen Sonnenkollektoren aus. Mit ihrer Hilfe wird die Strahlung der Sonne in Wärme umgesetzt, um Wasser für den alltäglichen Bedarf zu erwärmen oder Gebäude zu heizen. Stellen Sie sich einen mit Wasser gefüllten Gartenschlauch vor, der in der Sonne liegt. Schon nach kurzer Zeit ist das Wasser heiß. Im Prinzip ist dieser Schlauch bereits ein Sonnenkollektor.

Kollektoren

Ressource:	direkte und diffuse Solarstrahlung
Standorte:	weltweit
Einsatzgebiete:	Heizung, Warmwasser
Leistungsbereich:	1,5 bis 200 MWh pro Jahr, keine eigentliche Leistungsobergrenze
Wärmekosten heute:	20–50 Pf/kWh

Drei Arten von Sonnenkollektoren: Kunststoffabsorber (oben links), Flachkollektor (oben rechts) und Vakuumröhren (links).

Kunststoffabsorber: In dieser einfachsten technischen Ausführung eines Kollektors fließt ein Wärmeträgermedium durch nicht abgedeckte, schwarze Kunststoffmatten, auch Absorber genannt. Mit solchen Anlagen können allerdings keine hohen Temperaturen erreicht werden. Dafür schlagen sie mit nur geringen Anschaffungskosten zu Buche und werden für die Erwärmung des Wassers in Freibädern eingesetzt – und dies häufig zu niedrigeren Kosten als bei der Heizung mit fossilen Energien.

Flachkollektoren: Sie sind technisch schon etwas ausgefeilter. Der Absorber ist mit einer Glasscheibe abgedeckt, auf der Rückseite des Kollektors ist er wärmegedämmt. Verluste durch Abstrahlung der eingefangenen Wärme lassen sich durch Aufbringung von schwarzem Solarlack oder noch wirksameren selektiven Schichten auf den Absorber vermindern. Bei gleicher Sonnenstrahlung kann ein Flachkollektor durch diese Maßnahmen höhere Temperaturen erreichen als die beschriebenen schwarzen Kunststoffmatten. Daher ist dieser Typus heute die bevorzugte Wahl, wenn man mit Hilfe der Sonne Wasser erwärmen möchte. Gegenwärtig auf dem Markt erhältliche Kollektoren weisen eine Fläche zwischen zwei und fünf Quadratmetern auf. Mehrere Module werden kombiniert, bis die erforderliche Wärmeleistung erreicht wird. Wollen Sie das Wasser für Ihr Einfamilienhaus von der Sonne erwärmen lassen, benötigen Sie gewöhnlich eine Dachfläche von fünf Quadratmetern. Damit können Sie durchschnittlich 60 Prozent des jährlich benötigten Brauchwassers bereitstellen. Eine solche Anlage deckt im Sommer den Bedarf vollständig, in den anderen Jahreszeiten muss der konventionelle Kessel das vom Kollektor vorgewärmte Wasser noch nachheizen.

Vakuumröhren: Wärmeverluste durch Leitung und Konvektion sind hier fast gänzlich unterbunden. Die Absorber liegen in gläsernen Röhren, in denen ein Vakuum herrscht. Diese Isolation ähnelt der von Thermoskannen. Kollektoren solcher Bauart haben die höchsten Wirkungsgrade aller Kollektorarten. Sie können auch noch bei niedrigen Außentemperaturen im Winter Wärme liefern, wenn bei Flachkollektoren die solaren Gewinne durch die Wärmeverluste wieder verloren gehen. Sie eignen sich somit auch für die Heizung von Gebäuden und die Bereitstellung von Prozesswärme für die Industrie.

Um einen hohen Wirkungsgrad des Kollektors, egal welcher Bauart, zu erreichen, sollte das erforderliche Temperaturniveau der genutzten Wärme möglichst niedrig sein. Wollen Sie beispielsweise mit der eingefangenen Sonne Räume heizen, bieten sich Fußboden- oder Wandflächenheizungen an. Es ist daher auch wichtig, das zu beheizende Gebäude sehr gut zu dämmen, um so den Heizbedarf möglichst gering zu halten. Mit einer Anlage von neun (Vakuumröhrenkollektor) oder vierzehn Quadratmetern (Flachkollektor) lassen sich bei einem gut gedämmten Haus etwa 20 Prozent des Raumwärmebedarfs solar abdecken. Insbesondere in den Übergangszeiten im Frühling und Herbst leisten die Kollektoren gute Dienste.

Für eine Solarkollektoranlage ist ein Speicher unerlässlich. Er nimmt die vom Kollektor gesammelte Wärme auf, falls kein aktueller Wärmebedarf gegeben ist, und gibt die Wärme wieder ab, wenn sie benötigt wird. Solarkollektoranlagen zur Brauchwassererwärmung erfordern im Einfamilienhaus einen Speicher von etwa 300 Litern Inhalt. Soll der Sonnenkollektor auch zur Raumheizung eingesetzt werden, werden größere Speicher notwendig. Im Allgemeinen sind 70 bis 100 Liter Speichervolumen je Quadratmeter Kollektorfläche zu veranschlagen. Allerdings können diese Speicher nur tageszeitliche Unterschiede zwischen Energieangebot und Wärmenachfrage ausgleichen, sie sind jedoch nicht groß genug, um Sonnenwärme bis in den Winter zu speichern. Für diese Zwecke müssen erheblich größere Speicher und Kollektorflächen installiert werden. In mehreren Demonstrationsprojekten werden derzeit unterschiedliche Möglichkeiten der Langzeitspeicherung untersucht. Dabei handelt es sich in erster Linie um Großanlagen zur Versorgung von bis zu 600 Wohnungen. Die Speicher sind als unterirdische Betontanks ausgeführt, die ein Volumen von mehreren tausend Kubikmetern haben. Eine andere Möglichkeit besteht darin, große Gruben auszuheben, diese mit Folie auszulegen und dann mit grobkörnigen Kies zu füllen. Die Kiesel selbst und Wasser in den feinen Zwischenräumen speichern die Sonnenwärme.

Jüngste Tests belegen, dass die Solarkollektoranlagen mittlerweile einen hohen Reifegrad erreicht haben, der einen zuverlässigen Betrieb ermöglicht. Man rechnet mit einer Lebensdauer von bis zu 20 Jahren. Trotzdem sind noch immer technische Verbesserungsmöglichkeiten und Kostensenkungspotenziale vorhanden. So geht der Trend zu immer größeren Einzelmodulen, und die Montagetechnik auf dem Dach wird vereinfacht. Dies geht so weit, dass die Kollektoren die konventionelle Dachhaut komplett ersetzen, sodass die Kosten für die Dachpfannen und Teile des Dachstuhls eingespart werden können. Regelung und Pumpen werden in vormontierten, integrierten Baugruppen geliefert, ebenso werden lötfreie Rohrverbindungen angeboten. Dies alles soll die Montage vor Ort so vereinfachen, dass Sie sie mit ein wenig Geschick selbst vornehmen können.

Und was kostet eine solche Anlage? Die technische Weiterentwicklung und gestiegene Verkäufe haben die Preise purzeln lassen. Derzeit muss der Umweltfreund mit Investitionskosten von 1 800 DM pro Quadratmeter Kollektorfläche für eine komplette Anlage inklusive Speicher, Verrohrung und Montage rechnen. Wie ein Blick auf unsere europäischen Nachbarn lehrt, sind weitere Kostensenkungen durchaus im Bereich des Möglichen. Wenn auch Solarkollektoren mit den gegenwärtig niedrigen Preisen fossiler Energieträger noch nicht ganz mithalten können, so haben sie doch einen großen Vorteil: Wer eine solche Anlage montiert, kann der nächsten Energiepreiserhöhung gelassen entgegensehen.

1999 wurden etwa 400 000 Quadratmeter verglaste Kollektorfläche und zusätzlich 50 000 Quadratmeter der einfacheren Kunststoffabsorber für die Erwärmung von Schwimmbadwasser in Deutschland verkauft. Insgesamt sind über zwei Millionen Quadratmeter Kollektoren auf deutschen Dächern installiert, die 650 Gigawattstunden Wärme im Jahr für Raumwärme und Warmwasser erzeugen. Dies entspricht zwar erst einem Promille des Gesamtbedarfs, doch der Markt für Kollektoren ist in den letzten Jahren kontinuierlich um 20–30 Prozent pro Jahr gewachsen. Was wäre in Zukunft möglich? Etwa 1 300

Quadratkilometer deutscher Dachflächen sind grundsätzlich für thermische Solarkollektoren geeignet. Damit könnten 45 Prozent des derzeitigen Energiebedarfs für Heizung und Warmwasser abgedeckt werden. Würden die Häuser in Zukunft besser gedämmt, so ließe sich dieser Anteil weiter steigern.

Der deutsche Markt für Sonnenkollektoren ist bereits heute einer der größten in Europa. Allerdings finden sich in Griechenland und in Österreich zehnfach höhere Kollektordichten, und selbst im nördlichen Dänemark kommt auf 1 000 Einwohner mehr als doppelt so viel Kollektorfläche wie in Deutschland. Eine weitere Erhöhung der Nachfrage bei uns soll der verstärkte Einsatz größerer Anlagen bewirken, denn noch wird der ganz überwiegende Teil der Sonnenkollektoranlagen auf Dächern von Einfamilienhäusern installiert. In Miethäusern werden sie kaum verwendet. Dabei sind große Anlagen mit 1 000 DM je Quadratmeter Kollektorfläche deutlich günstiger als Einzelanlagen. Großanlagen erlauben zudem den wirtschaftlichen Einsatz von Langzeitspeichern oder die Verbindung von mehreren Gebäuden mit Hilfe von Nahwärmenetzen. Wachstumspotenziale sind also vorhanden, einer sonnigeren Zukunft steht technisch nichts im Wege.

Solarkraftwerke

Wir haben eben Solarkollektoren kennen gelernt, die Wärme „sammeln", um Gebäude oder Wasser zu erwärmen. Aus dieser solaren Wärme kann jedoch auch Strom erzeugt werden, wenn die Temperatur hoch genug ist, um Dampf- oder Gasturbinen betreiben zu können. Dies ist das Prinzip solarthermischer Kraftwerke. Von der Öffentlichkeit kaum wahrgenommen, haben die seit über zehn Jahren in Kalifornien betriebenen Kraftwerke dieser Art einen ebenso großen Anteil an der weltweiten Produktion von solarem Strom wie alle Solarzellen photovoltaischer Bauart zusammen. Solarthermische Kraftwerke im Süden Europas oder in Nordafrika stellen schon heute eine bezahlbare Alternative zu konventionellen Kraftwerken dar. Die Stromgestehungskosten liegen mit der derzeit verfügbaren Technologie nur wenige Pfennige über denen konventioneller Kraftwerke. Prinzipiell lassen sich vier Typen solarthermischer Kraftwerke unterscheiden:

Parabolrinnenkraftwerke: Die Sonnenstrahlung wird in langen, rinnenförmigen Spiegeln konzentriert. Ein Öl, das durch die gläsernen Röhren im Fokus der Rinnen fließt, wird auf bis zu 400° Celsius erhitzt und dient als Wärmeträger. Mit dem Öl wird wiederum Wasser verdampft, der Dampf wird dann wie in konventionellen Kraftwerken auf Turbinen geleitet, die Generatoren antreiben. Solarkraftwerke diesen Typs stehen in der kalifornischen Wüste.

Solarkraftwerke

Ressource:	direkte Solarstrahlung, Hybridbetrieb mit fossilen und Biobrennstoffen
Standorte:	aride Zonen in Südeuropa, Nordafrika, arabische Halbinsel usw.
Einsatzgebiete:	Stromerzeugung, Kraft-Wärme-Kopplung
Leistungsbereich:	Paraboloid ca. 10 kW Turm, Rinne 5–200 MW
Stromkosten heute:	rein solar: 18–22 Pf/kWh Hybrid: 6–18 Pf/kWh

So sehen Solarkraftwerke aus: Parabolrinnenkraftwerk (oben links), Solarturmkraftwerk (oben rechts) und Paraboloidkraftwerk (links).

Solarturmkraftwerke: Viele hundert Einzelspiegel, die der Sonne zweiachsig nachgeführt werden, konzentrieren die Sonnenstrahlung auf einen Empfänger, der hoch auf einem Turm installiert ist. Luft oder ein anderes Medium wird auf mehr als 700° Celsius erhitzt und kann dann in Gas- oder Dampfturbinen abgearbeitet werden.

Paraboloidkraftwerke: Sie gleichen riesigen Rasierspiegeln. Der Spiegel wirft das Sonnenlicht konzentriert auf eine im Brennpunkt installierte Wärmekraftmaschine (etwa eine Gasturbine oder ein Stirling-Motor). Im Unterschied zu Turmanlagen ist hier für jeden Spiegel ein eigener Motor notwendig. Dafür können solche Anlagen auch mit kleinen Leistungen um 10–20 Kilowatt dezentral eingesetzt werden.

Aufwindkraftwerke: Luft wird unter riesigen Glashäusern durch die Sonneneinstrahlung erwärmt und strömt zu einem in der Mitte der Glashäuser stehenden Kamin. Dort steigt sie mit hoher Geschwindigkeit auf. Der starke Luftzug treibt die im Kamin installierten Windturbinen an.

Mit Ausnahme der Aufwindkraftwerke nutzen solarthermische Kraftwerke ausschließlich die Direktstrahlung, da diffuses Licht nicht gebündelt werden kann. Damit sind sie aber nur im Sonnengürtel der Erde, etwa im Mittelmeerraum und in den Wüstengebieten, wirtschaftlich einsetzbar.

Wie bei fast allen Investitionen für erneuerbare Energien fallen die Kosten für die solaren Energiesammler grundsätzlich als Anfangsinvestition an. Das ist so, als würde man den gesamten für den Betrieb notwendigen Brennstoff eines konventionellen Kraftwerks zu Beginn des Betriebs kaufen und für die ganze Lebenszeit lagern. Für diese Investition müssen zudem Steuern, Zinsen und Versicherungsprämien bezahlt werden, während fossiler Brennstoff erst bei Bedarf zugekauft wird und in vielen Ländern nicht nur steuerfrei ist, sondern sogar subventioniert wird. Die Rahmenbedingungen für Solarstrom sind also gegenwärtig denkbar ungünstig. Insbesondere wegen der derzeit niedrigen Preise für fossile Brennstoffe ist Solarstrom deshalb teurer als Strom aus konventionellen Kraftwerken. Solarthermische Kraftwerke können an guten Standorten etwa 2 000–3 000 Stunden pro Jahr im reinen Solarbetrieb arbeiten. Daraus ergeben sich Stromgestehungskosten von derzeit etwa 20 Pfennig pro Kilowattstunde. Zum Vergleich: Bei neuen konventionellen Kraftwerken belaufen sich die Stromgestehungskosten momentan auf 6–12 Pfennige pro Kilowattstunde.

Wie kann die Konkurrenzfähigkeit des Solarstroms verbessert werden? Zunächst kann Sonnenenergie in solarthermischen Kraftwerken auch mit fossilen Energien kombiniert werden. In der Nacht oder wenn die Sonne nicht scheint, können die Turbinen mit Heizöl oder Erdgas betrieben werden und sichern so eine hohe Verfügbarkeit der Kraftwerke. Je nach Anteil der Zufeuerung und abhängig von den Brennstoffpreisen liegen die Stromgestehungskosten gegenüber dem reinen Solarbetrieb dann um bis zu 50 Prozent niedriger. Damit werden schon heute Preise erreicht, die ohne Maßnahmen zur Förderung nur wenig über denen konventioneller Kraftwerke liegen. Diese fossile Zufeuerung lässt sich zudem in Zukunft durch thermische Speicher ersetzen, sodass ein vollständiger Solarbetrieb rund um die Uhr möglich sein wird.

Ferner wird weltweit an der Verbesserung der Anlagen geforscht. Bei den Parabolrinnenkraftwerken versuchen die Techniker, mittels der direkten Verdampfung von Wasser in den Absorberröhren auf das Wärmeträgeröl zu verzichten, um den Wirkungsgrad um etwa zwei Prozent steigern zu können. Die Solarturmkraftwerke sind technologisch besonders vielversprechend. Durch die im Strahlungsempfänger erreichbaren hohen Temperaturen lässt sich die Sonnenenergie in besonders effizienten Anlagen wie Gasturbinen oder kombinierten Gas- und Dampfturbinenkraftwerken umsetzen. Wenn alle Verbesserungspotenziale genützt werden, kann Strom aus solarthermischen Kraftwerken in Zukunft für etwa zehn Pfennig pro Kilowattstunde angeboten werden – eine echte Alternative.

In den sonnenreichen Ländern haben solarthermische Kraftwerke durchaus eine Zukunft: Sie werden künftig den dort schnell wachsenden Strombedarf in Gebieten decken, die über ein Stromnetz verfügen, also vorrangig in städtischen Regionen. Sie ergänzen somit in idealer Weise die Photovoltaik, auf die wir gleich zu sprechen kommen. Denn die hat vor allem in ländlichen, nicht vom zentralen Stromnetz versorgten Gebieten ihre bevorzugten Einsatzbereiche. Doch damit nicht genug. Durch einen Transport des produzierten Stroms über das bestehende Hochspannungsnetz können die Sonnenkraftwerke zu einem späteren Zeitpunkt auch einen wesentlichen Beitrag zur Stromversorgung der mitteleuropäischen Länder leisten und so ideal die hier lokal vorhandenen Potenziale der erneuerbaren Energien ergänzen.

Solarzellen

Im Gegensatz zu Kollektoren und Solarkraftwerken, die die Strahlung der Sonne zunächst in Wärme umsetzen, verwandeln Solarzellen Sonnenlicht direkt in Elektrizität. Dieses Verfahren wird auch Photovoltaik genannt. Solarzellen bestehen aus mehreren übereinander liegenden, speziell präparierten Halbleiterschichten, in denen die Energie der Photonen auf die Elektronen des Absorbers übertragen wird. Über einen elektrischen Leiter können die Elektronen abfließen und erzeugen so in einem geschlossenen Stromkreis einen elektrischen Strom. Die Stromstärke hängt unmittelbar von der Zellgröße und der Strahlungsintensität ab. Die Menge des absorbierten und in Strom umgewandelten Lichts variiert je nach Anzahl und Material der Halbleiter. Um eine ausreichende Spannung zu erreichen, werden Solarzellen hintereinander geschaltet. Diese bilden das Ausgangselement für jeden Solargenerator.

Die erste Solarzelle wurde 1954 aus Silizium hergestellt, welches auch heute noch für die weitaus meisten kommerziellen Zellen das Ausgangsmaterial ist. Es wird in mono- und polykristalliner sowie in amorpher Form eingesetzt. Die Herstellung des sehr reinen monokristallinen Siliziums ist aufwendig und

Solarzellen

Ressource:	solare Direkt- und Diffusstrahlung
Standorte:	überall, insbesondere Dächer und Fassaden
Einsatzgebiete:	Stromerzeugung
Leistungsbereich:	wenige Watt bis einige MW
Kosten heute:	1,20–1,80 DM/kWh (Mitteleuropa)
	0,70–1,00 DM/kWh (Südeuropa, Nordafrika)

Solarzellen erobern den Markt: netzgekoppelte Anlage (oben links) und ein Photovoltaik-Kraftwerk, sehr geeignet für südliche Länder (oben rechts).

damit teuer. Es weist aber die besten Wirkungsgrade für die Umwandlung der Strahlungsenergie auf. Polykristallines Silizium ist einfacher und kostengünstiger zu produzieren, die geringere Reinheit des Materials führt jedoch auch zu etwas geringeren Wirkungsgraden, die sich in einem größeren Aufwand für die erforderliche Generatorfläche, Gestelle und Landverbrauch niederschlagen. Kleinflächige einkristalline Zellen aus Silizium erreichen Wirkungsgrade von 25 Prozent, heute kommerziell verfügbare Module besitzen Wirkungsgrade zwischen 13 und 18 Prozent. Preiswert sind Dünnschichtzellen aus amorphem Silizium, allerdings sind Wirkungsgrad und Lebensdauer gegenüber den kristallinen Zellen stark herabgesetzt, was die Kostenvorteile weitgehend wieder ausgleicht. Dennoch werden von der Dünnschichttechnologie, die mit deutlich weniger Material als die kristallinen Zellen auskommt, für die Zukunft starke Kostensenkungen erwartet.

Neben Silizium befinden sich weitere Materialien und Materialkombinationen in der Entwicklung. Die wichtigsten sind Gallium-Arsenid (GaAs), Germanium (Ge), Cadmium-Tellurid (CdTe) und Kupfer-Indium-Diselenid (CIS). Große Hoffnungen werden auf so genannte Tandemzellen gesetzt. Hier werden mehrere Halbleitermaterialien so kombiniert, dass sie einen größeren

Bereich des Sonnenlichtspektrums ausnutzen können. Bei Laborzellen aus einer Kombination von Gallium-Arsenid und Gallium-Antimon wurden unter konzentriertem Licht Wirkungsgrade gemessen, die deutlich über denen einfacher Solarzellen lagen.

So weit, so gut. Aber wie sieht die Praxis aus? Weltweit werden derzeit pro Jahr Solarzellen mit einer potenziellen Leistung von 200 Megawatt produziert. Ihre Energieausbeute hängt aber von der Sonneneinstrahlung ab. In Deutschland fallen pro Jahr zwischen 900 Kilowattstunden Strahlungsenergie pro Quadratmeter in Norddeutschland und 1 200 Kilowattstunden im Süden an. Damit lassen sich mit heutiger Technik rund 90 bis 120 Kilowattstunden Strom pro Quadratmeter gewinnen. Das technische Potenzial der Stromerzeugung hängt ferner von den zur Verfügung gestellten Flächen ab. Insgesamt rund 1 000 Quadratkilometer sind auf Dächern, an Gebäudefassaden und anderen Stellen innerhalb von Siedlungsflächen installierbar. Die Kosten sind in den vergangenen Jahren stark gesunken. Während Strom aus PV-Anlagen 1985 in Mitteleuropa noch etwa drei DM pro Kilowattstunde kostete, liegen die Stromgestehungskosten heute je nach Anwendungsfall und Technologie zwischen 1,20 DM bei großen netzgekoppelten Generatoren und 1,80 DM bei dezentralen Kleinanlagen. Bis 2010 wird eine weitere Kostensenkung auf ein Preisniveau von etwa 0,60–0,80 DM pro Kilowattstunde erwartet. Die Investition für eine Hausdachanlage liegt heute bei etwa 14 000 DM je Kilowatt Leistung, während größere Anlagen schon für 10 000 DM je Kilowatt errichtet werden können.

Netzgekoppelte Anlagen mit einigen Kilowatt Leistung können in Dächer oder Fassaden integriert werden. Die Bundesregierung hat 1999 ein 100 000-Dächer-Förderprogramm ins Leben gerufen, das solche Anlagen durch zinsgünstige Kredite fördert. Das neue Vorranggesetz für erneuerbare Energien, welches für Strom aus Solarzellen 99 Pfennig pro Kilowattstunde vergütet, wird die Marktausweitung weiter beschleunigen. Der dach- oder fassadenintegrierte Solargenerator liefert bei Einstrahlung Gleichstrom, der, in Wechselstrom umgewandelt, direkt in den Haushaltsgeräten genutzt oder über einen Stromzähler ins Netz eingespeist wird. Wenn der Solargenerator keine ausreichende elektrische Leistung liefern kann, wird zusätzlicher Strom aus dem Netz bezogen. Bei größeren Leistungen ist eine Aufstellung des PV-Generators auf den Dächern geeigneter Großgebäude notwendig. Anlagen bis zu einem Megawatt Leistung, die eine Modulfläche von 10 000 Quadratmetern benötigen, wurden in Deutschland auf diese Weise bereits auf Messe- und Montagehallen, Stadiondächern und an Bürogebäuden errichtet. Noch größere Anlagen müssen auf Freiflächen ausweichen, die in Mitteleuropa nur begrenzt verfügbar und relativ teuer sind.

Große Photovoltaik-Kraftwerke werden deshalb in unseren Breiten eher die Ausnahme bleiben. Die deutlich höhere Energieausbeute in südlichen Ländern machen sie jedoch zu einer interessanten Ergänzung von solarthermischen Kraftwerken in einstrahlungsreichen Regionen.

In unseren Breiten bleiben aber dezentrale, netzunabhängige Kleinanlagen zur Versorgung von entlegenen Funk- und Messstationen, Notrufsäulen, Garten- und Wochenendhäusern oder Booten die wichtigste Anwendung. Hier ist Photovoltaik schon heute häufig eine wirtschaftliche Option auch für Herrn Jedermann. Entsprechend bilden diese Anlagen gegenwärtig das größte Marktsegment der Photovoltaik.

In vielen Entwicklungsländern, in denen die Versorgungsnetze noch unzulänglich ausgebaut sind, wird die Photovoltaik bereits erfolgreich bei Einzelhausversorgungen, sogenannten „Solar-Home-Systems", bei Dorfstromversorgungen, Pumpenanlagen u.a. angewandt. Oft sind die brennstoffunabhängigen, wartungsarmen Systeme die beste und oft auch wirtschaftlichste Lösung für eine netzferne Stromversorgung.

Windenergie – stark im Aufwind

Die Kraft des Windes haben die Menschen seit alters her genutzt. Jahrhundertelang wurde der Handel über Weltmeere und Flüsse mit Segelschiffen durchgeführt. Windräder trieben Wasserpumpen zur Be- oder Entwässerung an, und Windmühlen mahlten das Korn. Noch um die Jahrhundertwende standen um die 30 000 Windmühlen in Norddeutschland. An diese Tradition knüpfen die modernen Windkraftanlagen an. Doch anders als ihre Ahnen nutzen sie das Auftriebsprinzip statt des Widerstandsprinzips. Dem Wind wird nicht ein Widerstand entgegengesetzt, sondern er erzeugt beim Vorbeiströmen an den Flügeln einen Auftrieb – ganz ähnlich wie beim Flugzeug. Die Vorteile sind gewaltig: Können nach dem Widerstandsprinzip dem Wind maximal 15 Prozent seiner Energie entzogen werden, so erreichen moderne Anlagen nach dem Auftriebsprinzip bis zu 60 Prozent.

Doch Wind ist nicht gleich Wind! Bei schwachen Winden können Trägheit und Reibung der Anlage nicht überwunden werden – sie steht still. Erst ab einer gewissen Windgeschwindigkeit, ab etwa drei Metern pro Sekunde, beginnt die Anlage zu arbeiten. Dabei steigt die Leistung mit der dritten Potenz der Windgeschwindigkeit: Pustet der Wind mit doppelter Kraft, verachtfacht sich die Leistung. Das klingt gut, doch auch hier gibt es Grenzen. Nimmt nämlich die Windgeschwindigkeit zu stark zu, müssen die Rotoren

Windenergie

Ressource:	Bewegungsenergie des Windes
Standorte:	weltweit, bevorzugt in Küstenregionen und auf Bergkuppen
Einsatzgebiete:	Stromerzeugung
Leistungsbereich:	0,05 kW bis 2,5 MW je Maschine, Windfarmen 100 MW und mehr
Stromkosten heute:	8–30 Pf/kW

abgeregelt oder sogar, etwa ab Windstärke 10, ganz aus dem Wind gedreht werden, um Zerstörungen vorzubeugen. Windkraftanlagen können so zwar starke Orkane schadlos überstehen, aber leider können sie deren ungeheure Kraft nicht verwerten.

Jedermann weiß, wie ein Windrad aussieht: Auf einem hohen Mast drehen sich die Flügel. Doch so einfach ist es nicht. Die Techniker haben eine Vielzahl unterschiedlicher Formen von Windkraftanlagen entwickelt. Zu unterscheiden ist, ob die Achse horizontal oder vertikal angeordnet ist, wie viele Flügel der Rotor aufweist, ob ein Getriebe zum Einsatz kommt und welcher Bauart der Generator und der Turm sind. In der Praxis hat sich der horizontal gelagerte Rotor mit drei Flügeln, montiert auf einen Stahlrohrturm, durchgesetzt. Bei diesem Typ sind die mechanischen Belastungen am besten in den Griff zu bekommen. Außerdem ist bei diesen so genannten „Dreiflüglern" die Geschwindigkeit der Blattspitzen und damit auch die potenzielle Lärmbelastung niedriger. Wir werden auf dieses Problem noch zu sprechen kommen.

Natürlich hat auch bei Windkraftanlagen eine rasante technische Entwicklung stattgefunden. In den letzten 20 Jahren wurden immer größere Anlagen konstruiert, um so die Standorte mit guten Windverhältnissen optimal auszunutzen. Betrug die durchschnittliche Größe der installierten Windkraftanlagen 1987 noch weniger als 50 Kilowatt, so werden heute Anlagen zwischen 500 und 1 500 Kilowatt errichtet. Deren Türme sind bis zu 80 Meter hoch, um in Bereiche immer höherer Windgeschwindigkeiten und immer geringerer Bodenturbulenzen vordringen zu können. Ein Ende der Entwicklung ist gegenwärtig noch nicht abzusehen. Die größten derzeit auf dem Markt angebotenen Anlagen besitzen eine Generatorleistung von 2 500 Kilowatt und haben einen Jahresertrag, der dem Stromverbrauch von 1 800 durchschnittlichen Haushalten entspricht.

Verschandeln sie die Landschaft? Windräder im Windpark Holtriem, Niedersachsen.

Erfreulich ist, dass die Leistungen von Windkraftanlagen gestiegen, gleichzeitig aber die Kosten kontinuierlich gesunken sind. Je nach Größe bewegen sich die spezifischen Investitionskosten der Anlagen derzeit zwischen 1 500 und 2 000 DM pro Kilowatt. Vergleichsweise am günstigsten sind sie bei einer Größe zwischen 600 und 750 Kilowatt. Windräder dienen in Deutschland ausschließlich der Stromerzeugung. Aus den Anlagenkosten einschließlich der zusätzlichen Kosten für Infrastruktur und Planung sowie den Betriebskosten ergeben sich bei den in unseren Landen typischen Windgeschwindigkeiten von durchschnittlich fünf bis sechs Metern in der Sekunde an der Küste und vier im Binnenland Stromgestehungskosten zwischen 12 und 30 Pfennig pro Kilowattstunde.

Keine Schadstoffemissionen, gesunkene Kosten und gestiegene Leistung – spricht da nicht alles für die Windenergie? Im Prinzip ja, doch Kritiker werfen auch dieser Technologie Umweltbelastungen vor. Moniert werden Geräuschemissionen, Beeinträchtigung der Tierwelt und Verschandelung der Landschaft. Untersucht man allerdings diese Beanstandungen genauer, wird rasch deutlich, dass Windkraftanlagen im Vergleich mit konkurrierenden Energiesystemen gut dastehen. Denn die Geräuschemissionen moderner Anlagen wurden gegenüber den Anfangsjahren durch aerodynamische Verbesserungen, Geräuschisolierung der Maschinengondel und verbesserte Getriebe erheblich gemindert. In 50 Meter Entfernung entspricht der Lärmpegel eines modernen Windrades einem Radio mit Zimmerlautstärke, in 500 Meter Entfernung, dem Mindestabstand, den Windkraftanlagen von Wohngebieten einhalten müssen, ist die Anlage praktisch nicht mehr zu hören. Langjährige Beobachtungen haben gezeigt, dass Vögel im Flug tagsüber den großen Türmen ausweichen. Allerdings wird beobachtet, dass Zugvögel nachts und bei Nebel verstärkt gegen jegliche Art von Masten prallen. Daher sollten Windkraftanlagen weder in den Hauptrouten von Zugvögeln noch in Naturschutzgebieten aufgestellt werden. Das größte Konfliktpotential stellt jedoch die Beeinträchtigung des Landschaftsbildes dar. Im Bundesnaturschutzgesetz hat der Gesetzgeber vorgeschrieben, dass „die Vielfalt, Eigenart und Schönheit von Natur und Landschaft als Lebensgrundlage des Menschen nachhaltig gesichert" werden muss. Die für Kommunen nach einer Novellierung des Baugesetzes mögliche Ausweisung von Vorrang- und Tabuflächen sorgt weitgehend dafür, dass diese Rahmenbedingungen berücksichtigt werden. Dazu kommt, dass die etwa 200 000 Strommasten in Deutschland unsere Kulturlandschaft auch nicht gerade verschönern. Allerdings wird die subjektive Wahrnehmung der „Verspargelung" oder der positiven Ergänzung der Landschaft letztlich nicht aufzulösen sein. Möglicherweise werden daher in Zukunft verstärkt die Gerichte in Anspruch genommen werden. Neben dieser indirekten Landschaftsbeeinflussung ist die direkte Bodenversiegelung durch Windkraftanlagen gering. Die Fundamente der Anlagen und die wegen der Wartung erforderlichen Wege schränken die landwirtschaftliche Nutzung der betroffenen Flächen kaum ein.

Diesen Beeinträchtigungen steht ein großer Vorteil von Windkraftanlagen gegenüber: die CO_2-neutrale Stromproduktion. Mit jeder Kilowattstunde Windstrom können 800 Gramm Kohlendioxid vermieden werden, wenn Strom aus einem Steinkohlekraftwerk ersetzt wird. Dies macht im Jahr bei einer einzigen 1,5-Megawatt-Anlage immerhin 2 400 Tonnen. Aber auch all die anderen Schäden, die aus der Nutzung der endlichen fossilen und nuklearen Energieträger entstehen, treten bei der Nutzung der Windenergie nicht auf.

Angesichts dieser Vorteile erscheint die momentane Verbreitung der Windräder eher noch gering: Mit nahezu 4 500 Megawatt Leistung deckten 7 850 Anlagen Ende 1999 1,7 Prozent des Stromverbrauchs in Deutschland ab, im küstennahen Schleswig-Holstein sogar 17 Prozent. Die installierte Leistung wächst allerdings seit Jahren enorm. In keinem Land der Erde stehen mehr Windkraftanlagen als in Deutschland. Prozentual ist jedoch Dänemark „Weltmeister“. Hier werden sieben Prozent des Stroms durch Wind erzeugt. Das technisch-strukturelle Potenzial der Windkraft in Deutschland liegt bei einer Leistung von 50 000 Megawatt. Damit könnten etwa 20 Prozent des deutschen Strombedarfs abgedeckt werden. Diese Quote wäre noch zu vergrößern, wenn das vergleichsweise viel größere Potential von im Meer installierten Anlagen, die so genannte Offshore-Nutzung, zum Einsatz käme. Bis zu 60 Prozent (!) der gegenwärtigen Bruttostromerzeugung könnten dann durch Windkraft abgedeckt werden. In Dänemark und Schweden existieren bereits die ersten Demonstrationsanlagen. Die höheren Investitionskosten würden durch die kräftigen, gleichmäßiger wehenden Winde kompensiert. Anlagen dieser Art könnten dann auch konventionelle Kraftwerke leistungsmäßig ersetzen und im Verbund mit weiteren erneuerbaren Energien oder flexiblen Gaskraftwerken eine ständig gesicherte Stromversorgung gewährleisten. Wer will da noch behaupten, es gäbe keine Alternativen zur gegenwärtigen Stromversorgung?

Biomasse – ein Dauerbrenner

Die älteste und einfachste Art der Energiegewinnung ist die Verfeuerung von Holz oder anderen pflanzlichen Stoffen. Schon der Neandertaler, der mit einem Feuer seine Höhle wärmte, nutzte Biomasse. Auch heute noch ist Holz der wichtigste biogene Festbrennstoff, wie Biomasse auch genannt wird. Neben Holzresten aus Walddurchforstungen, Sägereien oder Altholz aus Verpackungen oder Gebäudeabrissen sind auch schnell wachsende Hölzer wie Pappeln oder Weiden, die zu diesem Zweck angebaut werden, zu nennen. Dazu kommt die Verwendung von Schilfgras, Reststroh und Getreidepflanzen. Aus Mais und Zuckerrüben kann Bioalkohol, aus dem Öl von Raps und Sonnenblumen können flüssige Kraftstoffe hergestellt werden.

Was stellt der moderne Mensch mit Biomasse an? Noch immer wird sie zum größten Teil verfeuert, allerdings nicht mehr in Höhlen, sondern in speziellen Heizungen und Kraftwerken zur Wärme- und Stromerzeugung. In Deutschland dominieren Kleinanlagen bis zu 15 Kilowatt Heizleistung. Um eine vollständige und emissionsarme Verbrennung zu gewährleisten und mit Rücksicht auf den unterschiedlichen Aschegehalt sowie auf die Form und Partikelgröße der Brennstoffe wurden für die verschiedenen Größenklassen der Anlagen unterschiedliche Feuerungstypen entwickelt, die sich im Wesentlichen

Biomasse

Ressource:	Holz, Getreide, Zucker- und Stärkepflanzen, Ölpflanzen
Standorte:	weltweit je nach Verfügbarkeit der Biomasse
Einsatzgebiete:	Wärmeerzeugung, Kraft-Wärme-Kopplung, Kraftstoffe
Leistungsbereich:	1 kW bis 30 MW
Kosten:	Wärme 4–20 Pf/kWh Strom 12–30 Pf/kWh

Biogas

Ressource:	organische Reststoffe
Standorte:	weltweit je nach Verfügbarkeit der Reststoffe
Einsatzgebiete:	Wärmeerzeugung, dezentrale Kraft-Wärme-Kopplung
Leistungsbereich:	20 kW bis 10 MW
Kosten heute:	Wärme 5–15 Pf/kWh Strom 12–30 Pf/kWh

durch die Art der Brennstoffaufbereitung und -zufuhr unterscheiden. Automatische Brennstoffbeschickung und Feuerungsregelungen haben den Bedienungskomfort für Zentralheizungen erhöht. Diese Kleinanlagen unterliegen den Emissionsgrenzwerten des Bundesimmissionsschutzgesetzes.

Doch auch eine umfangreichere Nutzung ist möglich. Mit Holzfeuerungen von mehreren Megawatt Leistung können Nah- und Fernwärmenetze mit Wärme versorgt werden. In Österreich, das seit Jahren Biomasse systematisch fördert, gibt es bereits mehrere hundert biomassebefeuerter Nahwärmeanlagen. Die größeren Feuerungen in solchen Systemen haben den Vorteil, dass sich ein höherer technischer Optimierungsaufwand lohnt, wobei durch Kondensation des Wasserdampfs im Rauchgas und Vortrocknung der Biomasse die Wirkungsgrade künftig noch erheblich gesteigert werden können. Auch die Emissionen können durch kontinuierliche Verbrennung und durch eine effiziente Staubabscheidung optimiert werden.

Soll eine Energieform in der modernen Industriegesellschaft besonders gut nutzbar sein, ist neben der Wärmeerzeugung immer auch die Stromerzeugung von Bedeutung. Hier hat die Biomasse bislang eine eher untergeordnete Rolle gespielt. Doch das kann sich ändern, denn ihr Einsatz in Anlagen mit Kraft-

Dieses Biomasse-Heizkraftwerk verwendet Biomasse aus der Forst- und Landwirtschaft. Es erzeugt in einer Dampfturbine zwischen 1,4 und 4,2 Megawatt elektrischer Leistung.

Wärme-Kopplung ist eine besonders effiziente Form der Nutzung. Und das geht so: Die bei der Verbrennung von Holz entstehende Wärme kann in Form von Dampf zum Antrieb einer Turbine, die Strom erzeugt, genutzt werden. Die restliche Abwärme wird gleichzeitig für Prozesswärme oder Raumheizung verwertet. Dieses Verfahren kommt in vielen Industriebetrieben zur Nutzung von Restholz zum Einsatz. Eine kostengünstige Alternative stellt die Mitverbrennung von Biomasse in existierenden Kraftwerken dar. Die relativ geringen Investitionskosten führen zu einem selbst im Vergleich mit heutigen Steinkohlepreisen wirtschaftlichen Betrieb, vor allem wenn Brennstoffe zum Einsatz gelangen, für deren Entsorgung zusätzliche Einnahmen erzielt werden können.

Eine Alternative zu der Verbrennung ist die Vergasung. Der Brennstoff wird bei diesem Vorgang in ein brennbares Gas umgewandelt. Dieses Holzgas kann in Blockheizkraftwerken, Gasturbinen oder auch Brennstoffzellen in Strom und Wärme verwandelt werden, ebenso wie das bei der Vergärung feuchter Biomasse entstehende Biogas. Die Stromerzeugung mit Holzgas verspricht hohe Wirkungsgrade auch schon bei kleinen Anlagen. Ein Blockheizkraftwerk in Leipzig und ein Gas- und Dampf-Kraftwerk in Värnamo, Schweden, arbeiten bereits nach diesem Prinzip.

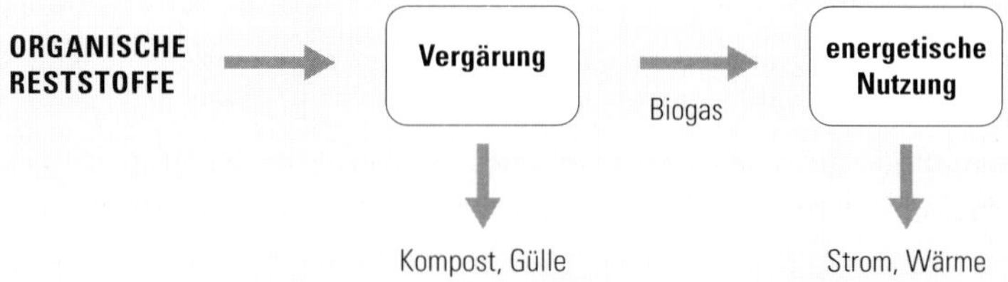

Sieht nicht aus wie Benzin, kann aber zu Biodiesel werden: ein blühendes Rapsfeld.

Das erwähnte Biogas entsteht durch die Zersetzung von organischer Materie durch spezielle Bakterien in Methan (CH_4) und Kohlendioxid (CO_2). Als Ausgangsstoffe eignen sich sämtliche vergärbaren Reststoffe wie Gülle, Biomüll, kommunale Abwässer oder Speisereste. Hundert Kubikmeter Biogas sind aus einer halben bis einer Tonne Biomüll oder aus den täglichen Exkrementen von 90 Rindern oder 12 000 Hühnern zu gewinnen. Das größte Potenzial hält daher auch die Landwirtschaft bereit. Über 200 000 Anlagen allein mit Abfällen aus der Agrarwirtschaft könnten in Deutschland realisiert werden. Aus Mist Geld machen – eigentlich wäre es möglich. Doch bislang arbeiten zwischen Nordsee und Alpen erst 600 Anlagen zur Erzeugung von Biogas. Neuerdings nimmt ihre Anzahl erfreulicherweise stark zu, da das Vorranggesetz für erneuerbare Energien (vgl. Kapitel 12) sie deutlich begünstigt. Viele Entwicklungsländer sind da weiter: In China existieren schätzungsweise 20 Millionen Kleinanlagen, und in Indien werden aufgrund attraktiver Förderprogramme jährlich 200 000 Anlagen neu gebaut.

Wir haben eingangs erwähnt, dass aus Biomasse auch flüssige Kraftstoffe zu gewinnen sind. Dafür bieten sich verschiedene Herstellungsverfahren an. In Deutschland hat sich vor allem die Gewinnung von Rapsölmethylester, auch Biodiesel genannt, etabliert. Dieser aus gepresstem und weiter verarbeitetem Rapsöl hergestellte Kraftstoff kann von geringfügig modifizierten Dieselfahrzeugen getankt werden. Wer Biodiesel fährt, ist unabhängig von steigenden Ölpreisen, doch sind die Kapazitäten mit 900 Tankstellen im ganzen Land noch sehr eingeschränkt. Durch den Bau zweier Produktionsanlagen wird die deutsche Herstellungskapazität derzeit verdoppelt. In anderen Ländern, beispielsweise Brasilien, dominiert Ethanol, also Trinkalkohol, den alternativen Kraftstoffmarkt. Es wird durch alkoholische Gärung von Zuckerrüben, Kartoffeln und Getreide gewonnen. Im Vergleich zu Biodiesel sind allerdings die höheren Kosten und die schlechtere Energiebilanz nachteilig. Schließlich kann das bei der Vergasung von Biomasse entstehende Synthesegas auch zur Herstellung von Wasserstoff oder Methanol herangezogen werden. Diese vor allem für Brennstoffzellenfahrzeuge attraktive Option befindet sich noch im Forschungsstadium.

Die Vielfältigkeit der biogenen Einsatzstoffe reicht also vom klassischen Brennholz bis zu den Ausscheidungen des lieben Viehs. Diese Breite spiegelt sich auch in den Kosten der Energieerzeugung wider. Ausschlaggebend für die Wirtschaftlichkeit der Anlagen sind neben der Anlagengröße in der Regel die Brennstoffkosten, die von „negativen" Kosten – durch Gutschriften für vermiedene Deponie- und Entsorgungskosten – bis hin zu sechs Pfennig pro Kilowattstunde (oder 60 Pfennig für den Liter Heizöl) für speziell angepflanztes Schilfgras oder Getreide-Ganzpflanzen reichen. Die Kosten speziell angepflanzter Energierohstoffe liegen derzeit um das 1,5- bis 2fache über den Kosten der meisten Reststoffe. Deshalb hat die Nutzung von Reststoffen momentan größere Chancen. Niedrige Kosten weisen vor allem größere Dampf-Heizkraftwerke und Heizwerke mit preiswertem Restholz auf. Unter günstigen Rahmenbedingungen, beispielsweise bei einem hohen Eigenleistungsanteil und kostengünstigen Brennstoffquellen, können auch Kleinanlagen niedrigere Wärmegestehungskosten aufweisen als fossile Vergleichsanlagen.

Bei den Zukunftsaussichten der Biomasse inklusive Biogas insgesamt müssen wir zwischen der Nutzung von Reststoffen (Restholz, Reststroh, landwirtschaftliche Abfälle, Grüngut) und der Nutzung von Energiepflanzen unterscheiden. Energetisch verwertete organische Reststoffe können rund drei Prozent des derzeitigen jährlichen Primärenergieverbrauchs (vgl. Glossar) Deutschlands ersetzen. Das Potenzial ist im Durchschnitt erst zu rund zehn Prozent erschlossen. Für einzelne Reststoffarten sind die Ausschöpfungsgrade allerdings deutlich höher. So wird Industrie- und sonstiges Restholz schon zu rund 50, Deponie- und Klärgas zu rund 70 Prozent verwertet. Setzt man die für Energiepflanzenanbau nutzbaren Flächen mit 1,5 Millionen Hektar relativ niedrig an, um Spielräume für eine Extensivierung der Landwirtschaft und den Anbau von Chemie- und Technikrohstoffen zu erhalten, so stehen gemessen am heutigen Primärenergieverbrauch weitere drei Prozent zur Verfügung. Insgesamt ist auf der Basis dieser Restriktionen mit Biomasse also ein Anteil von gut fünf Prozent der benötigten Energie realisierbar.

Allen Nutzungsformen biogener Brenn- und Kraftstoffe gemeinsam ist der erhebliche Beitrag zum Klima- und Ressourcenschutz. Zur Bereitstellung von einer Einheit fester Biomasse werden zwischen 0,05 und 0,12 Einheiten erschöpflicher Energie eingesetzt, etwa für den Anbau, Transport und eventuellen Düngemitteleinsatz. Bei Biokraftstoffen ist der Energieaufwand etwas höher: zwischen 0,15 (Rapsöl) und 0,6 (Ethanol aus Kartoffeln) Einheiten je Einheit Kraftstoff sind hier notwendig. Diese positive Energiebilanz schont nicht nur die Reserven der endlichen Energieträger, sondern verringert auch die klimawirksamen CO_2-Emissionen erheblich. Denn, und das ist der Clou, die durch die Verbrennung von Biomasse freigesetzten CO_2-Emissionen sind nicht treibhauswirksam, weil eine entsprechende Menge CO_2 während des Wachstums der Pflanzen der Atmosphäre entzogen wurde. Die Verbrennung schließt diesen Kreislauf. Auch unter Berücksichtigung der Treibhausgase Methan und Lachgas, letzteres wird bei der Herstellung von Düngemitteln und durch stoffliche Vorgänge im Boden gebildet, bleibt die Bilanz deutlich positiv. Biogasanlagen verhindern, dass – wie häufig bei schlecht durchlüfteter Kompostierung – unkontrolliert Methan ausgestoßen wird. Dieses ist aber mehr als 20-mal so klimawirksam wie CO_2.

Geothermie – Mutter Erde spendiert Wärme

Ressource:	Erdwärme • oberflächennah (bis 400 m): 7–25° Celsius • hydrothermal: 25–100° Celsius • Dampf- und Heißwassersysteme, Hot-Dry-Rock-Systeme: ab 175° Celsius
Standorte:	• oberflächennah: praktisch überall • hydrothermal: norddeutsches Tiefland, Oberrheintal, Region zwischen Donau und Alpenrand, Schwäbische Alb, Oberfranken • Hot-Dry-Rock-Systeme: zukünftig überall möglich
Einsatzgebiete:	Heizung und Kühlung, saisonale Kälte- und Wärmespeicherung, Eisfreihaltung, Prozesswärme, Stromerzeugung
Leistungsbereich:	• oberflächennah: Erdwärmesonde 6–8 kW • hydrothermal: 3–30 MW thermisch • Hot-Dry-Rock: 20–50 MW elektrisch
Gestehungskosten:	Wärme: 5–15 Pf/kWh Strom: 15–25 Pf/kWh

Unser Planet besitzt nicht nur eine Oberfläche mit fünf Kontinenten und unendlich viel Wasser, er hat auch ein sehr bewegtes Inneres, das in Erdkruste, Erdmantel und Erdkern aufgeteilt wird. Könnten Sie, wie es einst Jules Verne beschrieben hat, zum Mittelpunkt der Erde reisen, kämen Sie ganz schön ins Schwitzen, denn je tiefer man in das Innere der Erde vordringt, desto wärmer wird es. In Mitteleuropa nimmt die Temperatur im Mittel um 3° Celsius pro 100 Meter Tiefe zu, im obersten Erdmantel herrschen 1 300° und im Erdkern wahrscheinlich höllische 5 000° Celsius. Warum das so ist? Nun, diese Wärme stammt vom ständigen Zerfall radioaktiver Elemente im Inneren der Erde. Der Wärmestrom ist praktisch unerschöpflich, denn der Zerfall dieser Elemente wird noch Milliarden von Jahren andauern. Auf ihrem Weg nach oben erhitzt diese „Erdwärme“ oder „Geothermie“ näher an der Oberfläche liegende Gesteins- und Erdschichten und unterirdische Wasserreservoirs. Manchmal gelangen heißes Wasser und Dampf als heiße Quelle oder als Geysir sogar bis an die Erdoberfläche, was Sie etwa in Island beobachten können.

Es liegt auf der Hand, dass der Mensch, der die Natur stets für seine Zwecke eingesetzt hat, auch diese Erscheinung zu nutzen versteht. Erdwärme ist rund um die Uhr verfügbar und kann jederzeit abgerufen werden. Sie wird zur Beheizung von Gebäuden, in Schwimmbädern, zur Warmwasserbereitung oder für industrielle Heizzwecke verwendet, kann aber auch zur Stromerzeugung oder zur Kraft-Wärme-Kopplung dienen. In Deutschland liegen die attraktivsten Standorte im norddeutschen Tiefland, im Oberrheingraben und im Alpenvorland.

Bleibt die Frage zu klären, wie die Wärme aus der Erde ins Schwimmbad kommt. Technisch funktioniert das ganz einfach. Um die Wärme aus dem Untergrund gewinnen zu können, wird ein Transportmittel benötigt. Entweder ist es in Form von heißem Wasser oder Dampf bereits vorhanden, dann wird es an die Oberfläche befördert – und wenn die Wärme entzogen ist, wieder in die Tiefe geschickt. Soll die Wärme hingegen oberflächennahen Erdschichten oder heißen, trockenen Tiefengesteinen entzogen werden, wird kaltes Wasser in die Tiefe gepumpt, durch unmittelbaren Kontakt mit dem Gestein oder über Wärmetauscherrohre durch das umgebende Erdreich erhitzt und anschließend wieder heiß an die Oberfläche gebracht. Hier gibt das Medium Wasser die Wärme wieder ab, und der Prozess beginnt von neuem. Es gibt verschiedene Arten, auf diese Weise Erdwärme zu gewinnen:

Oberflächennahe Geothermie: Die Erdwärme wird aus bis zu 150 Metern Tiefe geholt. Sie wird entweder dem Erdboden oder dem Grundwasser entzogen. Erdsonden werden als unterirdische Wärmetauscher in das Erdreich eingeführt. Wasser dient als Wärmeträger. Wegen der in der Regel sehr niedrigen Temperatur des Erdreichs von unter 15° Celsius wird eine Wärmepumpe hinzugezogen. Eine Wärmepumpe ist ein Gerät, das die auf niedrigem Niveau vorliegende Umgebungsenergie unter Einsatz zusätzlicher Energie auf ein höheres Temperaturniveau hebt, das zum Heizen von Häusern ausreicht. Diese Technologie kann auch im Zusammenhang mit Erdwärmespeichern für Sonnenenergie angewandt werden. Je nach Größe der Speichermasse können auf diese Weise sogar saisonale Schwankungen der Sonnenenergie ausgeglichen werden. Anlagen zur oberflächennahen Erdwärmenutzung werden überwiegend zur Wärmeversorgung von Ein- und Zweifamilienhäusern genutzt.

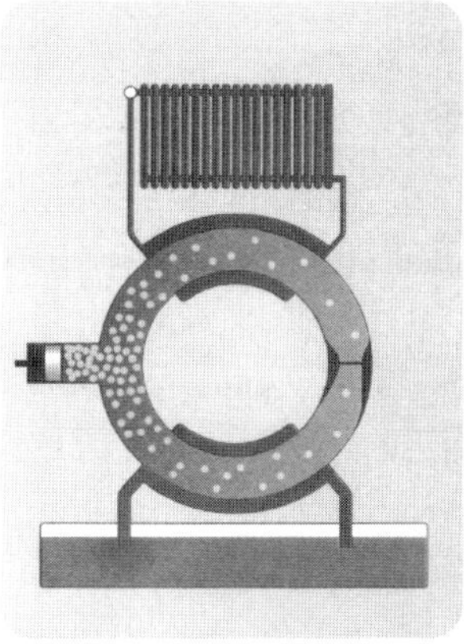

Wärmepumpe

Erdwärmenutzung mit tiefen Sonden: Das Verfahren funktioniert wie die oberflächennahe Nutzung mit einer Wärmepumpe, der Unterschied liegt lediglich in der Tiefe der Bohrung. Doppelrohrsonden können in bis zu vier Kilometern Tiefe installiert werden. In dieser Tiefe heizt sich Wasser, das durch eine Sonde eingebracht wird, von ganz allein auf und kann über eine zweite Sonde wieder an das Tageslicht befördert werden.

Hydrothermale Erdwärmenutzung: Bei dieser Art der Nutzung muß kein Wasser in die Tiefe gepumpt werden, da es dort schon als Tiefengewässer mit einer Temperatur zwischen 40° und 100° Celsius vorliegt. Sie ist in Oberschwaben, dem Oberrheingraben und in Teilen der norddeutschen Tiefebene möglich. Das Thermalwasser wird aus 1 000 bis 2 500 Meter Tiefe über Bohrungen an die Erdoberfläche gefördert und gibt hier seine Wärme an einen Verbraucher ab. Anschließend wird es über eine zweite Bohrung wieder in die Tiefe gebracht, um die Mengenbilanz im Untergrund zu erhalten. Die hochmineralisierten Thermalwässer können aus Umweltschutzgründen meistens nicht oberirdisch entsorgt werden.

„Hot-Dry-Rock"-Verfahren: Die Nutzung heißer, trockener Gesteinsschichten in bis zu fünf Kilometern Tiefe ist eine weitere Möglichkeit der geothermischen Wärme- und insbesondere der Stromerzeugung. Zuerst wird eine Tiefbohrung angelegt, anschließend erfolgt die hydraulische Stimulation zur Erzeugung unterirdischer Wasseraustauschflächen, indem Wasser unter hohem Druck aus der Bohrung in das Gestein gepresst wird. Auf diese Weise werden vorhandene Risse und Spalten ausgeweitet und auch neue geschaffen. Die Durchlässigkeit des Gesteins erhöht sich. Der Betrieb einer solchen Anlage ist nicht kompliziert: Auch hier wird kaltes Wasser in die Tiefe gepumpt (Injektionsbohrung). Über eine zweite (Produktions-)Bohrung gelangt dieses

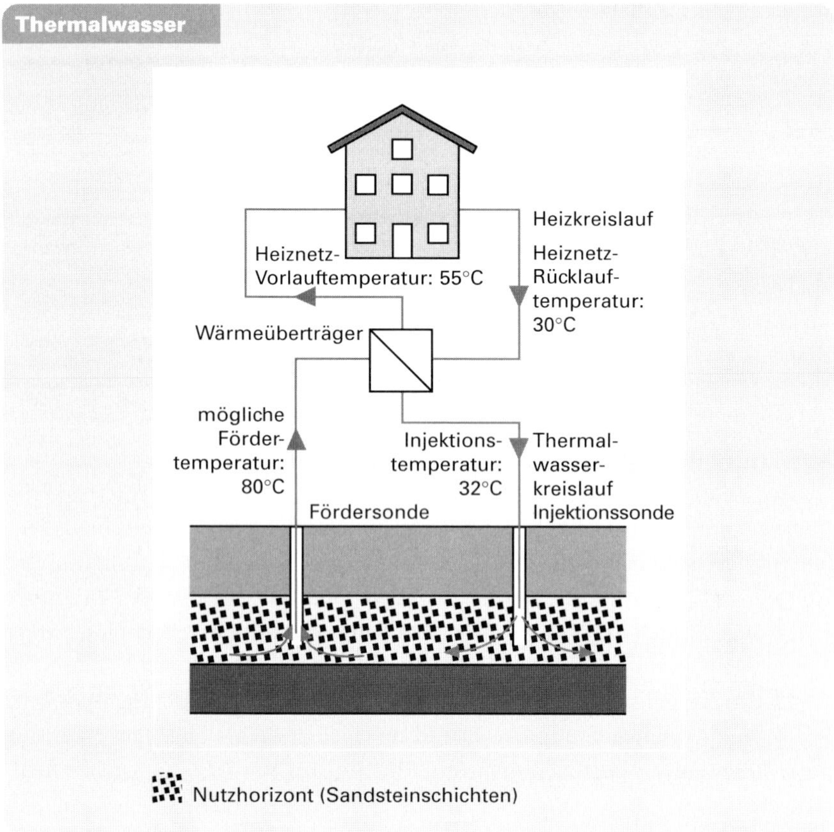

Förderung und Nutzung von Thermalwasser.

in den heißen Tiefengesteinen erhitzte Wasser wieder an die Oberfläche. Es wird zur Speisung von Nah- und Fernwärmenetzen und bei einem entsprechend hohen Temperaturniveau auch zur Erzeugung von Industriedampf genutzt. Bei einer Betriebstemperatur von 180° Celsius kann sogar Strom erzeugt werden. Der elektrische Wirkungsgrad liegt dabei allerdings bei nur etwa zehn Prozent.

In einem Forschungsprojekt in Soultz-sous-Forêts (Elsass) wurde auf diese Weise in 3 900 Metern Tiefe eine unterirdische Wärmetauscherfläche von circa drei Quadratkilometern erschlossen. Eine weitere Demonstrationsanlage ist im schwäbischen Bad Urach geplant.

Der Vorteil der Erdwärmenutzung mit tiefen Sonden ist zugleich das Problem dieser Technik: Nicht immer können bestehende Bohrlöcher wie etwa

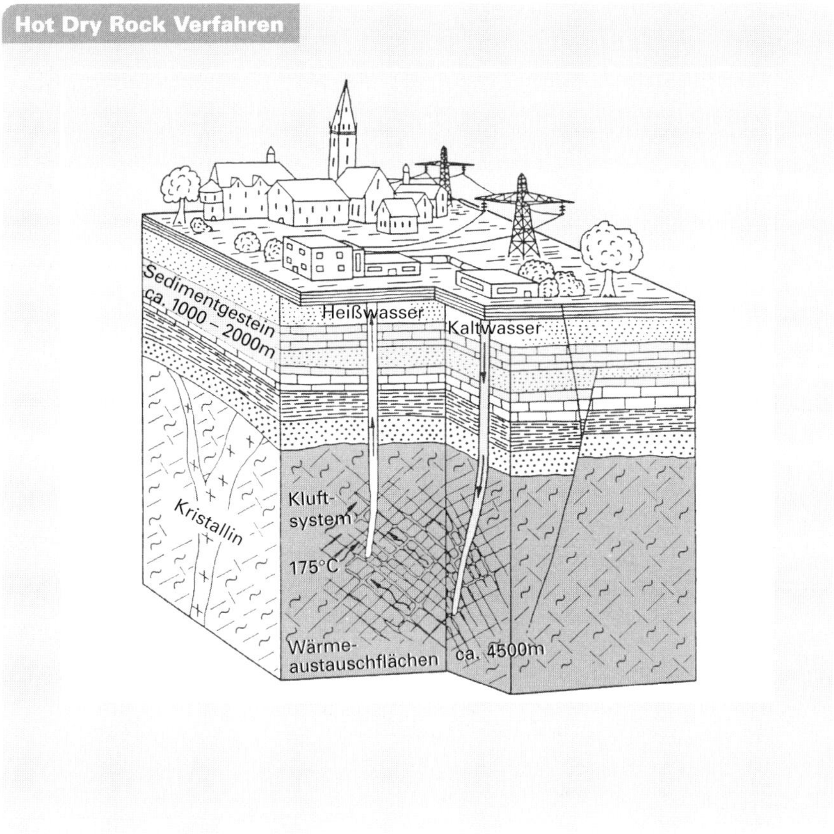

Das Prinzip des Hot-Dry-Rock-Verfahrens.

das der 2 800 Meter tiefen wissenschaftlichen Bohrung in Penzlau genutzt werden. Dort ist mit Unterstützung der öffentlichen Hand eine Erdwärmesonde mit etwa 400 Kilowatt thermischer Leistung eingebaut worden. Ansonsten ist die Bohrung neuer Löcher ein wesentlicher Kostenfaktor. Entsprechend liegen die Wärmegestehungskosten zwischen 16 und 21 Pfennig pro Kilowattstunde für Raum- und Gebäudeheizung und bei sieben bis neun Pfennig für industrielle Prozesswärmenutzung.

Wie sieht die Anwendung dieser Techniken in der Praxis aus? Beginnen wir mit den relativ weit verbreiteten Wärmepumpen. In Deutschland werden derzeit etwa 20 000 erdgekoppelte Wärmepumpen eingesetzt, deren Nutzenergieaufkommen allerdings nur einem Bruchteil des technisch Machbaren entspricht. Hauptgrund sind wieder einmal die niedrigen Preise für konventionelle Brennstoffe, die eine wirtschaftliche Konkurrenzfähigkeit erschweren.

Hydrothermale Erdwärme wird zur Gebäude- und Wasserheizung, in Thermalbädern und zu gewerblichen Zwecken, beispielsweise zur Beheizung von Gewächshäusern, genutzt. In Süddeutschland, vor allem in der Region zwischen Donau und Alpen, kann das Thermalwasser nach dem Abkühlen auch als Trinkwasser verwendet werden, da unterirdisch genügend Wasser nachfließt und der Mineralgehalt nur gering ist.

In Deutschland wird die hydrothermale Erdwärme schon seit langem zur Wärmeerzeugung genutzt. 1996 waren Anlagen mit etwa 38 Megawatt thermischer Leistung installiert. Die großtechnische Nutzung durch Erdwärme-Heizwerke mit Fernwärmenetz wurde 1984 begonnen. Momentan werden 26 Megawatt in drei größeren Anlagen betrieben. Insbesondere im süddeutschen Molassebecken, das sich im Voralpenraum Bayerns und Baden-Württembergs befindet, sollen allerdings weitere Anlagen realisiert werden. Die Investitionskosten einer geothermischen Heizzentrale liegen bei Anlagen mit einer installierten Leistung zwischen fünf und 20 Megawatt im Bereich von 1 000 bis 3 000 DM pro Kilowatt. Dazu kommen meist noch Kosten für ein Wärmeverteilungsnetz. Je nach Temperaturniveau und Ergiebigkeit der Quelle können die Wärmegestehungskosten zwischen zehn und 20 Pfennig für die Kilowattstunde betragen. Die Anlagen werden zu Heizzwecken nur etwa 1 800 Stunden pro Jahr genutzt. Bei industriellen Abnehmern mit hoher Auslastung (über 5 000 Stunden im Jahr) können die Wärmegestehungskosten unter fünf Pfennig sinken.

Theoretisch kann überall eine Bohrung mit der nötigen Tiefe erzeugt werden, um ein Heizkraftwerk nach dem Hot-Dry-Rock-Verfahren zu installieren. Mit Leistungsgrößen von 20 bis 50 Megawatt könnten solche Kraftwerke aus rein technischer Sicht etwa 30 Prozent des deutschen Stromverbrauchs abdecken. Die Kosten für eine Bohrung von 4 000 Metern Tiefe liegen jedoch bei etwa sechs Millionen DM, und die gesamten Investitionskosten belaufen sich auf stattliche 5 000–6 000 DM pro Kilowattstunde. Für die Stromgestehungskosten werden etwa 20–25 Pfennig pro Kilowattstunde geschätzt.

An Standorten, an denen Erdwärme „von selbst“ an die Oberfläche dringt, ist die Stromerzeugung direkt mit Hilfe eines Dampfkraftprozesses möglich, der zum Antrieb der Turbine ein leicht flüchtiges, organisches Medium benutzt. Das größte europäische Kraftwerk dieser Art mit 300 Megawatt Leistung arbeitet in Lardarello in der italienischen Toskana.

Wasserkraft – der Strom aus der Turbine

Ressource:	Bewegungsenergie und Fallhöhe von Wasser
Standorte:	Gebirge, Mittelgebirge, Flüsse, Bäche
Einsatzgebiete:	Stromerzeugung, Energiespeicherung
Leistungsbereich:	Speicher- und Laufwasserkraftwerke bis 5 000 MW, Kleinwasserkraftwerke bis 1 MW
Kosten heute:	Große Speicher- und Laufwasserkraftwerke 5–10 Pf/kWh Kleinwasserkraftwerke 12–25 Pf/kWh

Wasser ist nicht nur zum Trinken da. Das wussten schon unsere Ahnen, nutzten sie doch die Kraft des fließenden Wassers bereits in vorindustrieller Zeit zum Antrieb von Mühlen, Säge- und Hammerwerken. Jahrhundertelang im Einsatz, ist Wasserkraft eine ausgereifte Technologie. Nach der traditionellen Nutzung von Biomasse liegt sie weltweit an zweiter Stelle bei der Erzeugung erneuerbarer Energien – auch in Deutschland, wo sie etwa vier Prozent zur Stromerzeugung beiträgt. Überhaupt wird sie inzwischen fast ausschließlich zur Stromproduktion verwendet.

Um aus Wasser Strom zu machen, muss die kinetische und potenzielle Energie einer Wasserströmung über ein Turbinenrad in mechanische Rotationsenergie umgewandelt werden. Diese wiederum treibt Maschinen oder Generatoren an. Für die Umwandlung der Wasserkraft in Strom gibt es unterschiedliche Arten von Turbinen, die je nach Wassermenge und Fallhöhe unterschiedliche optimale Einsatzbereiche haben.

Die Kaplanturbine: Sie funktioniert ähnlich wie eine Schiffsschraube, bei der die Achse vertikal gelagert ist. Die Laufradflügel und der Leitapparat sind verstellbar und können optimal an die Strömungsverhältnisse angepasst werden. Das Wasser strömt entlang der Achse durch das Laufrad. Kaplanturbinen werden bei geringen Fallhöhen und großen Wassermengen eingesetzt.

Die Francisturbine: Dieser Typus stellt eine der ältesten Turbinenarten dar – leicht erkennbar an dem schneckenförmigen Gehäuse. Sie wird bei geringen Fallhöhen und mittleren bis geringen Wassermengen eingesetzt. Bei dieser Turbine ist nur der Leitapparat verstellbar. Das Wasser strömt radial in das Laufrad hinein und verlässt es entlang der Drehachse.

Die Peltonturbine: Sie ist für große Fallhöhen und kleine Wassermengen geeignet. Das Wasser wird nach Durchlaufen einer Druckleitung mit hoher Geschwindigkeit über Düsen auf die Schaufeln der Turbine gespritzt.

Prinzip Speicherkraftwerk

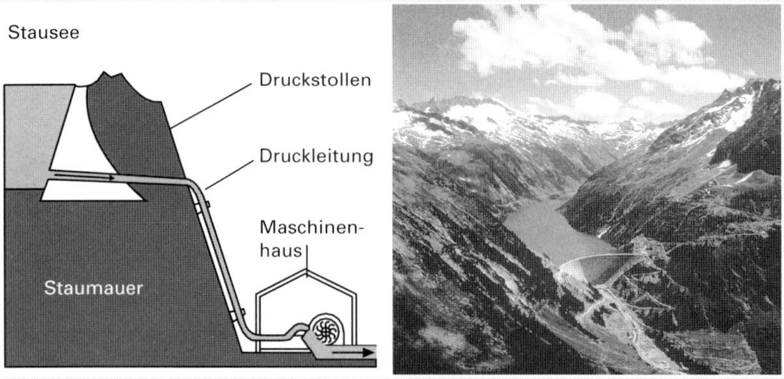

So funktioniert ein Talsperren-Speicherkraftwerk.

Die Durchströmturbine: Bei kleinen Fallhöhen und Wassermengen kommt sie zur Anwendung, wobei sie hauptsächlich bei kleinen Leistungen eingesetzt wird. Das Wasser strömt tangential durch das Laufrad hindurch.

Natürlich sind nicht nur verschiedene Turbinenarten, sondern auch unterschiedliche Kraftwerke vonnöten, um die Wasserkraft effizient zu nutzen.

Speicherkraftwerke: Sie arbeiten mit dem hohen Gefälle und der Speicherkapazität von Talsperren und Bergseen zur Stromerzeugung. Beim Talsperren-Kraftwerk werden üblicherweise Kaplan- oder Francisturbinen eingesetzt, die sich am Fuß der Staumauer befinden. Beim Bergspeicherkraftwerk wird ein in der Höhe liegender See über Druckrohrleitungen mit der im Tal liegenden Kraftwerksanlage verbunden. Wegen der in der Regel sehr großen Fallhöhe werden sie meistens mit Pelton-Turbinen betrieben. Speicherkraftwerke mit natürlichem Zulauf können sowohl zur Deckung der elektrischen Grundlast als auch im Spitzenlastbetrieb verwendet werden.

Laufwasserkraftwerke: Die Strömung eines Flusses oder Kanals dient ihnen zur Stromerzeugung. Charakteristisch ist eine niedrige Fallhöhe bei relativ großer, oft jahreszeitlich mehr oder weniger stark schwankender Wassermenge. Die Anlagen werden aus wirtschaftlichen Gründen oft in Verbindung mit Schleusen gebaut. Die Arbeit der Stromerzeugung verrichten hauptsächlich Kaplan- und Durchströmturbinen.

Kleinwasserkraftwerke: Sie sind ebenfalls Speicher- oder Laufwasserkraftwerke, doch liefern sie, wie der Name schon andeutet, aufgrund geringerer

Prinzip Laufwasserkraftwerk

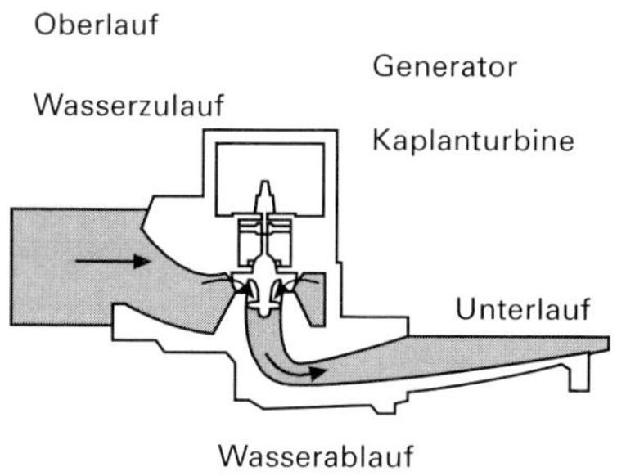

Laufwasserkraftwerke sind an Flüssen oder Kanälen zu Hause.

Fallhöhen und Wassermengen nur kleinere Leistungen bis zu einigen 100 Kilowatt. Meist sind Pelton-, Francis- oder Durchströmturbinen in ihnen installiert. Anlagen unter fünf Megawatt Leistung werden durch das Vorranggesetz für erneuerbare Energien besonders gefördert.

Die Wasserkraft ist wie gesagt hierzulande ein alter Bekannter. Etwa 5 500 Wasserkraftanlagen mit einer elektrischen Leistung von 3 500 Megawatt sind in Betrieb. Rund 13 Prozent dieser Anlagen befanden sich im Besitz von Energieversorgungsunternehmen und liefern 90 Prozent des ins Netz eingespeisten Wasserkraftstroms. Den Rest teilen sich private Kleinwasserkraftwerke und Kraftwerke der Bahn. Alle zusammen stellen immerhin vier Prozent der Stromerzeugung bereit. Das Gesamtpotenzial in Höhe von 25 Terawattstunden pro Jahr ist bereits zu 75 Prozent ausgeschöpft. Weltweit sind dagegen noch beträchtliche Ausbaumöglichkeiten vorhanden, da die technischen Möglichkeiten erst zu etwa 35 Prozent ausgenutzt sind.

Die besten Voraussetzungen für die Wasserkraft in Deutschland finden sich in den südlichen Bundesländern, da hier der Voralpenraum für ein günstiges Gefälle sorgt. Mit Hilfe von Modernisierung oder Umbau bestehender Wasserkraftwerke, der Reaktivierung stillgelegter Anlagen und des Wiederaufbaus von Kleinanlagen an älteren Wehren kann sie auch bei uns noch intensiver genutzt werden. Doch auch hier stellt sich die Gretchenfrage nach den auftretenden Eingriffen in die Natur. Dabei gilt: Die Auswirkungen auf die Gewässer und ihre Ufer bleiben meist in vertretbaren Grenzen, sodass die ökologische

Beeinträchtigung der Pflanzen- und Tierwelt tolerierbar ist. Spezialbauten wie Fischtreppen können negative Einflüsse weiter verringern. Der Neubau vor allem größerer Wasserkraftanlagen stellt dagegen immer einen bedeutenden Einschnitt in die Ökologie eines Gewässers dar und bedarf einer sorgfältigen Prüfung.

Kapitel 3
Kassensturz: Wie sieht unsere Energieversorgung aus, wie könnte sie aussehen?

Ein paar Zahlen

Wir haben zu Beginn unseres Buches vorgeführt, welch ungeheures Potenzial die erneuerbaren Energien in sich tragen. Im vorhergehenden Kapitel haben wir die verschiedenen Möglichkeiten, wie erneuerbare Energien gegenwärtig genutzt werden, vorgestellt und auch darauf verwiesen, dass alle diese Techniken noch weiter erschlossen werden können. Doch nun wollen wir Kassensturz machen: Wie sieht die Energieversorgung weltweit und in Deutschland aus, welchen Anteil haben erneuerbare Energien und welche Ausbaumöglichkeiten sind vorhanden?

Energienutzung weltweit

Seit rund einem Vierteljahrhundert wird an der technisch-wissenschaftlichen Entwicklung der natürlichen Energien gearbeitet. Das Resultat scheint auf den ersten Blick zufriedenstellend zu sein. 18 Prozent der Weltenergieversorgung werden durch erneuerbare Energien abgedeckt, wobei sich die Nutzung auf Wasserkraft und Biomasse konzentriert. Doch das Aber folgt auf dem Fuß. Denn der relativ hohe Biomasseanteil besteht größtenteils aus der nicht nachhaltigen Nutzung von Brennholz in den ärmeren Entwicklungsländern. Wenn Menschen dort größere Waldflächen roden, weil sie das Holz zum Kochen benötigen, so fällt dies zwar unter die Nutzung von Biomasse, ist aber eine Entwicklung, die unbedingt zurückgedrängt und durch ökologisch verträglichere Nutzungsformen ersetzt werden sollte. Dieser Teil der Biomasse wird „nichtkommerzielle Energie“ genannt und taucht in offiziellen Statistiken nicht auf. Was bleibt dann noch übrig? Höchstens ein Fünftel des derzeitigen

Biomassebeitrags kann als ökologisch tolerierbar eingestuft werden. Dies ist die bereits beschriebene energetische Restholz- und Abfallnutzung, die zum größten Teil in den Industrieländern erfolgt, sowie die Erzeugung von Biogas aus Tierhaltung und Nahrungsmittelproduktion. Der derzeitige nachhaltige Beitrag von erneuerbaren Energien liegt also bei lediglich acht Prozent des globalen Energieverbrauchs. Dies ist wenig, aber ein Trost bleibt: Er ist immerhin höher als der Beitrag der Kernenergie, der sechs Prozent beträgt. Die eigentlichen „modernen" Techniken zur Nutzung von Sonnenstrahlung, Windenergie oder Erdwärme decken sogar erst 0,3 Prozent des derzeitigen Weltenergieverbrauchs ab.

Aus diesen Zahlen lässt sich unschwer erkennen, dass nach wie vor die fossilen Energien den Löwenanteil des Verbrauchs ausmachen: Mit insgesamt 80 Prozent sind sie der Hauptträger der globalen Energieversorgung, die jährlich insgesamt 390 Exajoule (1997) an Primärenergie (vgl. das Glossar) benötigt. Dies entspricht 9 300 Millionen Tonnen Öl. Mineralöl liegt mit 34 Prozent an der Spitze der fossilen Energien, gefolgt von Kohle mit 25 und Erdgas mit 21 Prozent. Diese Energieträger sind für die 23 Milliarden Tonnen CO_2 (1997) verantwortlich, die jährlich in die Atmosphäre entlassen werden.

Von dem globalen Energieeinsatz gehen wiederum rund 40 Prozent in die Stromversorgung, und da liegen – erinnern Sie sich an das Kapitel über Wasserkraft! – die erneuerbaren Energien besser im Rennen. Wasserkraftwerke mit einer Leistung von 700 000 Megawatt decken rund 18 Prozent des globalen Strombedarfs in Höhe von 14 400 Terawattstunden ab und sind damit nach der Kohle, die immer noch einen Anteil von nahezu 40 Prozent hat, die zweitwichtigste Energiequelle.

Aber auch andere erneuerbare Energiequellen leisten einen wenn auch bescheidenen Anteil zur weltweiten Stromversorgung: 13 500 Megawatt werden bereits von Windkraftanlagen produziert, etwa 7 000 Megawatt gehen auf geothermische Kraftwerke zurück, weitere 5 000 Megawatt auf Biomassekraft- und -heizkraftwerke, 350 Megawatt auf solarthermische Kraftwerke, und rund 1 200 Megawatt stellen Photovoltaikanlagen zur Verfügung. Zusammen ergibt das weitere rund 100 Terawattstunden oder 0,7 Prozent des weltweiten Strombedarfs. Wie dem gegenüber stehenden Diagramm zu ntnehmen ist, haben jedoch Kernenergie (17,2), Erdgas (15,6) und Mineralöl (9,2) weiterhin hohe Prozentanteile an der Stromproduktion. Während der Anteil der Kernenergie stagniert, wachsen die Beiträge von Windenergie, Erdgas und Kohle zur Zeit deutlich.

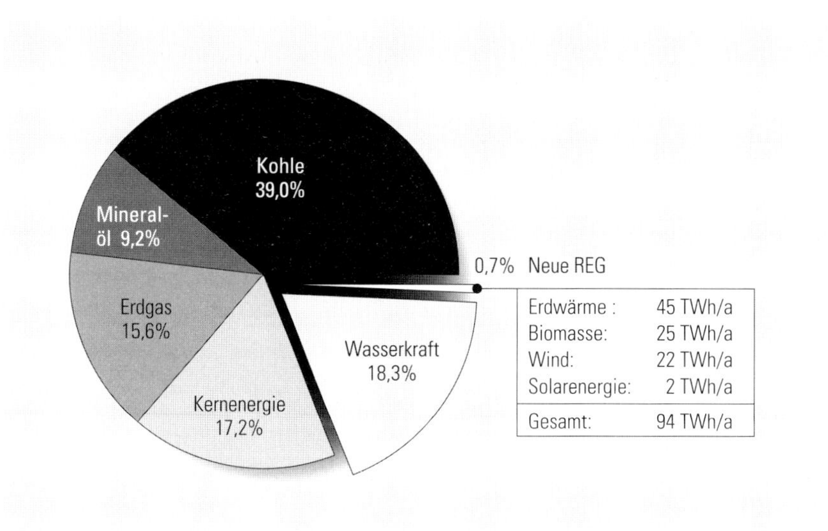

So sah die globale Stromversorgung 1998 aus: die fossilen Energiequellen dominieren.

Energieversorgung in Deutschland

Der gesamte Primärenergiebedarf Deutschlands lag 1999 bei 14,2 Exajoule, das entspricht 3,6 Prozent des weltweiten Energieverbrauchs Daran sind Mineralöl mit 40, Stein- und Braunkohle mit 25, Erdgas mit 21, Kernenergie mit 12 und die erneuerbaren Energien mit nur 2,4 Prozent beteiligt. Im Vergleich zur globalen Versorgungsstruktur setzen wir also mehr Kohle, mehr Kernenergie und weniger erneuerbare Energien ein. Der heutige Beitrag dieser Energien wird ebenfalls durch Wasserkraft und Biomasse, neuerdings aber auch durch Windenergie geprägt. Dies ist nicht verwunderlich, wenn man bedenkt, dass wie erwähnt etwa ein Drittel der weltweit installierten Windkraftanlagen derzeit in unseren Landen zu finden ist. Windenergie trägt jetzt, ebenso wie die Biomasse einschließlich Biogas, zu einem Viertel zum Beitrag der erneuerbaren Energien bei. Kollektorwärme, Photovoltaikstrom und Erdwärme spielen allerdings noch keine große Rolle.

Der Anteil aller erneuerbarer Energien an der Stromerzeugung lag 1999 bei 5,6 Prozent, am Brennstoffverbrauch bei 1,1 Prozent. Ihr Anteil an Treibstoffen in Form von Biodiesel ist gegenwärtig zu vernachlässigen. Immerhin: Infolge des starken Wachstums der Windenergie ist seit 1996 der Beitrag zur Stromversorgung um ein Prozent gestiegen. Und auch das ist erfreulich: Erneuerbare Energien vermeiden inzwischen jährlich rund 23 Millionen Tonnen CO_2, und das Umsatzvolumen der gesamten „Solarbranche“ liegt schon bei sechs Milliarden DM im Jahr.

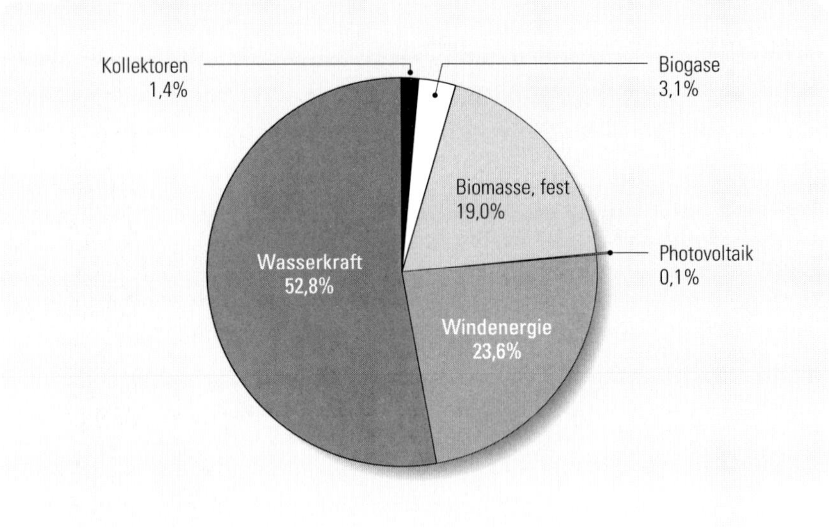

Der Gesamtanteil erneuerbarer Energien am Primärenergieverbrauch Deutschlands lag 1999 bei 2,4 Prozent. Hier sehen Sie die Beiträge der einzelnen Energiearten.

Diese Zahlen sind schnell analysiert, das nüchterne Ergebnis ist: Der Weg zu mehr Nachhaltigkeit in der Energieversorgung ist sowohl für Deutschland als auch für die ganze Welt noch sehr weit.

Eine rosige Zukunft?

Um unsere Bilanz weiter zu vervollständigen, wollen wir nun den tatsächlichen Nutzungsanteilen erneuerbarer Energien die potenziell erschließbaren Energiemengen gegenüberstellen. Dabei gilt es allerdings einiges zu beachten. Will man die technischen Möglichkeiten korrekt beschreiben, ist es erforderlich, strukturelle Begrenzungen innerhalb des Siedlungsgefüges zu berücksichtigen und Überschneidungen zu vermeiden. Ein Beispiel: Kollektoren und Solarzellen müssen sinnvoll auf die verfügbaren Dachflächen aufgeteilt werden. Ebenso wichtig ist es, Einschränkungen für die Windenergienutzung oder den Anbau von Energiepflanzen ins Kalkül zu ziehen. Auf diese Weise entsteht ein Zahlengerüst, das die Experten „Referenzpotenzial" nennen und das einen repräsentativen Anhaltswert für den in absehbarer Zeit maximal mobilisierbaren Beitrag von erneuerbaren Energien darstellt. Dieses Referenzpotenzial ist im gegenüber stehenden Diagramm für die in Deutschland nutzbaren

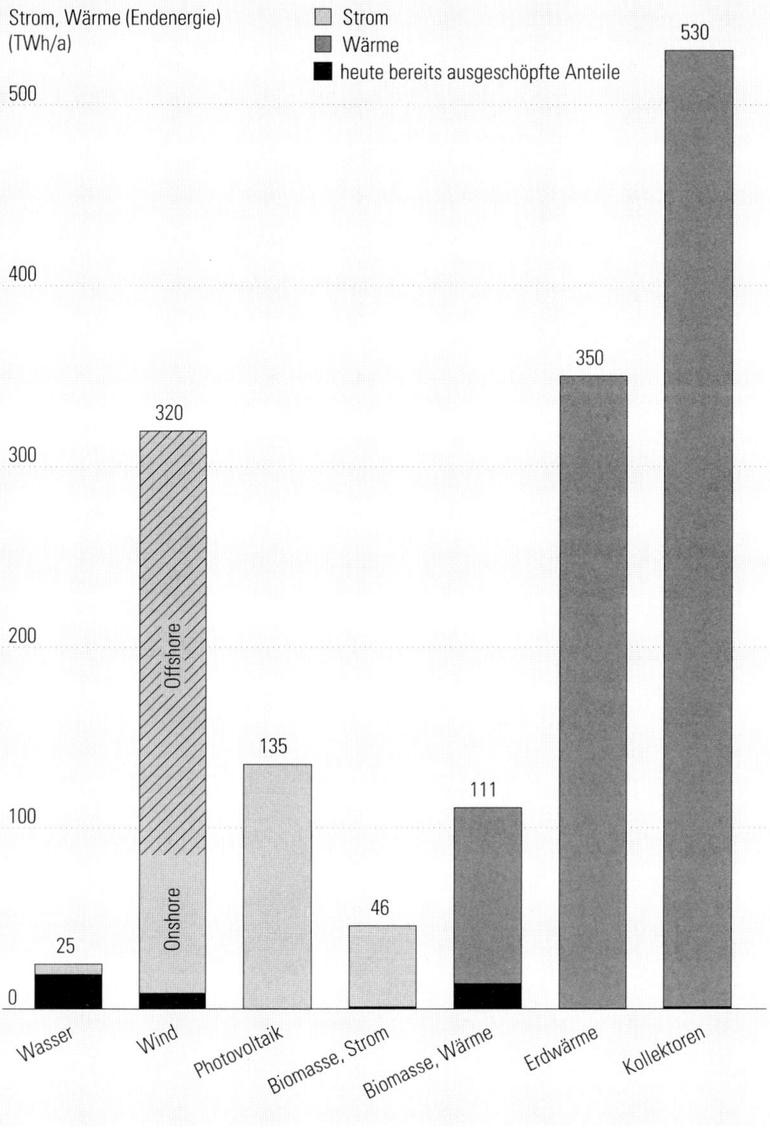

Was alles möglich ist: das Potenzial der einzelnen erneuerbaren Energiequellen in Deutschland im Vergleich zur jetzigen Nutzung.

erneuerbaren Energiequellen getrennt nach Strom und nach Nutzwärme dargestellt, wobei die schwarz gedruckten Flächen den gegenwärtig genutzten Anteil markieren. Und dieses Diagramm ist eine genauere Betrachtung wert.

Denn das Gesamtpotenzial (von Wasser, Wind, Photovoltaik und Biomasse) bei der Stromerzeugung beläuft sich auf beachtliche 525 Terawattstunden im Jahr, was in etwa der momentanen Jahresproduktion entspricht. Mit anderen Worten: Der Strombedarf Deutschlands könnte theoretisch aus erneuerbaren Energiequellen im Lande selbst gedeckt werden. Wirklich genutzt werden bislang ganze fünf Prozent! Nahezu die Hälfte dieses Energiereservoirs stammt dabei aus Windkraftanlagen.

Zudem können rund 1 000 Terawattstunden an Brennstoffen für die Wärmegewinnung pro Jahr ersetzt werden, was rund 70 Prozent der eingesetzten Energiemenge für die Wärmebereitstellung entspricht. Dieses Potenzial ist derzeit erst zu 1,5 Prozent ausgenutzt.

Bezieht man diese Werte auf den *gesamten* gegenwärtigen Primärenergieverbrauch, so könnten mit diesem Referenzpotenzial rund 60 Prozent von erneuerbaren Energien im Lande selbst bestritten werden – eine Zahl, die erstaunen lässt, denn sie bedeutet, dass der deutsche Energieverbrauch überwiegend auf der Basis „heimischer“ regenerativer Energien gedeckt werden kann. Doch das ist noch nicht alles: Dieser Anteil ließe sich weiter steigern, wenn die von der Enquete-Kommission „Schutz der Erdatmosphäre“ im Jahr 1995 festgestellten Energieeinsparpotenziale von 35–45 Prozent wirksam ausgeschöpft würden.

Die Möglichkeiten der einzelnen Energiearten belegen die nahezu gleichrangige Bedeutung aller Energiequellen. Allein die Wasserkraft, die schon heute dominierende erneuerbare Energie, hat nur noch relativ geringe Ausbaumöglichkeiten. Dagegen sind in dieser Aufstellung einige Möglichkeiten noch gar nicht aufgeführt, die zusätzliche Energie verfügbar machen könnten: Denkbar wäre etwa, innerhalb Europas gemeinsam große Potenziale, etwa an Windenergie, zu erschließen oder aus Anlagen in Südeuropa solar gewonnenen Strom oder Wasserstoff zu importieren. Mit solchen längerfristigen Optionen steigen die auch in Mitteleuropa verfügbaren Reserven erneuerbarer Energien sogar auf ein Vielfaches des Bedarfs.

Aufgrund ihres natürlichen Ursprungs sind die Möglichkeiten der Erschließung regional sehr unterschiedlich ausgeprägt. Es gehört nicht viel Fantasie dazu, sich auszumalen, dass in Landgemeinden die möglichen Deckungsanteile von Kollektoren und Photovoltaik an der vom Verbraucher bezogenen so genannten Endenergie mit 34 Prozent knapp doppelt so hoch liegen wie in Großstädten (18 Prozent). Die vermehrte Nutzung von Biomasse, auch das liegt auf der Hand, ist in Städten ebenfalls weniger gut realisierbar als auf dem Land. Der mögliche Beitrag zur Endenergie liegt dort bei nur zwei Prozent, kann jedoch in ländlichen Gemeinden über 15 Prozent erreichen. Konzepte einer sehr weitgehenden Nutzung von erneuerbaren

Energien können folglich besonders gut und frühzeitig in ländlichen Kommunen verwirklicht werden.

Will die Bundesrepublik die brachliegenden Möglichkeiten erneuerbarer Energien künftig besser nutzen, müssen zwei Überlegungen frühzeitig in die Planung einfließen. Erstens ist zu beachten, dass die zusätzlich verfügbaren Strommengen zu 86 Prozent aus den fluktuierenden Quellen Wind und Sonnenstrahlung stammen. Eine sehr weitgehende Erschließung dieser Potenziale verlangt jedoch eine deutliche Umgestaltung der bestehenden Kraftwerksstrukturen hinsichtlich Reservehaltung und Kraftwerksregelung. Es werden mehr flexible, schnell regelbare mittelgroße Gaskraftwerke benötigt und sehr viel weniger große Grundlastkraftwerke. Im Rahmen des üblichen Ersatzbedarfs sollten Kraftwerke frühzeitig in diese Richtung umgestaltet werden. Der beschlossene Ausstieg aus der Kernenergie, auf den wir noch zu sprechen kommen, gibt dazu die richtige Richtung an.

Zweitens ist die zusätzlich bereitstellbare Nutzwärme aus erneuerbaren Energien zu 90 Prozent Wärme mit einer Temperatur von weniger als 100° Celsius, die also nur zur Raumheizung, Warmwasserbereitung und für Prozesswärme niedriger Temperatur eingesetzt werden kann. Zu diesem Zweck werden derzeit rund 40 Prozent des Endenergieverbrauchs benötigt, diese aber könnten künftig zu 80 Prozent abgedeckt werden. Auch hier ist also eine beträchtliche Umgestaltung der jetzigen Wärmeversorgung erforderlich. Nahwärmenetze werden dabei eine große Rolle spielen, die nicht nur in Neubaugebieten, sondern auch in bestehenden Stadtteilen eingerichtet werden müssen. Es ist leicht einzusehen, dass auch diese Veränderungen selbst unter günstigen energiewirtschaftlichen Rahmenbedingungen nur in jahrzehntelangen Umstrukturierungsprozessen zu erreichen sind.

Ein für die zukünftige Nutzung erneuerbarer Energien ganz wichtiger Punkt ist die Frage nach der Bezahlbarkeit, denn was nützen technische Möglichkeiten, wenn sie nicht zu finanzieren sind? Doch in dieser Frage gibt es erfreuliche Trends. Die erforderlichen Technologien, deren Kosten schon in der Vergangenheit gesunken sind, werden noch deutlich kostengünstiger werden (vgl. Schaubild auf Seite 58) – dies hat vor allem einen Grund: Die heutigen Marktvolumina werden sich im Laufe der nächsten Jahrzehnte verzehn- bis verhundertfachen, und die dabei eintretenden Lerneffekte und Rationalisierungsmöglichkeiten werden die Kosten deutlich verringern. Geht man von den erwarteten Wachstumsraten aus, so ist bereits innerhalb des nächsten Jahrzehnts eine weitere spürbare Kostenreduktion wahrscheinlich! Die Kosten der Windenergie werden auf 65–70, die der Photovoltaik auf 50–55, die von kleinen Kollektoranlagen auf 75–80 (Großanlagen auf 50–60), von Biomasseanlagen auf 85–90 und von solarthermischen Kraftwerken auf 65–70 Prozent

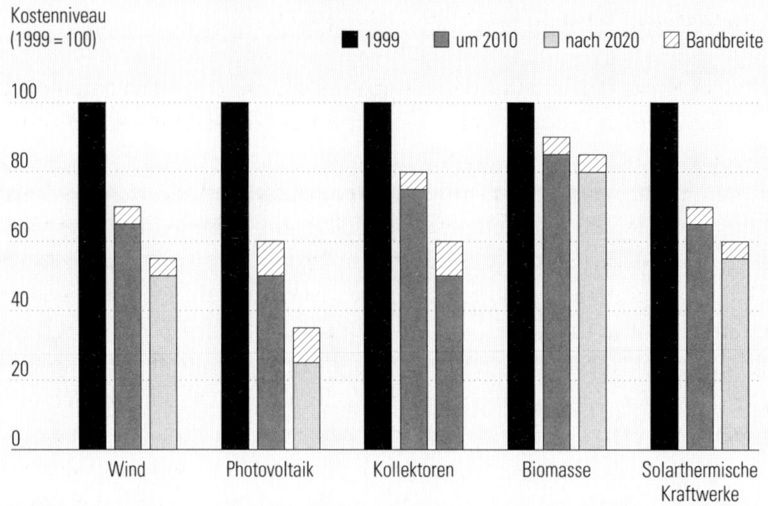

Werden die Techniken zur Nutzung erneuerbarer Energien vermehrt eingesetzt, sind weitaus geringere Kosten möglich.

des heutigen Niveaus fallen (mittlere Balken im Diagramm). Und in etwa 20 Jahren sind bei stabiler Marktentwicklung Kostenniveaus gegenüber heute von 50–55 für Windenergie, 30–35 für Photovoltaik, 35–40 für Kollektoren, 80–85 für Biomasseanlagen und 55–60 Prozent für solarthermische Kraftwerke durchaus möglich (rechte Balken).

Gehen wir also davon aus, dass sich die Kosten für die Nutzung erneuerbarer Energien reduzieren werden, können wir auf der anderen Seite getrost annehmen, dass sich konventionelle Energien in diesem Zeitraum schon aus Knappheitsgründen verteuern werden. Die erfreuliche Konsequenz könnte sein, dass sich erneuerbare Energien in nicht allzu ferner Zukunft zur preiswertesten Energiequelle entwickeln. Das gilt umso mehr, je stärker die Schadens- und Folgekosten der konventionellen Energieträger sich in den Energiepreisen niederschlagen und die Energiepreise, wie man häufig sagt, die „ökologische Wahrheit" sagen. Wenn die Bundesrepublik also jetzt zügig mit der Erschließung erneuerbarer Energien beginnt, kann sich das schon bald als eine ökologisch *und* ökonomisch kluge und volkswirtschaftlich nützliche Entscheidung herausstellen.

Ökologische Qualitäten oder Wie nachhaltig sind erneuerbare Energien?

Die erneuerbaren Energien erfreuen sich des Rufs, „sauber“ und damit ökologisch unbedenklich zu sein. Sind an diesem Image Korrekturen vorzunehmen? Nun, wir haben bei der Vorstellung der einzelnen Energiearten bereits von auftretenden Problemen, etwa bei der Windenergie, berichtet. Darüber hinaus gibt es grundsätzliche Aspekte, die für die ökologische Bilanz aller Energieformen von Bedeutung sind. Die Anlagen zur Wandlung der Energieströme in nützliche Energieformen müssen nämlich errichtet, betrieben und nach ihrer Nutzung wieder demontiert werden; dazu sind Rohstoffe und Energie notwendig. Bei der Biomasse kommen Ernte, Transport und Verarbeitung hinzu. Werden Pflanzen für Energiezwecke eigens angebaut, ist auch die Aufzucht, etwa der Energieeinsatz für eventuelle Düngemittel, nicht ohne Einfluss auf die Umwelt. Auch die Inanspruchnahme von Flächen außerhalb der Siedlungsgebiete ist zu beachten. Völlig vernachlässigbar sind daher die ökologischen Wirkungen ihrer Nutzung nicht. Nur ein Vergleich mit den Alternativen, also der fossilen und nuklearen Energietechnik, gibt Aufschluss darüber, wie schwerwiegend sie sind. Zwei Kennzahlen sind für diese Bewertung besonders nützlich. Zum einen ist das die „energetische Amortisationszeit“, also die Zeit, die eine Anlage benötigt, um die Energie zu erzeugen, die zu ihrer Herstellung benötigt wurde, zum anderen sind es die dabei entstehenden Treibhausgasemissionen.

Die energetische Amortisationszeit beträgt für die reine Anlagenerstellung bei Kohle-, Gas- und Kernkraftwerken etwa zwei bis drei Monate Betriebszeit, auch Heizkessel benötigen diesen Zeitraum. Wasser-, Wind- und solarthermische Kraftwerke beanspruchen dafür zwischen sechs und zwölf Monate; bei Kollektor-, Geothermie- und Biomasseanlagen liegt die erforderliche Betriebszeit zwischen neun und achtzehn Monaten. Dies sind Werte, die im Vergleich zur Nutzungsdauer dieser Anlagen sehr gering sind. Energetisch aufwändiger ist dagegen die Herstellung von Solarzellen. In unseren Breiten haben komplette Solargeneratoren derzeit Amortisationszeiten von fünf bis sieben Jahren – allerdings ist parallel zu den Fortschritten bei der Kostensenkung auch eine Verringerung dieses Wertes auf ein bis drei Jahre innerhalb des nächsten Jahrzehnts möglich. Doch ist der Energieaufwand ihrer Herstellung erst einmal kompensiert, produzieren diese Technologien ohne neuen Energieeinsatz. Die Techniken zur Nutzung erneuerbarer Energien holen also im Laufe ihrer Betriebszeit ein Vielfaches der Energie wieder herein, die zu ihrer Herstellung erforderlich war – ganz im Gegensatz zu fossil befeuerten Anlagen und Kernkraftwerken, die zwar unproblematisch bei der Anlagenerstellung sind, die

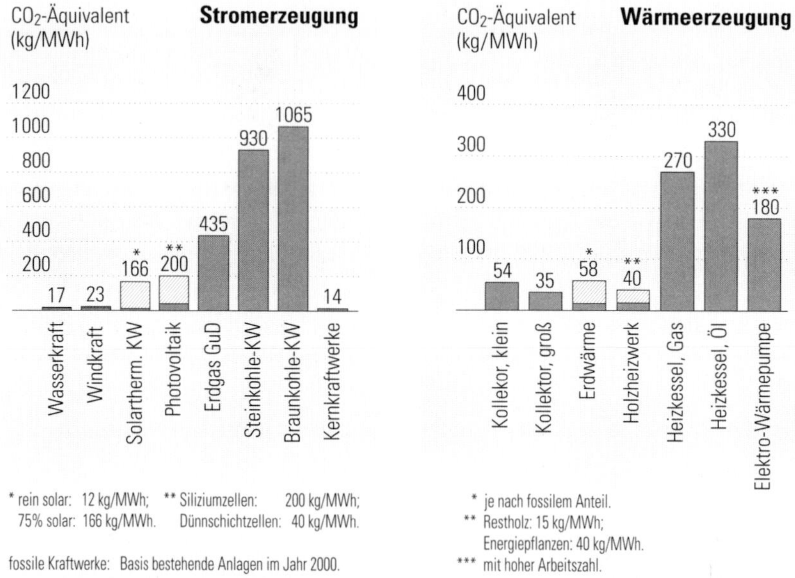

Treibhausgasemissionen verschiedener Strom- und Wärmeerzeugungstechniken. Der Vergleichswert berücksichtigt neben CO_2 auch alle anderen Treibhausgase, daher werden die Werte in CO_2-Äquivalenten angegeben.

aber ohne die beständige Zufuhr von neuen Brennstoffen nutzlos sind. Sie verbrauchen stets mehr Ressourcen, als sie Energie bereitstellen können. Dieser Punkt geht also an die erneuerbaren Energien.

Betrachten wir nun die Treibhausgasemissionen: Legt man die heutige Energieversorgungs- und Transportstruktur zugrunde, liegen diese für die Anlagen zur Nutzung erneuerbarer Energien, bilanziert über die gesamte Nutzungsdauer, zwischen 14 und 55 Kilogramm pro Megawattstunde Nutzenergie. Beim Einsatz von Biomasse schwanken sie zwischen 15 und 40 Kilogramm. Solarzellen haben derzeit in Mitteleuropa Werte um 200 Kilogramm (in Südeuropa nur 120 Kilogramm), mittelfristig werden sie aber 40 Kilogramm erreichen. Die Treibhausgasemissionen fossil betriebener Energieanlagen sind dagegen 10- bis 100fach höher. Kernkraftwerke sind hinsichtlich der Treibhausgasemissionen durchaus mit erneuerbaren Energien vergleichbar. Dies wiegt jedoch ihre aus der Radioaktivität des Brennstoffs resultierenden Risiken und Umwelteinwirkungen bei weitem nicht auf.

Zwei Entwicklungen verbessern die ökologische Bilanz der erneuerbaren Energien in Zukunft noch weiter. Die in den Anlagen enthaltenen Materialien

Stahl, Glas, Kunststoffe, Edelmetalle usw. können nach ihrer Demontage weitgehend in den Produktionsprozess zurückgeführt werden, so wie dies in immer stärkerem Ausmaß von unseren Industrieprodukten auch verlangt wird. Hierin unterscheiden sich Solar- oder Windanlagen nur wenig von Fahrzeugen oder Werkzeugmaschinen. Dies spart viel Energie und Rohstoffe. Weiterhin sinken die Treibhausgasemissionen, weil der Anteil erneuerbarer Energien an der Energieversorgung steigt und Strom und Prozesswärme emissionsärmer eingesetzt werden. Zusammengefasst können wir feststellen, dass die natürlichen Energiequellen auch in Sachen Schadstoffe, Sicherheit und Entsorgung eindeutig die Nase vorn haben. Erneuerbare Energien sind also selbst unter Einbeziehung der Aufwendungen zur Anlagenerstellung ökologisch die bei weitem verträglichste Form der Energienutzung.

Noch zwei weitere Aspekte müssen hier erwähnt werden: Erneuerbare Energien sind, wie wir gesehen haben, reichlich verfügbar und unerschöpflich. Da sie in ihrer Vielfalt relativ gleichmäßig über den Globus verteilt sind, sind sie auch für alle Staaten verfügbar. Verteilungskämpfe, wie sie bei Öl oder Gas eines Tages drohen könnten, wird es um erneuerbare Energien nicht geben. Mit den Techniken zu ihrer Nutzung kann zudem kein Missbrauch getrieben werden, und im schlimmsten Fall von Sabotage oder kriegerischen Einwirkungen gehen von ihnen keine schwerwiegenden Gefahren aus. Wir folgern daraus, dass erneuerbare Energien die einzige Energiequelle darstellen, mit der sich eine nachhaltige Energieversorgung für die zukünftigen Generationen aufbauen lässt. Dieser werden wir uns im zweiten Teil des Buches zuwenden.

Teil 2
Zukünftige Energieversorgung – nachhaltige Versorgung

Kapitel 4
Die globale Energieversorgung der Zukunft

Wir haben im letzten Kapitel gesehen, dass der Anteil erneuerbarer Energien an der Energieversorgung sowohl weltweit wie auch in Deutschland relativ klein ist, dass aber genügend Ressourcen vorhanden sind, um diesen Anteil stark zu erhöhen. Doch ist dies überhaupt erforderlich? Ist es nicht sehr viel einfacher und billiger, die Energieversorgung so zu belassen, wie sie ist? Wir werden in diesem Kapitel darlegen, wie wichtig ein Umdenken in dieser Frage ist, um weltweit eine nachhaltige Entwicklung zu gewährleisten.

Wachstum ohne Grenzen?

In dem berühmt gewordenen *Bericht des Club of Rome zur Lage der Menschheit* ist 1972 erstmals darauf hingewiesen worden, dass die absoluten Wachstumsgrenzen der Erde in den nächsten 100 Jahren erreicht werden könnten. Ist dies geschehen, werde ein Absinken der Bevölkerungszahl und industriellen Kapazität die Folge sein. Die Autoren forderten schon damals, ein Gleichgewicht zwischen ökologischem und wirtschaftlichem Handeln herbeizuführen, das auch für die Zukunft aufrechterhalten werden könne. Während diese Analyse lange Zeit als zu pessimistisch kritisiert worden ist und die schlimmsten Befürchtungen des Club of Rome auch tatsächlich nicht eingetroffen sind, herrscht heute allgemeiner Konsens über ihre grundsätzliche Gültigkeit. Aus diesen Anfängen hat sich der inzwischen geläufige Begriff der „Nachhaltigkeit" entwickelt, der mit einfachen Worten meint, dass die Bedürfnisse heutiger Generationen befriedigt werden sollen, ohne die kommender Generationen zu gefährden. Die jetzt lebenden Generationen dürfen also die Natur nicht irreversibel schädigen oder ausbeuten, sondern dürfen sich ihrer Ressourcen nur so weit bedienen, dass sie auch noch den folgenden Generationen zur Verfügung stehen.

Und dies gilt besonders auch für den Bereich der Energieversorgung. Denn das Konzept der Nachhaltigkeit ist aus ökologischer Sicht eng mit der Endlichkeit nicht erneuerbarer Ressourcen und der begrenzten Aufnahmefähigkeit

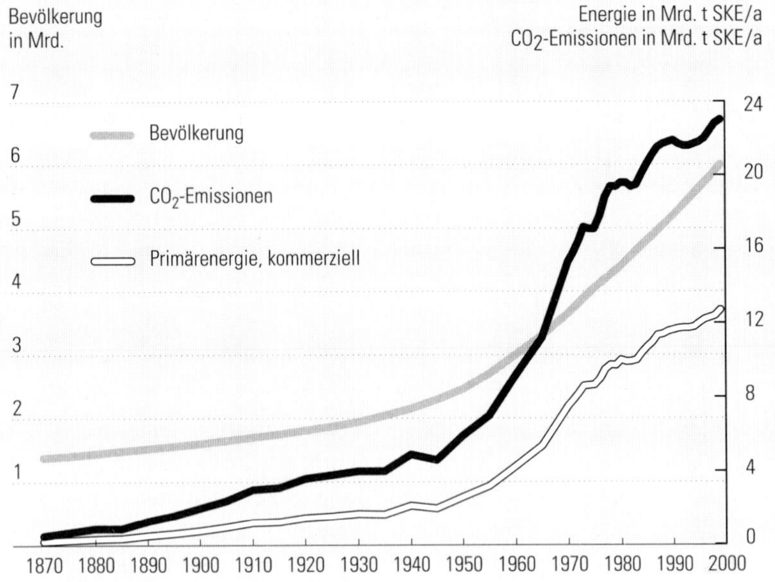

Der Ausstoß von Kohlendioxiden wächst deutlich schneller als die Weltbevölkerung, wie deren Entwicklung im Vergleich zum globalen Energieverbrauch und dem Anstieg der CO_2-Emissionen zwischen 1870 und 1998 zeigt.

von Ökosystemen für Abfälle und Emissionen verknüpft. Beide Problemfelder treten bei der Energieversorgung in besonderem Ausmaß in Erscheinung.

Seit Beginn der Industrialisierung wächst der Energieverbrauch deutlich rascher als die Anzahl der Menschen. Während die Weltbevölkerung seit 1870 um den Faktor vier auf jetzt sechs Milliarden Menschen stieg, wuchs der kommerzielle Energieverbrauch um den Faktor 60 (!) – und damit der Verbrauch fossiler Ressourcen an Kohle, Mineralöl und Erdgas. Der Durchschnittsmensch verbraucht also heute 15-mal mehr Energie als 1870. Entsprechend folgte der Anstieg der globalen Kohlendioxidemissionen, die jetzt 23 Milliarden Tonnen CO_2 pro Jahr erreicht haben (vgl. oben stehendes Diagramm). Selbst schwerwiegende historische Einschnitte, wie die beiden Weltkriege, die Ölpreiskrisen und der gravierende Rückgang der Industrieproduktion in den Staaten der früheren Sowjetunion und Osteuropas, haben an diesem Wachstumstrend nichts Grundsätzliches geändert.

Die größten Zuwachsraten sind sogar erst ab etwa 1950 eingetreten. Während rund 22 Prozent des seit 1870 insgesamt ausgestoßenen Kohlendioxids, insgesamt rund 1 000 Milliarden Tonnen CO_2, in den 80 Jahren bis 1950 entstanden, wurden in den 50 Jahren seither die übrigen 78 Prozent emittiert. Da das Wachstum vornehmlich in den Industrieländern stattfand, sind diese in der Gesamtbilanz für rund 90 Prozent der bis heute durch den Energieeinsatz entstandenen CO_2-Emissionen verantwortlich. Und auch gegenwärtig verursachen sie noch zwei Drittel des globalen Ausstoßes.

Diese Zahlen sind erschreckend genug. Doch was passiert, wenn wir diese Entwicklung in die Zukunft hochrechnen? Im Jahr 2050 wird die Weltbevölkerung bei knapp zehn Milliarden Menschen liegen, das sind vier Milliarden oder zwei Drittel mehr als heute. Da kann sich jeder selbst vorstellen, wie die Zunahme des globalen Energieverbrauchs aussehen wird, gehen wir von der ungebrochenen Fortschreibung des Wachstums in den vergangenen Jahrzehnten aus. Und dieses Wachstum tritt unweigerlich ein, wenn der heutige Lebens- und Konsumstil der westlichen Industrieländer auf die Volkswirtschaften der Schwellen- und Entwicklungsländer übertragen wird, also dort ähnliche Pro-Kopf-Verbräuche an Energie erreicht würden. Ein Anstieg des globalen Energieverbrauchs auf das Vier- bis Fünffache des heutigen wäre die Konsequenz. Und dies wiederum hätte einen ungeheuren Ansturm auf die Energieressourcen zur Folge. Öl und Gas gingen rasch zur Neige, denn die gegenwärtig als sicher einzustufenden Reserven reichen auch auf der Grundlage *heutiger* Fördermengen bei Öl nur noch etwas mehr als 40 Jahre, bei Erdgas noch rund 65 Jahre, was einerseits zu einer extremen Ausbeutung der Kohlevorkommen (Kohlevorräte sind immerhin noch etwa 200 Jahre gesichert), andererseits zu einer Erschließung „exotischer" fossiler Rohstoffe wie Ölschiefer oder Gashydrate auf dem Meeresboden führen würde. Kommt dazu, dass derzeit nicht sicher ist, ob die letzteren Rohstoffquellen jemals unter vernünftigen ökologischen und ökonomischen Konditionen gewonnen werden können. Der möglicherweise nicht nur wirtschaftliche Kampf um Energie nähme dann wahrscheinlich nie gekannte Formen an.

Mindestens ebenso gravierend wären die Folgen für die Klimaentwicklung: Der World Energy Council (WEC) hat in mehreren Zukunftsentwürfen (z.B. in den so genannten Szenarien „A2" und „B") verdeutlicht, mit welchen Konsequenzen für die globalen CO_2-Emissionen ein derartiges „Laufenlassen" der historischen Entwicklung verbunden wäre. Kurz nach 2050 hätte sich der CO_2-Ausstoß gegenüber heute mehr als verdreifacht (vgl. Diagramm folgende Seite). Auch eine Studie des Mineralölkonzerns Shell zeigt in diese Richtung, hofft aber unter anderem durch den massiven Einsatz erneuerbarer Energien längerfristig wieder auf das heutige Niveau des CO_2-Ausstoßes zu gelangen. Die durch menschliche Eingriffe entstehenden Klimaveränderungen wären dann gewiss nicht mehr in tolerierbaren Grenzen zu halten.

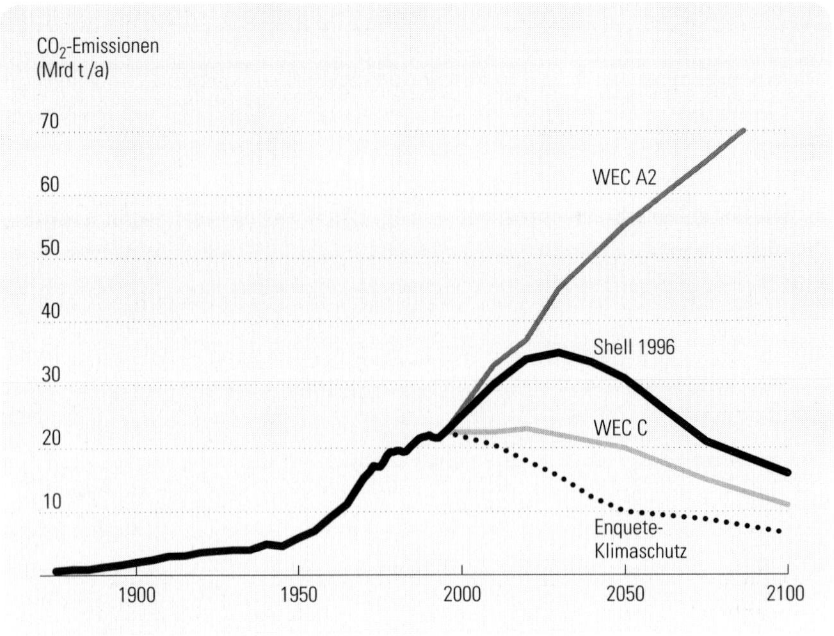

Wie entwickeln sich die CO_2- Emissionen in den nächsten 50 bis 100 Jahren? Szenarien des Worl Energy Council und von Shell zeigen mögliche Tendenzen.

Es bedarf keiner ausgeprägten Fantasie und auch keines detaillierten Expertenwissens, um zu erkennen, dass eine solche Zukunftsentwicklung mit dem Konzept der Nachhaltigkeit nicht zu vereinbaren ist. Vielmehr wäre es unverantwortlich, künftigen Generationen eine solche Welt zu hinterlassen.

Heute lässt sich mit Bestimmtheit sagen, dass eine Verringerung und nicht eine Erhöhung des globalen CO_2-Ausstoßes bis zur Mitte des nächsten Jahrhunderts notwendig ist. Deshalb lautet auch die Empfehlung der Enquete-Kommission „Schutz der Erdatmosphäre“ aus dem Jahre 1995, die CO_2-Emissionen bereits bis zum Jahr 2050 auf rund 50 Prozent des heutigen Wertes zu reduzieren (gepunktete Linie in obigem Diagramm). Nur Zukunftsentwürfe, welche der Ressourcenschonung und der Klimastabilisierung Vorrang einräumen, wie das Szenario WEC C, zeigen tendenziell in die „richtige“ Richtung. In diesen Entwürfen spielen sparsamer und sehr effizienter Einsatz von Energie und die Modernisierung der Energieversorgungsstrukturen eine zentrale Rolle. Da aber auch die modernste Technik beim Einsparen von Energie an ihre Grenzen gerät oder zu teuer würde, ist eine zweite unverzichtbare Säule einer zukünftigen Energieversorgung notwendig: der beschleunigte Ausbau erneuerbarer Energien im globalen Maßstab.

Nachhaltige Energieversorgung auch für Entwicklungsländer

Nachhaltigkeit umfasst wie bereits erwähnt mehr als nur den Schutz der natürlichen Lebensgrundlagen. Gerechtigkeit, soziale Stabilität und ausreichende Bildungschancen für *alle* Menschen sind von ebenso großer Bedeutung, wenn der Menschheit der Weg in eine zukunftsfähige Gemeinschaft gelingen soll. Eine wesentliche Voraussetzung dafür ist die Verringerung des starken Wohlstandsgefälles zwischen Industrieländern und Entwicklungsländern.

Unter dem Begriff „Entwicklungsländer" werden statistisch 124 Länder zusammengefasst, die jedoch sehr unterschiedliche Strukturen, Einkommensverhältnisse und entsprechend auch Energieverbräuche aufweisen. Unter ihnen befinden sich relativ wohlhabende Länder, wie Korea oder Kuweit, und äußerst arme Länder, wie Mozambik oder Äthiopien. Um diese Unterschiede besser darstellen zu können, werden die Entwicklungsländer häufig in drei Gruppen aufgeteilt – entsprechend ihrer Rangfolge bei wichtigen Indikatoren wie Pro-Kopf-Einkommen und -Energieverbrauch, Bruttosozialprodukt, Bildungsstand, Lebenserwartung usw. Die Statistiker unterscheiden zwischen hoch entwickelten (HDC), mittelmäßig entwickelten (MDC) und gering entwickelten Ländern (LDC) (vgl. das Diagramm auf der folgenden Seite).

Gegenwärtig produzieren und konsumieren 21 Prozent der Weltbevölkerung in den Industrieländern (IL) 83 Prozent der weltweiten Güter und Dienstleistungen (gemessen am Bruttoinlandsprodukt ihrer Volkswirtschaften), verbrauchen dafür 70 Prozent der kommerziellen Primärenergie (sogar 75 Prozent der Elektrizität) und verursachen 63 Prozent der globalen CO_2-Emissionen.

Dagegen müssen sich 33 Prozent der Weltbevölkerung in den ärmsten Ländern mit nur zwei Prozent des Wohlstands und vier Prozent der kommerziellen Energie begnügen. Sie sind dafür auch nur für fünf Prozent der globalen CO_2-Emissionen „verantwortlich". Die auf Gruppen bezogenen Durchschnittswerte glätten sogar noch die extremen Spreizungen der länderspezifischen Kennwerte. So verbraucht der Durchschnittsamerikaner 25-mal mehr Energie pro Kopf als der Durchschnittsafrikaner und liegt damit um das Fünffache über dem globalen Durchschnitt. Die ärmsten Länder (Äthiopien, Niger, Bangladesh u.a.) müssen zum Vergleich mit einem Hundertstel der (kommerziellen) Energie eines Amerikaners auskommen. Auch der Durchschnittsdeutsche liegt um das Dreifache über dem Weltdurchschnitt.

Den Unterschieden im Verbrauch entsprechen die Unterschiede in der Versorgung. Entwicklungsländer werden gewöhnlich mit „dezentralen", dies bedeutet in diesem Zusammenhang mit nicht vorhandenen oder nur wenig ausgebauten, Versorgungsstrukturen gleichgesetzt: isolierte Verbraucher, die

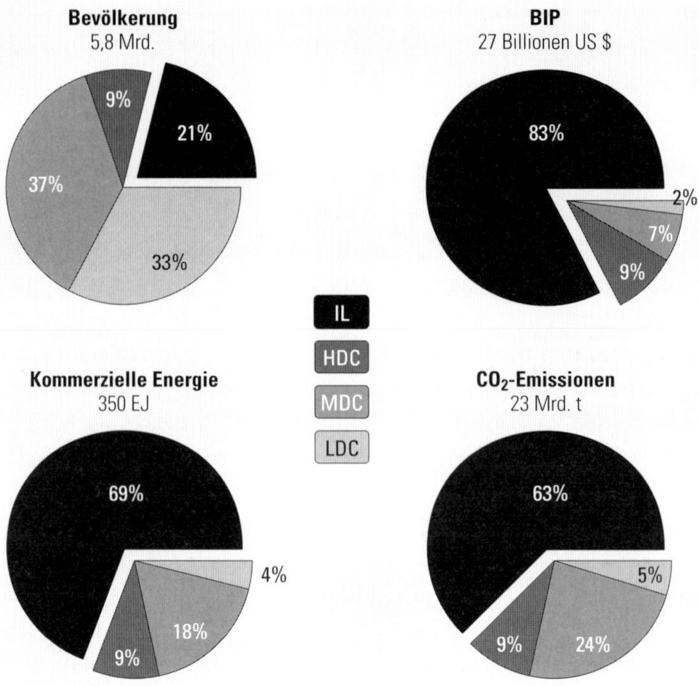

Die Reichen und die Armen. Die Statistik unterscheidet Industrieländer und drei Gruppen von Entwicklungsländern (1998).

keinen Zugang zu einem Stromnetz haben und die wegen schlechter Verkehrsinfrastrukturen nur in geringem Maße über Öl verfügen, das zudem für die ländliche Bevölkerung meist unerschwinglich teuer ist. Tatsächlich leben rund zwei Drittel der Bevölkerung in diesen Ländern so. Dies sind drei Milliarden Menschen, also die Hälfte der Menschheit. Rund zwei Milliarden Menschen verfügen über keine Stromversorgung, weder aus überregionalen noch aus dezentralen Stromnetzen. Bei ihnen ist der Verbrauch von nichtkommerzieller Energie, also hauptsächlich von Brennholz für Kochzwecke, nahezu ebenso hoch wie der Verbrauch kommerzieller Energie (vgl. Kapitel 3). Viele Menschen in den unterentwickelten Ländern verbringen einen großen Teil ihrer Zeit mit dem unproduktiven Sammeln von Brennholz. Selbst in den besser gestellten Entwicklungsländern beträgt der Verbrauch dieser ökologisch nicht sinnvoll „geernteten“ Biomasse immerhin noch 20–25 Prozent des Gesamtverbrauchs.

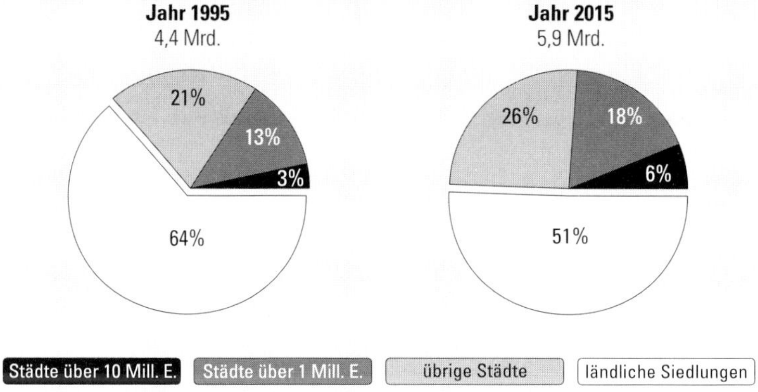

Der Trend zur Verstädterung nimmt besonders in den Entwicklungsländern zu. Ihre Bevölkerung verlagert sich immer mehr von ländlichen Regionen auf Städte.

Gleichzeitig befinden sich die Entwicklungsländer in einem unaufhaltsamen Trend der Verstädterung (vgl. das obige Diagramm). Bereits in 15 Jahren wird von dann sechs Milliarden Menschen in diesen Ländern die Hälfte in Städten wohnen, von denen sehr viele deutlich größer sein werden als die Weltstädte in der nördlichen Hemisphäre. Schon heute befinden sich von den derzeit 15 Städten mit über zehn Millionen Einwohnern elf mit zusammen 140 Millionen Menschen in den Entwicklungsländern, wobei Mexico City, Sao Paulo und Bombay die größten sind. Im Jahr 2010 werden bereits mehr als 20 Städte dieser Größe mit dann 350 Millionen Menschen in den Entwicklungsländern zu finden sein. Eine weitere Milliarde Menschen wird in Städten mit über einer Million Einwohnern leben.

Was bedeutet die skizzierte Entwicklung? Ganz einfach: Eine nachhaltige Energieversorgung in den Entwicklungsländern muss zukünftig vor allem mehr Energie bereithalten, damit der Lebensstandard in der dritten Welt steigen kann. Und sie muss sowohl für Landregionen wie auch für immer größer werdende Städte konzipiert sein. Auf der einen Seite gilt es, mit „angepassten" dezentralen Technologien, wie Kleinwasserkraft, Photovoltaik und Solarkollektoren, effizienter Biogas- und Biomassenutzung, möglichst rasch die Grundbedürfnisse nach Energie für die Landbevölkerung auf der Basis erneuerbarer Energien sicherzustellen und damit auch den Urbanisierungstrend zu verlangsamen. Doch mit dezentralen Technologien allein wird die Energieversorgung auf der Basis erneuerbarer Energien nicht aufzubauen sein. Deshalb müssen ebenso dringlich große „zentrale" Anlagen, also netzgekoppelte Windparks, Wasserkraftwerke in angemessener Größe und solarthermische Kraftwerke, Teil der Entwicklungsstrategie sein. Um aber beide Säulen gleichermaßen solide zu gestalten, gilt es die Effizienz bei der Umwandlung fossiler Energieträger, der Verteilung und erst recht der Nutzung von Energie in den Ballungsräumen und städtischen Regionen, aber auch in den ländlichen Gebieten von Entwicklungsländern deutlich zu steigern. Kurzum, den armen Ländern des Südens sollte die derzeitige, weitgehend zentral strukturierte Energieversorgung der Industrieländer nicht Vorbild sein. Vielmehr ist die richtige Mischung und zweckmäßige Vernetzung von Anlagen unterschiedlicher Leistung und Größe zu finden – eine optimale Kombination zentraler und dezentraler Elemente. Die vielfältigen Einsatzmöglichkeiten erneuerbarer Energien eignen sich ideal für diese Strategie. Um eine solche Entwicklung in Gang zu setzen, brauchen die Entwicklungsländer aber die kräftige Unterstützung der Industrieländer. Sie könnten so den Weg zu einer zukunftsfähigen Energieversorgung abkürzen und damit Entwicklungsdefizite aufholen.

Eine nachhaltige globale Energiewirtschaft

Wir haben gesehen, dass ein „weiter so" in Bezug auf die weltweite Energieversorgung ein unverantwortliches Handeln bedeuten würde, und wir haben festgestellt, dass eine zukunftsfähige Energieplanung in den Entwicklungsländern die verstärkte Nutzung erneuerbarer Energien erfordert. Was Wunder, dass inzwischen die überragende Bedeutung dieser Energieformen für die zukünftige Energieversorgung von den Experten weitgehend erkannt worden ist. Aktuellere Untersuchungen zum zukünftigen Weltenergieverbrauch gehen von beträchtlichen Beiträgen erneuerbarer Energien aus, die zwischen 25 und 75 Prozent des Energieverbrauchs zur Mitte des 21. Jahrhunderts ausmachen werden. Dieses Ergebnis ist unabhängig davon, welches Ausmaß an effizienterem Umgang mit Energie angenommen und mit welchem zukünftigen Beitrag der Kernenergie gerechnet wird.

Wir wollen nachfolgend die Entwicklungskonzepte einiger Expertengruppen vorstellen. Die wohl umfassendsten Analysen sind von dem bereits erwähnten World Energy Council (WEC) durchgeführt und zuletzt 1998 in Houston diskutiert worden. Der WEC entwirft traditionell mehrere denkbare Zukunftspfade für die Entwicklung der Energieversorgungsstrukturen. In den bereits erwähnten Entwürfen A und B und in der Studie des Mineralölkonzerns Shell (vgl. auch oben, „Wachstum ohne Grenzen?") wird im wesentlichen die gegenwärtige Wachstumsdynamik in den Industrieländern fortge-

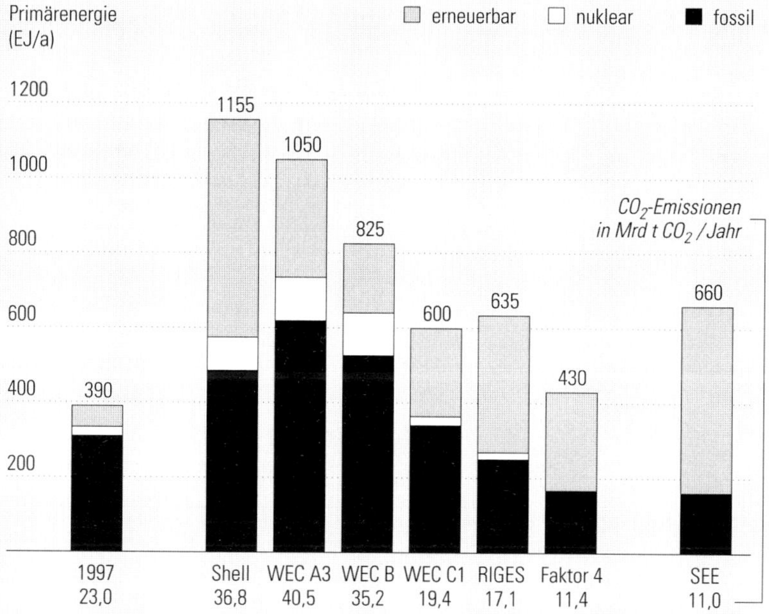

Experten berechnen den Weltenergieverbrauch für das Jahr 2050, ausgehend vom Niveau des Jahres 1997, sehr unterschiedlich: Shell = Szenario der Studie *Nachhaltige Entwicklung*; WEC = World Energy Council, Szenario A, B und C; RIGES = *Renewable intensive Global Energy Scenario* von Johansson et al.; Faktor 4 = Szenario der Studie *Voller Energie* von Lovins, Hennicke et al.; SEE = *Solar Energy Economy*, nach Berechnungen von Nitsch et al.

schrieben und diese auch auf die Entwicklungsländer übertragen – mit dem Ergebnis eines stark negativen Einflusses auf unser Klima. Dagegen beschreiben das Szenario C des WEC sowie die RIGES-, Faktor-4- und SEE-Szenarien eine Energiezukunft, die der Ressourcenschonung und dem Klimaschutz Vorrang geben (vgl. das oben stehende Diagramm). Was fällt beim Vergleich der Prognosen auf?

Der stark wachsende Gesamtenergieverbrauch in den Modellen WEC A, B und Shell belegt, dass bei gleich bleibender Wachstumsentwicklung und damit weiter steigenden Energieverbräuchen auch hohe Beiträge der erneuerbaren Energien ein weiteres Anwachsen des Schadstoffausstoßes nicht vermeiden werden. Diese Tatsache unterstreicht die enorme Bedeutung eines weltweit wesentlich sparsameren Umgangs mit Energie – speziell in den Industrieländern mit ihrem hohen Pro-Kopf-Verbrauch. Nur wenn der Anstieg des Gesamtenergieverbrauchs gedrosselt werden kann, ist wie in den Szenarien WEC C, RIGES, Faktor 4 und SEE eine Abnahme der CO_2-Emissionen erreichbar.

Neben der Notwendigkeit zum Energiesparen, will man die Schadstoffemissionen verringern, wird aus den beschriebenen Modellrechnungen ein zweiter Trend klar sichtbar: Durchweg alle Autoren gehen von einer starken Zunahme erneuerbarer Energien bis zum Jahr 2050 aus; die Beiträge reichen von 270 Exajoule bei Faktor 4 bis 580 Exajoule bei Shell. Wir haben im ersten Teil des Buches gesehen, dass diese Annahmen vom Potenzial und von der technischen Machbarkeit aus gesehen durchaus realistisch sind. Mit anderen Worten: Alle Experten rechnen damit, dass die vorhandenen Potenziale in den nächsten Jahrzehnten auch tatsächlich genutzt werden. Wichtig ist ferner die Erkenntnis, dass all diese möglichen Entwicklungen aus technischer und struktureller Sicht zwar realisierbar sind, aber ein unterschiedliches Maß an politischem Handeln und gesellschaftlicher Einsicht erfordern. Dies bedeutet: Die Wende in der Energiepolitik ist zwar machbar und finanzierbar. Klimaschutz, Risikominimierung und Angleichung der globalen Lebensbedingungen erfordern aber mehr Engagement – und dies sofort, denn trotz des langen Zeithorizonts sind die wesentlichen Richtungsentscheidungen für den einzuschlagenden Zukunftspfad schon heute zu treffen, weil sich die in den Szenarien abgebildeten Strategien in wenigen Jahrzehnten wechselseitig ausschließen.

Fassen wir noch einmal zusammen: Wir haben beschrieben, dass in den Entwicklungsländern ein großer Mangel an verfügbarer Energie herrscht und deshalb realistischerweise mit einem starken Anstieg des Energieverbrauchs dort gerechnet werden muss. Diese Entwicklung müssen wir in Richtung auf eine nachhaltige Versorgung lenken. Darüber hinaus haben wir auch festgestellt, dass wir trotz des immer größer werdenden Anteils erneuerbarer Energien an der Versorgung den Anstieg des weltweiten Gesamtenergieverbrauchs drosseln müssen, wollen wir unser Klima nicht noch stärker gefährden. Was ist zu tun? Nun, es gilt gleichzeitig den „Überfluss“ an Energie in den meisten Industrieländern und den „Mangel“ in den Entwicklungsländern zu bekämpfen, und zwar so, dass zukünftige Zuwachsraten des Energieverbrauchs vor allem letzteren zugute kommen.

Mit dem schon erwähnten Szenario „Solar Energy Economy“ (SEE) haben wir beispielhaft eine derartige Strategie für eine nachhaltige globale Energieversorgung dargelegt. Wir sind erstens davon ausgegangen, dass eine Angleichung der Lebensverhältnisse, ausgedrückt durch den Pro-Kopf-Verbrauch an Primärenergie (vgl. das Diagramm rechts), zwischen Industrie- und Entwicklungsländern stattfinden wird.

Einen solchen Weg einzuschlagen heißt klipp und klar: Die Industrieländer müssen trotz noch wachsender Nachfrage nach Energie mit Hilfe von modernen Energienutzungstechniken und strukturellen Maßnahmen ihren absoluten Energieverbrauch auf etwa die Hälfte verringern. Auf diese Weise bleibt

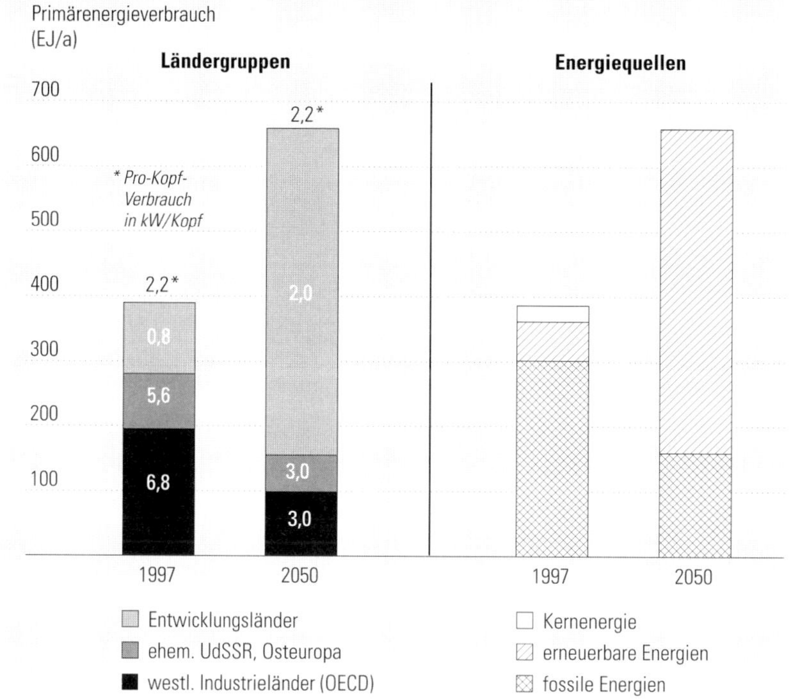

So könnte eine nachhaltige Entwicklung des Energieverbrauchs aussehen. Die linke Spalte zeigt den globalen Primärenergieverbrauch 1997 und 2050 nach Ländergruppen und die rechte Spalte nach Energiequellen. Die Zahlenwerte mit Sternchen (linke Seite) stellen die jahresdurchschnittliche Pro-Kopf-Leistung in Kilowatt in der jeweiligen Ländergruppe dar.

genügend Spielraum für eine Vervierfachung des Energieverbrauchs in den Entwicklungsländern. Insgesamt steigt so die globale Nachfrage nach Primärenergie proportional zur wachsenden Zahl der Menschen – also um rund 70 Prozent auf 660 Exajoule bis zum Jahr 2050. Davon entfallen dann auf die Entwicklungsländer 75 Prozent. Auch sie durchlaufen bei diesem Auf- und Umbau ihrer Energieversorgung einen Übergang zu wesentlich effizienteren Energiewandlungs- und Nutzungsstrukturen. Unsinnige Energieverschwendung wegen veralteter Kraftwerke mit schlechtem Wirkungsgrad, Verteilnetzen mit hohen Verlusten und unzulänglicher, schlecht gewarteter Geräte und Fahrzeuge gehören dann der Vergangenheit an.

Gleichzeitig sollen zweitens die globalen CO_2-Emissionen halbiert werden, ohne dass die risikoreiche und missbrauchsfähige Kernenergie an die Stelle fossiler Energien tritt. Dies erfordert, dass der Beitrag umweltverträglich genutzter erneuerbarer Energien gegenüber heute um das Fünfzehnfache auf rund 500 Exajoule im Jahr wächst. Das sind immerhin 30 Prozent mehr als der gesamte derzeitige Weltenergieverbrauch und macht deutlich, vor welch großen Herausforderungen wir stehen.

Beispiel Stromversorgung

Wir kennen nun die Anforderungen, die eine zukünftige nachhaltige Energieversorgung an uns stellt. Doch sind diese abstrakt und global formulierten Ziele denn auch umzusetzen? Wir wollen anhand eines Beispiels demonstrieren, wie die erneuerbaren Energien künftig bei der Deckung der Stromnachfrage zum Zuge kommen. Strom ist ein begehrter Energieträger, weil er in vielen Anwendungsbereichen unverzichtbar ist und universell genutzt werden kann. Entsprechend hoch ist der Verbrauch in den Industrieländern, die 75 Prozent des weltweit erzeugten Stroms konsumieren – die USA allein 26 Prozent, die EU 17, die übrigen westlichen Industrieländer (OECD) 19 und die östlichen Industrieländer 12 Prozent. Das macht im Durchschnitt jährlich 9000 Kilowattstunden pro Kopf. Erst in den letzten Jahren ist eine gewisse Dämpfung der Zuwachsraten eingetreten. Wegen des großen Nachholbedarfs der Entwicklungsländer – ein Mensch in diesen Ländern muss jährlich mit durchschnittlich 780 Kilowattstunden auskommen – muss deshalb gerade hier mit einem besonders starken Wachstum gerechnet werden. Dies gilt auch, wenn man große Einsparmöglichkeiten bei der Nutzung dieses wertvollen Energieträgers mittels moderner Geräte und Motoren unterstellt. Viele Fachleute gehen daher von einer Verdopplung des weltweiten Stromverbrauchs bereits bis zum Jahr 2020 aus. Die Berechnungen zur globalen Stromversorgung (vgl. Diagramm rechte Seite) setzen deshalb in unserem Szenario SEE folgerichtig bei einem sehr effizienten Stromeinsatz in den Industrieländern und einer Reduzierung des Pro-Kopf-Stromverbrauchs um 30 Prozent bis 2050 an und erwarten auf der anderen Seite einen beträchtlichen Zuwachs in den Schwellen- und Entwicklungsländern. Diese erreichen so eine reichliche Verdreifachung ihres jährlichen Pro-Kopf-Verbrauchs bis 2050, trotzdem verbraucht ein Einwohner der Dritten Welt mit durchschnittlich 2800 Kilowattstunden pro Jahr auch dann noch nur knapp halb so viel Strom wie ein Mensch aus den Industrieländern. Der gesamte globale Stromverbrauch steigt in unserem Modell so bis 2050 „nur" auf das 2,2-fache des heutigen Wertes, nämlich auf 31800 Terawattstunden im Jahr.

Der bedeutendste Energieträger bei der Stromversorgung ist heute mit 40 Prozent Anteil die Kohle. Ihre Verbrennung allein bewirkt rund 25 Prozent der

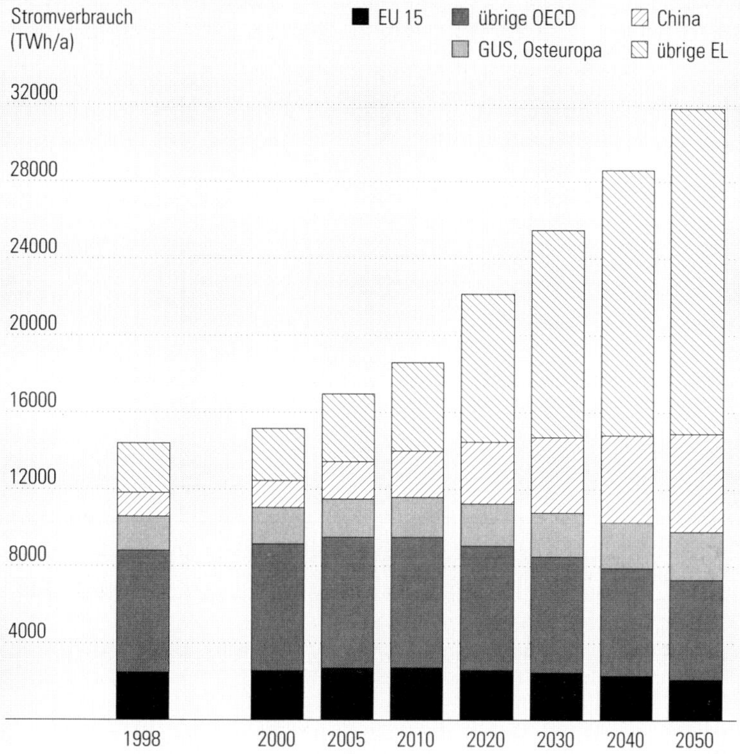

Die Entwicklung der globalen Stromerzeugung von 1998 bis 2050 nach unserem Zukunftsentwurf SEE.

globalen CO_2-Emissionen (und 85 Prozent des insgesamt durch die Stromerzeugung hervorgerufenen Schadstoffausstoßes). Diese Rolle wird sie selbst bei großen Anstrengungen zur Mobilisierung von erneuerbaren Energien auch für die nächsten 30 Jahre beibehalten, da in einigen Regionen der Erde Kohle reichhaltig und preiswert zur Verfügung steht und daher dort ihre verstärkte Nutzung Vorrang vor ökologischen Erwägungen hat (vgl. die Tabelle auf der nächsten Seite). Eines dieser Länder ist China, dessen Stromverbrauch bereits heute beträchtlich wächst. Er wird sich nach unserer Einschätzung bis 2050 vervierfachen. Aber auch die sehr effiziente Stromerzeugung aus Gas wird an Bedeutung gewinnen und kann längerfristig die Kohle vom ersten Platz der fossilen Energieträger verdrängen. Entsprechend der von uns angenommenen Entwicklung geht der Beitrag der Kernenergie bis zum Jahr 2040 kontinuierlich auf null zurück, da keine neuen Kraftwerke mehr errichtet werden.

Energiequelle in Terrawattstunden	Jahr 1998	2010	2020	2030	2040	2050
Kohle	5621	7310	7350	6450	4800	2700
Öl und Erdgas	3570	4883	5500	5800	6000	6100
Kernenergie	2480	2100	1460	770	0	0
Wasserkraft	*2635*	*3555*	*4100*	*4500*	*4900*	*5400*
andere erneuerbare Energien	*94*	*752*	*3740*	*7980*	*12900*	*17600*
Gesamterzeugung	**14400**	**18600**	**22150**	**25500**	**28600**	**31800**
erneuerbare Energien insgesamt	***2729***	***4307***	***7840***	***12480***	***17800***	***23000***
Anteil erneuerbare Energien in Prozent	19	23	35	49	62	72
Durchschnittliche Wachstumsrate im Jahr in Prozent		17	16	8	5	3

Wie schnell müssen erneuerbare Energien wachsen? Der Beitrag der einzelnen Energiequellen an der globalen Stromerzeugung zwischen 2010 und 2050 im Vergleich zum heutigen Zustand.

Aus diesen Zielvorgaben ergeben sich die Anforderungen für den notwendigen Beitrag der erneuerbaren Energien an der zukünftigen globalen Stromversorgung. Sie können in der obigen Tabelle selbst nachprüfen, wie gewaltig die erforderlichen Wachstumsraten sind. Um diese Energien rechtzeitig und angemessen zur Stromerzeugung zu mobilisieren, müssen sie ab sofort bis zum Jahr 2020, also 20 Jahre lang, mit jährlichen Wachstumsraten von durchschnittlich 16 bis 17 Prozent zulegen. Sie decken dann ein Drittel des Strombedarfs. Nach 2020 „genügen" Wachstumsraten von unter 10 Prozent im Jahr, die zwischen 2040 und 2050 bei allerdings hohem absolutem Niveau auf jährlich drei Prozent sinken können, damit mit rund 70 Prozent Anteil im Jahr 2050 erneuerbare Energien zur dominierenden Energiequelle des 21. Jahrhunderts werden. Nimmt man die heutige Energieversorgung als Maßstab, klingt dies sehr anspruchsvoll, doch bei günstigen Rahmenbedingungen ist diese Entwicklung durchaus möglich. So ist beispielsweise der Weltmarkt für Windkraftanlagen in den letzten 10 Jahren durchschnittlich schon um stolze 32 Prozent pro Jahr gewachsen.

Von wesentlicher Bedeutung für das angestrebte Ziel ist eine zeitlich und ökonomisch aufeinander abgestimmte Mobilisierung aller Technologien. Zwar können, wie wir gesehen haben, energiewirtschaftlich bedeutsame Beiträge kurzfristig, also bis 2010, nur von Technologien erbracht werden, die schon heute nahezu wettbewerbsfähig sind und bereits merkliche Anteile beisteuern. Neben der Wasserkraft sind dies insbesondere die Windenergie und die Biomasse. Das entbindet uns jedoch nicht von der Aufgabe, auch alle anderen Technologien in solchem Ausmaß in den Markt einzuführen, dass sie nach 2010 mit energiewirtschaftlich relevanten Mengen an der zukünftigen Energiebedarfsdeckung teilnehmen können. Diese Aufgabenstellung erfordert vielfältige Aktivitäten: Für die Stromerzeugung aus Erdwärme und Solarwärme verlangt sie beispielsweise den Bau einer größeren Anzahl von Kraftwerken innerhalb des nächsten Jahrzehnts und spätestens ab 2010 die selbstverständliche Teilnahme am weltweiten Kraftwerksmarkt. Der Markt für Photovoltaik muss derart wachsen, dass nach 2010 schnell ein Anteil von einem Prozent an der Stromerzeugung erreicht werden kann. Nur dann ist sichergestellt, dass die Potenzialerschließung zügig genug abläuft, um die angestrebten Wachstumsraten der erneuerbaren Energien über mehrere Jahrzehnte aufrechterhalten zu können.

Ein weiteres Argument für die aufeinander abgestimmte Erschließung von erneuerbaren Energien ist die geforderte ständige Verfügbarkeit von Strom. Gerade durch die Kombination aller Technologien mit ihren sehr unterschiedlichen Angeboten und durch eine möglichst großräumige Vernetzung der zahlreichen Anlagen, etwa innerhalb eines europäischen Stromverbundes, wird dies auch mit dieser Energieform möglich. Dabei können dann auch die nicht vermeidbaren Fluktuationen des Energieangebots aus Wind- und Sonnenenergie weitgehend ausgeglichen werden.

Beachtet man dieser Kriterien, so kann der Ausbau erneuerbarer Energien in der Stromversorgung nach unserer Einschätzung die in dem nachfolgenden Diagramm dargestellte Struktur annehmen.

Wasserkraft: Der weitere Ausbau verlangsamt sich zwar aus Potenzialgründen, insgesamt verdoppelt sich ihr Beitrag jedoch bis 2050 auf dann 5 270 Terawattstunden im Jahr. Sie bleibt damit bis etwa 2040 die bedeutendste erneuerbare Energiequelle in der Stromerzeugung und liefert zur Jahrhundertmitte 17 Prozent des globalen Strombedarfs.

Windenergie: Diese sich äußerst dynamisch entwickelnde Technologie weist derzeit weltweit jährliche Zuwachsraten von rund 3700 Megawatt (1999) auf. Nach unserer Einschätzung wird sie einen Anteil von 10 Prozent an der globalen Stromversorgung des Jahres 2020 erreichen können. Einschließlich der neu zu errichtenden Offshore-Anlagen entspricht dies dann einer instal-

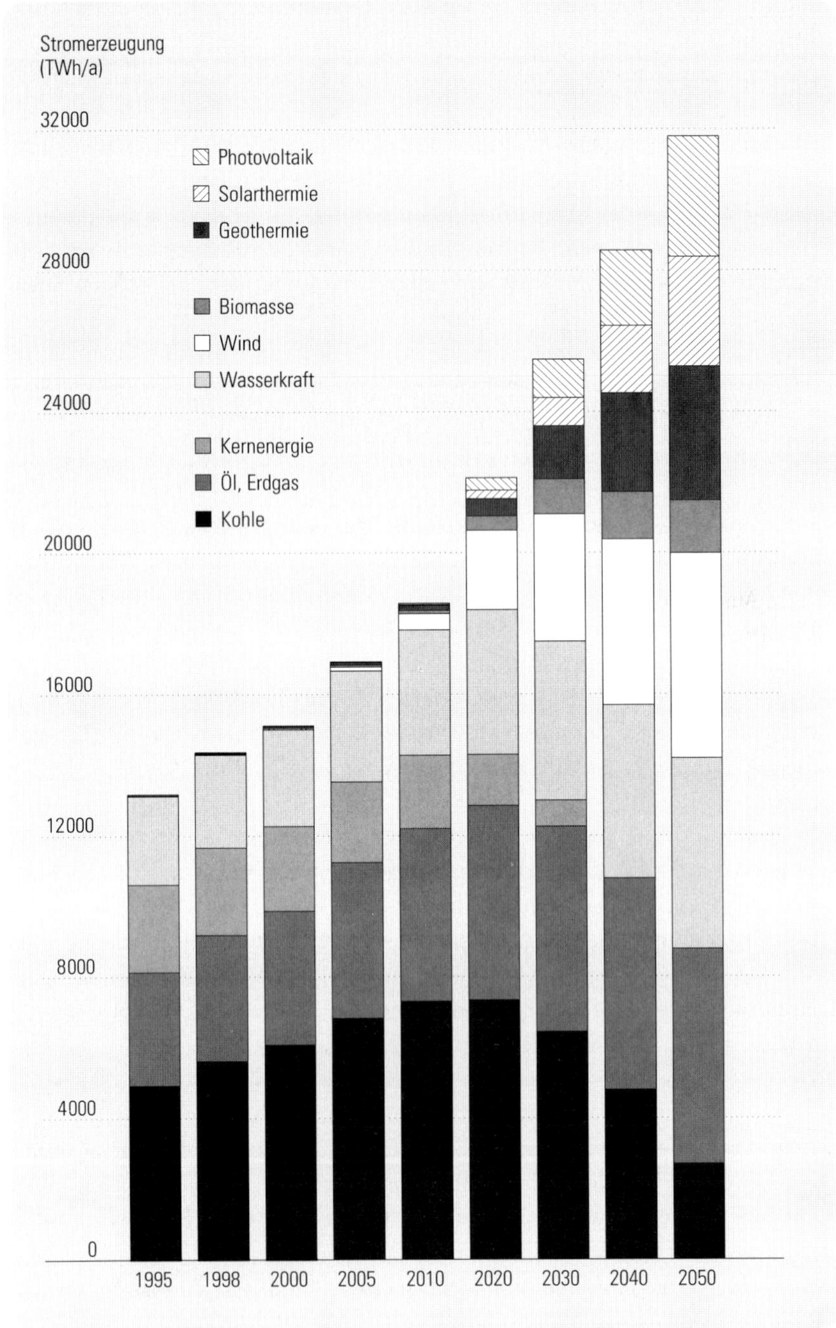

Wachsende Beiträge der erneuerbaren Energien an der Stromerzeugung bis 2050.

lierten Leistung von 900 Gigawatt. Bis zum Jahr 2040 schließt die Windenergie mit abklingenden Zuwachsraten zur Wasserkraft auf und übertrifft sie im Jahr 2050 mit einem Beitrag von 5800 Terawattstunden im Jahr, was einem Anteil von 18 Prozent an der globalen Stromerzeugung entsprechen wird.

Biomasse und Erdwärme: Die verstärkte Nutzung dieser Energieformen verlangt bis 2010 Wachstumsraten um 10 Prozent pro Jahr, was sich angesichts der günstigen ökonomischen Daten und der technologischen Reife relativ leicht bewerkstelligen lässt. Biomasse kommt dabei zum einen als Zufeuerung in bestehenden Kohlekraftwerken zum Einsatz, zum andern müssen vermehrt dezentrale Anlagen mit Kraft-Wärme-Kopplung erstellt werden, die nicht nur Strom, sondern auch Wärme zur Raumheizung und Warmwasserbereitung liefern. Ferner muss auch die Technologie der Brennstoffzelle auf der Basis von Biomasse und Biogas besser genutzt werden. Der Ausbau der Erdwärme verlangt neben der weiteren Erschließung günstiger geologischer Vorkommen in Island, Italien und den USA den raschen Einstieg in die Stromerzeugung auf der Basis der „Hot-Dry-Rock"-Technik. Die Stromerzeugung aus Biomasse und Erdwärme ist wegen ihrer gesicherten Verfügbarkeit, ihrer hohen jährlichen Ausnutzungsdauer und ihrer relativ geringen Kosten von großer Bedeutung für eine wirksame Erschließung des Strommarktes durch erneuerbare Energien. Die weitere Zukunft ist dagegen zweigeteilt: Während bei der Biomasse nach 2030 aus Potenzialgründen der Zuwachs abnimmt, was zu einem maximalen Anteil an der Stromversorgung von 1 500 Terawattstunden oder knapp fünf Prozent im Jahr 2050 führt, ist im Gegensatz dazu das Potenzial der Stromerzeugung aus HDR-Kraftwerken bei einmal etablierter Technologie beträchtlich. Wir können getrost von einem weiteren Wachstum ausgehen, was diese Technik mit 3 800 Terawattstunden im Jahr 2050 zu einer wichtigen Säule der Stromversorgung macht, die weltweit immerhin 12 Prozent des benötigten Stroms erzeugen wird.

Solare Strahlungsenergie: Bei dieser Energieform wird der Entwicklungssprung am größten sein. Denn der Beitrag der solaren Strahlungsenergie ist mit derzeit zwei Terawattstunden pro Jahr noch nahezu vernachlässigbar. Langfristig muss die Sonnenstrahlung aufgrund ihrer praktisch „unbegrenzten" Potenziale jedoch die Hauptlast der globalen Energieversorgung tragen. Die Technologien zu ihrer Nutzung müssen daher mit sehr großer Intensität erschlossen werden, um innerhalb der nächsten Jahrzehnte eine angemessene Rolle im „Konzert" der erneuerbaren Energien einnehmen zu können. Dabei werden sowohl die solarthermische wie auch die photovoltaische Stromerzeugung benötigt. Für erstere sprechen die bereits heute sehr günstigen Stromgestehungskosten im rein solaren Betrieb von unter 20 Pfennig für die Kilowattstunde und die Möglichkeit der günstigen Einpassung in bestehende

Kraftwerks- und Verbundnetzstrukturen, da sie auch mit fossiler Zufeuerung betrieben werden können. Die Photovoltaik profitiert dagegen von ihrer enormen Flexibilität hinsichtlich Leistungsgröße sowie von ihrer Robustheit, ihrer langen Lebensdauer und der leichten Wartung. In Teilmärkten wie der netzfernen Stromversorgung ist sie schon heute wettbewerbsfähig, und diese Konkurrenzfähigkeit wird sich bei sinkenden Preisen weiter verbessern.

Beide Technologien ergänzen sich daher in sehr günstiger Weise bei der notwendigen Erschließung der solaren Strahlungsenergie speziell in den Entwicklungsländern. Dort liegen bereits konkrete Baupläne für solarthermische Kraftwerke bis zum Jahr 2010 vor. Nach bisheriger Planung wird die Zahl dieser Kraftwerke bis 2020 um 25 Prozent pro Jahr steigen, und im Jahr 2020 werden sie 250 Terawattstunden oder ein Prozent des benötigten Stroms bereitstellen. Ein weiteres kontinuierliches Wachstum von ungefähr zehn Prozent pro Jahr führt zu einem Beitrag dieser Technologie von 3100 Terawattstunden im Jahr 2050. Solarthermische Kraftwerke tragen dann etwa zehn Prozent zur globalen Stromversorgung bei. Vergleichbare Ziele können für die Marktentwicklung der Photovoltaik gesetzt werden, was ein Wachstum dieser Energieform von 30 Prozent in den nächsten zehn und 15 Prozent in den zehn Jahren danach erfordert. Wenn die Photovoltaik sich entsprechend verbreitet, wird sie 2010 zwar erst eine Leistung von 26 Gigawatt erreichen, aber im Jahr 2020 bereits 240 Gigawatt und im Jahr 2050 2 400 Gigawatt zur Leistung aller Kraftwerke beisteuern. Dies entspräche dann ebenfalls zehn Prozent der globalen Stromerzeugung. Die Wachstumsraten des globalen Photovoltaikmarktes von rund 30 Prozent im Jahr in jüngster Vergangenheit lassen erkennen, dass diese Wachstumsvorstellungen nicht aus der Luft gegriffen sind.

Nehmen wir einmal an, alle oben skizzierten Vorhaben werden umgesetzt, und die Wachstumsraten der einzelnen erneuerbaren Energien werden erfüllt. Wir erhalten dann im Jahr 2050 eine globale Stromversorgung, die zu 70 Prozent aus erneuerbaren Energien gespeist wird. Dies belegt, dass das von uns entworfene Szenario einer wachsenden Energieversorgung in den Entwicklungsländern bei stark zunehmenden Anteilen der erneuerbaren Energien durchaus zu verwirklichen ist. Wir haben schon mehrfach darauf hingewiesen, dass dazu ein geeigneter politischer Rahmen notwendig ist. Wie diese Rahmenbedingungen gegenwärtig aussehen, wollen wir uns nun genauer ansehen.

Kapitel 5
Aller Anfang ist schwer

Es ist kein Geheimnis, dass wir von dem oben beschriebenen Ausbau erneuerbarer Energien auf globaler Ebene noch weit entfernt sind. Derzeit hält er nicht einmal mit den Wachstumsraten des Energieverbrauchs Schritt. Zwischen den langfristigen Erwartungen unseres Zukunftsszenarios und den gegenwärtigen Gegebenheiten bestehen unübersehbare Widersprüche. Wirkungsvolle Ansätze in Richtung deutlich wachsender Anteile erneuerbarer Energien am Energieverbrauch beschränken sich erst auf wenige Länder. Dazu gehören beispielsweise Dänemark mit seinem „Energieplan 2030“ und neuerdings auch Deutschland, das sich der verstärkten Nutzung der erneuerbaren Energien verschrieben hat. Die Europäische Union hat sich dieser Zielsetzung zwar angeschlossen, eine wirkungsvolle Umsetzung ist jedoch noch nicht in Gang gekommen. Damit ist erst in Ansätzen erkennbar, wie die erforderliche globale Wachstumsdynamik der erneuerbaren Energien rechtzeitig in Gang kommen könnte. Schauen wir uns an, was die internationale Politik bis heute zustande gebracht hat, bevor wir im nächsten Kapitel auf die nationale Situation zu sprechen kommen.

Internationale Politik und Klimaschutz

Eine globale Förderung erneuerbarer Energien ist am leichtesten durch globale Abkommen zu erreichen. Und tatsächlich sind in den vergangenen zehn Jahren erstmals in der Geschichte der Menschheit Vereinbarungen geschlossen worden, die den Ausbau erneuerbarer Energien zumindest indirekt vorantreiben, weil sie sich dem internationalen Klimaschutz widmen.

Einer der ersten Meilensteine für die internationale Klimaschutzpolitik wurde mit dem *Rahmenübereinkommen der Vereinten Nationen über Klimaänderungen* erreicht, das 1992 in Rio de Janeiro anlässlich der inzwischen schon als historisch geltenden Konferenz der Vereinten Nationen für Umwelt und Entwicklung (UNCED) beschlossen wurde. Es stellt die erste völkerrechtlich verbindliche Grundlage im Bereich des globalen Klimaschutzes dar. Ziel der Konvention ist eine Stabilisierung der Treibhausgaskonzentration in der Atmosphäre auf einem Niveau, das eine vom Menschen verursachte Störung des Klimasystems in tolerierbaren Grenzen hält. Um dieses Ziel zu erreichen, wurden zunächst allgemeine Pflichten wie die Erstellung von Treibhausgasinventaren oder die Entwicklung nationaler Maßnahmenprogramme festgelegt. Der entscheidende Mangel dieses Übereinkommens war jedoch, dass keine konkreten und bindenden Ziele vereinbart wurden. Auf Grund ihrer besonderen Verantwortung beim globalen Umweltschutz haben die Industrieländer allerdings akzeptiert, in einem ersten Schritt ihre Emissionen von CO_2 und anderen Treibhausgasen auf das Niveau von 1990 zurückzuführen. Die Klimarahmenkonvention ist seit 1994 in Kraft und hat derzeit 165 Vertragsstaaten. Von Deutschland wurde sie am 9. Dezember 1993 ratifiziert.

Die konkrete Ausgestaltung dieses mehr allgemein gehaltenen Rahmenabkommens wurde auf die so genannten Vertragsstaatenkonferenzen übertragen. Die bisher wichtigste fand 1997 im japanischen Kioto statt, bei der erstmalig im Detail über Ziele und Realisierungszeiträume gesprochen und mit der Verabschiedung des *Kioto-Protokolls* ein Meilenstein der internationalen Klimapolitik erreicht wurde. Nach diesem Protokoll, das zwar unterzeichnet, jedoch noch nicht ratifiziert ist, sollen die Industrieländer ihre Treibhausgasemissionen bis zum Jahr 2008, spätestens jedoch bis 2012 gegenüber 1990 um durchschnittlich wenigstens fünf Prozent senken. Für die Europäische Union wurde ein Minderungsziel von acht Prozent festgelegt, woraus sich nach einer internen Regelung für Deutschland ein erhebliches Reduktionsziel von 21 Prozent ergibt (Näheres in Kapitel 6).

Um diese Verpflichtung zu erfüllen, muss von allen Mitgliedsstaaten der EU noch viel geleistet werden, denn zumindest bis 1997 konnte der CO_2-Ausstoß noch nicht verringert werden. Vielmehr ist sogar zu erwarten, dass die Emissionen ohne weiterreichende politische Eingriffe bis zum Jahr 2010 noch weiter ansteigen werden. So konnten in der Union bislang weder allgemeine Energiesteuern eingeführt werden, noch reichen die vorhandenen Programme zur Förderung der Energieeinsparung und der Nutzung erneuerbarer Energien aus, um entscheidende Schritte einzuleiten.

Vom 25.10. bis 5.11.1999 fand die *5. Vertragsstaatenkonferenz* in Bonn statt, die als „technische" Konferenz angelegt war und zur Vorbereitung der 6. Vertragsstaatenkonferenz diente, die im November 2000 in Den Haag stattfinden wird. In Bonn wurde vor allem die weitere Konkretisierung der Kioto-Mechanismen diskutiert, also wie die im Kioto-Protokoll festgelegten Ziele tatsächlich umgesetzt und – was mindestens ebenso wichtig ist – kontrolliert werden können. Neben Minderungsmaßnahmen auf nationaler Ebene wurde auch verhandelt, wie durch Kooperationen im Ausland erreichte Klimagasreduktionen auf die nationalen Ziele der Industrieländer angerechnet werden können. Dieser Handel mit Emissionsrechten ist sehr umstritten und bedeutet, dass ein

Industrieland wie beispielsweise Deutschland seine Verpflichtungen zumindest teilweise auch erfüllen könnte, indem es Maßnahmen zur Schadstoffreduktion in anderen Ländern, also beispielsweise in Indien, finanzieren würde. Darüber hinaus wird diskutiert, Ländern, welche die ihnen zugestandenen Obergrenzen nicht erreichen (wie etwa Russland aufgrund des Industrierückgangs im vergangenen Jahrzehnt), Emissionsrechte „abzukaufen". Es bestehen erhebliche Meinungsunterschiede zwischen den einzelnen Staatengruppen darüber, bis zu welcher Obergrenze dieser Handel zugelassen werden soll. Deutschland und die Europäische Union fordern eine Obergrenze von 50 Prozent. Mindestens die Hälfte der Klimaschutzverpflichtungen müssten dann „zu Hause" erfüllt werden. Deutschland hat sich darüber hinaus dafür eingesetzt, dass das Kioto-Protokoll bis zum Jahr 2002 in Kraft gesetzt wird. Bisher scheitert die Ratifizierung des Protokolls hauptsächlich an der zögernden Haltung der USA – und dies, obwohl die USA mit einem Minderungsziel von nur 7 Prozent eine geringere Verpflichtung eingegangen sind als die EU und vor allem Deutschland.

Stellt man das von uns entworfene Zukunftsszenario der beschriebenen politischen Realität gegenüber, muss natürlich Unzufriedenheit aufkommen. Die angestrebte Umgestaltung der Energieversorgung entbehrt bislang des erforderlichen Rahmens, und sogar die vergleichsweise bescheidenen Ziele der Schadstoffreduktion bis 2010 sind gefährdet. Bei dem derzeitigen Stand der Verhandlungen wird vor allem eines deutlich: Es muss nun schnell gehandelt werden, da es einige Zeit dauern wird, bis konkrete Maßnahmen greifen. Doch ist auch die internationale Gemeinschaft noch weit von den gesteckten Zielen entfernt, so gibt es auch positive Ansätze, sogar aus einer Richtung, die man zunächst nicht vermutet, nämlich der Wirtschaft.

Die Wirtschaft schläft nicht

Im Allgemeinen wird der entscheidende Anschub für neue Strukturen in der Energieversorgung richtigerweise von der Politik erwartet, aber natürlich hat daneben auch die Wirtschaft große Gestaltungsmöglichkeiten.

Die Nutzung erneuerbarer Energien und die Produktion der entsprechenden Anlagen wird allerdings überwiegend noch mit kleineren mittelständischen Unternehmen in Verbindung gebracht. Für die in den letzten Jahren entstandene „Windindustrie" trifft dies auch zu. Gut ein Dutzend Hersteller allein in Deutschland teilt sich zur Zeit diesen Markt, nachdem Ende der siebziger Jahre der Einstieg großer Firmen mit dem missglückten Konzept des GROWIAN (Großwindkraftanlage) gescheitert war. Mit steigenden Umsätzen zeichnen sich aber bereits erste Konzentrationsprozesse ab. Auch Kollektor-

und Biomasseanlagen werden überwiegend noch von kleineren bis mittleren Unternehmen gebaut. Von großer Bedeutung für die bisherige Entwicklung der Märkte für erneuerbare Energien ist ferner, dass in der Pionierphase weitgehend private und gesellschaftliche Akteure wie Umweltverbände, Bürgerinitiativen oder Teile der Kirchen die ernsthafte Nutzung erneuerbarer Energien eingeleitet und am Leben erhalten haben – in der Vergangenheit oft genug gegen den Widerstand der Industrie.

Das könnte sich jetzt ändern. Denn seit einiger Zeit engagieren sich neben den nationalen Regierungen auch „Global Players“ auf internationaler Ebene, besonders die in der Energiewirtschaft tätigen Konzerne. Man hat dort die wachsende Bedeutung der erneuerbaren Energien sehr wohl wahrgenommen, und einige Konzerne dehnen ihre Geschäftstätigkeit in diesen Bereich aus, weil die Firmen die Entwicklung antizipieren und die erwarteten Zukunftsmärkte mit gestalten und besetzen wollen. Dahinter steckt die Erkenntnis, dass nur eine aktive Strategie neue Geschäftsfelder rechtzeitig erschließen kann. Anders ausgedrückt: Man will auf das sich langsam abzeichnende Ende des „Ölzeitalters“ vorbereitet sein und Ersatztechnologien bereitstellen, um für den Wandel gewappnet zu sein. Es ist ein hoffnungsvolles Zeichen, dass internationale Konzerne beginnen, sich mit diesen Energieformen zu beschäftigen.

Da vor allem für eine kostengünstige Produktion von Solarzellen größere Fabriken mit entsprechenden Investitionen erforderlich sind und diese Märkte erst längerfristig Gewinnchancen besitzen werden, ist diese Technologie das bevorzugte Betätigungsfeld dieser Konzerne.

Die drei größten Mineralölkonzerne, Shell, BP-Amoco und Exxon, verkaufen weltweit 25 Prozent der Mineralölprodukte und haben einen jährlichen Umsatz von 340 Milliarden Dollar (1997). Zwei von ihnen, Shell und BP-Amoco, sind bereits vor einigen Jahren in erneuerbare Energien eingestiegen und haben entsprechende Geschäftsbereiche aufgebaut. Shell gründete 1997 die Tochterfirma „Shell International Renewables“ und will mit ihr einen globalen Marktanteil von zehn Prozent in der Solarenergie bis 2005 erreichen. Investitionen von 500 Millionen Dollar über die nächsten fünf Jahre sind vorgesehen. Der Konzern ist überzeugt, „dass erneuerbare Energien im Jahr 2020 zwischen fünf und zehn Prozent des Weltenergiebedarfs decken können und dass dieser Anteil bis zur Mitte des 21. Jahrhunderts auf über 50 Prozent ansteigen kann“. Es ist schon bemerkenswert, dass sich diese Einschätzung eines Ölmultis mit der von uns beschriebenen zukünftigen Energieversorgung in diesem Punkt deckt.

Shell konzentriert sich vor allem auf Solarzellen und Biomasseplantagen und interessiert sich neuerdings auch für Offshore-Windanlagen. In Gelsenkirchen hat die Deutsche Shell mit öffentlicher Unterstützung eine Solarzellenfabrik errichtet, deren Jahresproduktion auf 25 Megawatt ausgerichtet ist, in den Niederlanden wird die Firma demnächst jährlich 10 Megawatt herstellen. Da der Weltumsatz zur Zeit 200 Megawatt pro Jahr beträgt, hat sich der Konzern hiermit bereits einen wesentlichen Marktanteil gesichert.

Auch bei der Biomasse war Shell der Vorreiter bei den Ölkonzernen. Der Multi besitzt 210 000 Hektar Land, auf 135 000 Hektar wieder aufgeforsteten Gebieten werden schnell wachsende Hölzer mit dem Ziel angebaut, sie „energetisch und stofflich" zu verwerten und dabei Nachhaltigkeit und Umweltverträglichkeit bei der Produktion zu gewährleisten. Shell geht davon aus, dass „bis zum Jahr 2050 der Weltenergieverbrauch von Biomasse für die Stromerzeugung einen ähnlichen Umfang wie heute Öl und Gas haben kann".

Auch BP-Amoco ist seit längerem im Solarzellengeschäft tätig. BP Solar ist eine der weltgrößten Solarfirmen mit einem Umsatz von derzeit 100 Millionen Dollar und besitzt Solarzellenfabriken in Kalifornien und Australien. Letztere soll auf eine Kapazität von jährlich 50 Megawatt erweitert werden. Seit der Abfassung des Kioto-Protokolls verstärkt der Konzern diese Aktivitäten noch und will sogar die CO_2-Emissionen seiner eigenen Anlagen bis 2010 um zehn Prozent senken. Angesichts dieser Tätigkeiten ist es nicht erstaunlich, dass man bei BP-Amoco die zukünftige Entwicklung der erneuerbaren Energien ähnlich sieht wie bei Shell. Bis zum Jahr 2007 rechnet der Konzern mit einem verzehnfachten Umsatzvolumen im Solarzellenbereich. Hervorzuheben ist ferner, dass günstige Wachstumschancen im Solarmarkt auch unabhängig von klimapolitischen Entwicklungen vorausgesagt werden, da sich die Photovoltaik mit neuen Technologien vor allem als Bauelement an Gebäuden durchsetzen werde.

Natürlich gibt es in der Großindustrie auch andere Einschätzungen. So steht der Exxon-Konzern klar auf der Seite der Klimaskeptiker und betätigt sich aktiv dabei, wirksame Schritte in der Klimapolitik der USA zu verhindern. Auch hält Exxon die erneuerbaren Energien nicht für eine akzeptable Zukunftsenergie.

Die positiven Einschätzungen einiger Konzerne zur Zukunft erneuerbarer Energien basieren wie bereits erwähnt vor allem auf strategischen Überlegungen. Doch darüber hinaus wird zunehmend auch die moralische Verantwortung akzeptiert, die sich daraus ergibt, dass die Mineralölkonzerne in der Vergangenheit beträchtliche Gewinne mit dem Verkauf von Mineralölprodukten erwirtschaftet haben, ohne dabei in entsprechendem Umfang Verantwortung für die angerichteten Schäden bei Klima und Umwelt zu übernehmen. Diese moralische Verantwortung wird in immer stärkerem Maße auch von den Kunden und von einem Teil der Aktionäre eingeklagt. Vielen ist sicher noch der Boykottaufruf gegen Shell anlässlich der beabsichtigten Versenkung der

Ölplattform „Brent Spar“ in Erinnerung. Er beweist, dass auch auf diesem Feld die Dinge in Bewegung geraten sind.

Es ist deshalb wichtig, die Konzerne zu ermutigen, den begonnenen Weg weiter zu beschreiten. Aufgrund ihrer wirtschaftlichen Stärke und ihrer transnationalen Aktivitäten kann eine Klimapolitik nur dann erfolgreich sein, wenn auch die multinationalen Ölkonzerne und andere „Global Players“ aus der Energiewirtschaft eine aktive Rolle bei der Bewältigung des Klimaproblems übernehmen. Ähnliches muss man daher auch von den Stromkonzernen verlangen, die aufgrund ihrer Konzentrations- und Fusionstendenzen ebenfalls in die Rolle transnationaler Akteure hineinwachsen und damit ganz wesentlich eine Strategie des Ausbaus erneuerbarer Energien negativ oder positiv beeinflussen können. Je rascher sich die Nutzung erneuerbarer Energien in den Industrieländern ausbreitet, desto glaubwürdiger und wirkungsvoller lässt sich diese Strategie auch auf die Entwicklungsländer übertragen, wozu die Handlungsspielräume der großen Konzerne dringend benötigt werden. Die Energiepolitik wird sich deshalb nur dann erfolgreich in Richtung Nachhaltigkeit entwickeln, wenn Politik und Wirtschaft gemeinsam versuchen, die Chancen einer verstärkten Nutzung erneuerbarer Energien herauszustellen und diese in einem ausbalancierten Verhältnis von politischen Vorgaben und unternehmerischem Handeln umzusetzen.

Kapitel 6
Deutschland – ein Land voller Energie

In den vorangegangenen Kapiteln haben wir gezeigt, dass aus globaler Sicht die größte Herausforderung in der Energiewirtschaft darin besteht, die sich zunehmend öffnende Schere zwischen der weltweit ansteigenden Nachfrage nach Energie einerseits und dem Postulat einer nachhaltigen globalen Energieversorgung andererseits zu schließen. Wir wollen nun die Situation in Deutschland unter die Lupe nehmen und untersuchen, wie die Energieversorgung hierzulande aufgebaut ist und welche Anstrengungen unsererseits unternommen werden müsen, um die energiepolitische Wende zu schaffen. Dabei wird rasch deutlich, dass sich unser Land in Sachen Energieverbrauch vom Weltdurchschnitt abhebt. Denn grundsätzlich gilt: Während der weltweite Primärenergieverbrauch rasant ansteigt, beobachten wir in Deutschland seit dem Ende der beiden Ölkrisen 1973 und 1979 einen nur noch in moderaten Raten zunehmenden Energiebedarf (vgl. das Diagramm folgende Seite). Seit damals sprechen wir von einer Entkopplung von Energieverbrauch und Wirtschaftsentwicklung. Die Wirtschaftsleistung (das Bruttoinlandsprodukt in DM) steigt an, ohne dass zeitgleich der Energiebedarf zunimmt. Mit einer Einheit Energie kann heute in den alten Bundesländern deshalb um fast 50 Prozent mehr Wertschöpfung erzielt werden als im Jahr 1973. Die Produktivität des Energieeinsatzes (Energieverbrauch pro Wertschöpfungseinheit) liegt damit in Deutschland um den Faktor 4,5 höher als im Weltdurchschnitt.

Doch trotz der bis heute erreichten Produktivitätssteigerungen beim Energieeinsatz liegt der Pro-Kopf-Verbrauch noch immer deutlich höher als in den meisten anderen Ländern. Die Entkopplung zwischen Energieverbrauch und Wirtschaftswachstum ist damit zwar ein erster wichtiger Schritt und markiert eine Trendwende. Dennoch muss auch hierzulande noch erheblich mehr für einen adäquaten Beitrag zur Lösung der weltweiten Energieprobleme getan werden. Als Industrieland steht Deutschland hier in einer besonderen Verantwortung (vgl. Kapitel 4). Die seit 1998 regierende Koalition von SPD und Bündnis 90/Die Grünen hat dies erkannt und in ihren energiepolitischen Leitsätzen erstmals der Energieeinsparung Vorrang vor der Energieverwendung eingeräumt (vgl. den Kasten folgende Seite).

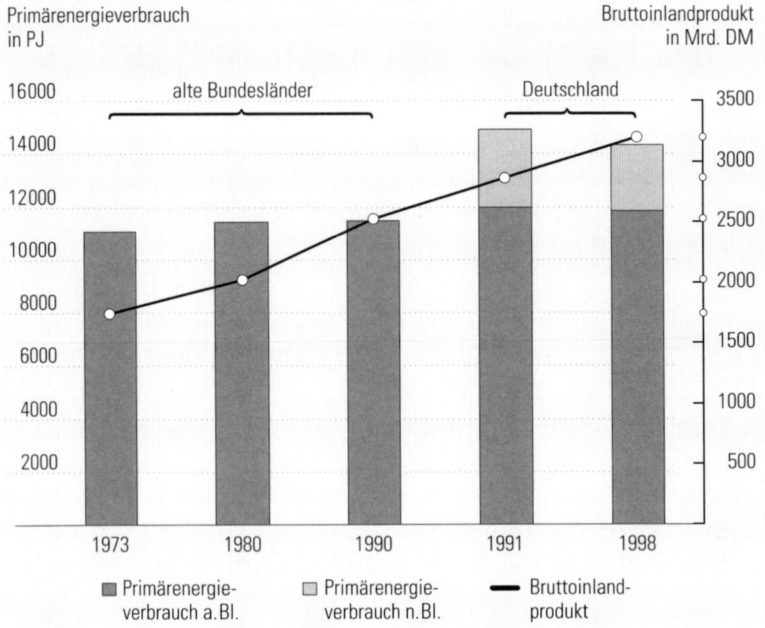

Die Entwicklung des Primärenergieverbrauchs in Deutschland zwischen 1973 und 1998.

Energiepolitische Zielsetzungen der Koalitionsvereinbarung zwischen SPD und Bündnis 90/ Die Grünen vom November 1998

- Erneuerbare Energien und Energieeinsparung haben Vorrang.
- Die Bundesregierung wird die Entwicklung zukunftsfähiger Energieversorgungssysteme fördern.
- Die Bundesregierung wird die Hemmnisse beseitigen, die heute noch eine verstärkte Nutzung der regenerativen Energieträger und der Kraft-Wärme-Kopplung (KWK) behindern. Faire Marktchancen für regenerative Energieträger sollen geschaffen werden.
- Gemäß dem Grundsatz „Vorrang der Einsparung vor der Erzeugung" soll die Energieeinsparung mit einem breiten Maßnahmenbündel gefördert werden.
- Das Atomgesetz soll geändert und der Ausstieg aus der Kernenergie soll (möglichst im Konsens und entschädigungsfrei) angegangen werden.
- Die Bundesregierung will durch eine ökologische Steuer- und Abgabenreform Beschäftigung fördern und umweltfreundliches Handeln belohnen.

In der Tat kommt der verstärkten Energieeinsparung eine gewichtige Bedeutung zu. Die Enquete-Kommission „Schutz der Erdatmosphäre" des Deutschen Bundestags hat wie erwähnt die heute ausschöpfbaren Sparpotenziale auf 35 bis 45 Prozent des derzeitigen Energieverbrauchs geschätzt! Durch den Einsatz effizienterer Geräte und energiesparender Produktionsverfahren könnten die gleichen Dienstleistungen also mit einem rund ein Drittel geringeren Energieverbrauch bereitgestellt werden. Und das Überraschende ist: Ein großer Anteil dieses Potenzials kann zudem auch unter wirtschaftlichen Gesichtspunkten realisiert werden. Dennoch – was für die weltweite Energieversorgung gilt (vgl. Kapitel 4), gilt auch für Deutschland: Allein mit der Umsetzung von technischen Einsparmöglichkeiten können die vor uns liegenden Aufgaben nicht gelöst werden. Notwendig ist vielmehr, auch alle anderen zur Verfügung stehenden Optionen zu nutzen. Dies betrifft mittel- bis langfristig vor allem die intensivere Nutzung erneuerbarer Energien. Wie hoch muß deren Beitrag aber sein, und kommt dabei bestimmten Technologien eine Schlüsselfunktion zu? Bevor wir auf diese Frage eingehen, betrachten wir zunächst verschiedene Aspekte der spezifisch deutschen Energieversorgung, die in Bezug auf die zukünftige Nutzung erneuerbarer Energien von Bedeutung sind.

Deutsche Energiepolitik auf dem Prüfstand: Klimaschutz ja, Kernenergie nein

An die deutsche Energiewirtschaft werden heute eine Vielzahl von Anforderungen gestellt, die insgesamt zu einer komplexen Problemlage in der Energieversorgung führen. So werden in der Präambel des Energiewirtschaftsgesetzes (EnWG) drei wesentliche Zielsetzungen festgelegt. Danach stehen sowohl Sicherheit, Preiswürdigkeit wie auch ökologische Verträglichkeit der Energieversorgung als gleichrangige Ziele nebeneinander. Es ist leicht einzusehen, dass sich diese Anforderungen nicht ohne weiteres vereinbaren lassen. Im Gegenteil, mit der Problematik ließen sich viele Bücher füllen. Wir wollen uns hier jedoch darauf beschränken, nur die für erneuerbare Energien besonders wichtigen Problemstellungen, nämlich die Erfüllung weitreichender Klimaschutzziele, den Ressourcenschutz, den Ausstieg aus der Kernenergie und die mit dem Ausbau der regenerativen Energieformen verbundenen großen Innovations- und Exportpotenziale zu erörtern.

Globaler Klimaschutz und erneuerbare Energien

Für die bundesdeutsche Energie- und Umweltpolitik sind natürlich zuallererst die internationalen Vereinbarungen zum Klimaschutz von Bedeutung. Wir haben im Kapitel 5 von dem internationalen Abkommen berichtet, das erstmals eine globale Reduktion der in die Atmosphäre ausgestoßenen klimarelevanten Schadstoffe festlegt. Aus dem Ende 1997 beschlossenen Kioto-Protokoll und der darauf folgenden „Verteilung" der Schadstoffquoten für die EU-Staaten („burden sharing") ergibt sich für Deutschland ein Minderungsziel von 21 Prozent für den Zeitraum 2008 bis 2012 im Vergleich zu 1990. Diese Reduktionsverpflichtung bezieht sich auf den Mittelwert der wichtigsten klimarelevanten Spurengase Kohlendioxid (CO_2), Methan (CH_4), Distickstoffoxid (N_2O), Hydrofluorcarbonat (HFC), Schwefelhexafluorid (SF_6) und Perfluorcarbonat (PFC). Mit der erwarteten Ratifizierung des Kioto-Protokolls bis zum Jahr 2002 wird diese Verpflichtung völkerrechtlich bindend.

Doch damit nicht genug. Anlässlich der *5. Vertragsstaatenkonferenz* in Bonn 1995 bestätigte Bundeskanzler Schröder in seiner Eröffnungsrede erneut das bereits im Jahr 1990 von der Bundesregierung beschlossene ehrgeizige Ziel, dass Deutschland seine CO_2-Emissionen bis zum Jahr 2005 im Vergleich zu 1990 um 25 Prozent verringern will. Damit hätte unser Land eine weltweit einmalige Vorreiterrolle eingenommen. Es musste allerdings zugleich eingeräumt werden, dass bis Ende 1999 nur 13 Prozent erreicht wurden und dass das bisher Erreichte wesentlich mit dem Strukturwandel in den neuen Bundesländern zusammenhängt. Weiterhin könne mit den *bisher* beschlossenen Maßnahmen bis 2005 günstigstenfalls eine Reduktion von 17 Prozent erzielt werden.

Doch selbst diese Reduktionsraten sind nur möglich, wenn neben der geforderten Effizienzrevolution auch der Beitrag erneuerbarer Energien erhöht wird. Hierzu passt deshalb auch ein anderes wichtiges Statement des Bundeskanzlers auf der Bonner Konferenz: „*Wir müssen verstärkt die Potenziale der erneuerbaren Energieträger nutzen. So wollen wir in Deutschland den Anteil der erneuerbaren Energien bis zum Jahr 2010 verdoppeln.*" Mit dieser Aussage ist erstmals ein konkretes mittelfristiges Ziel für den Ausbau der regenerativen Energien genannt worden.

Im Zeitalter der europäischen Einigung ist jedoch zu erwarten, dass es auch europaweit eine Zukunftsplanung für die regenerativen Energieformen gibt. Und so ist es auch: Der Anteil erneuerbarer Energien an der Stromerzeugung in Europa soll von derzeit 3,2 Prozent auf 12,5 Prozent etwa vervierfacht werden (vgl. auch Kapitel 13). Für Deutschland entspricht dies der Vorgabe, den Anteil von 2,4 Prozent 1997 auf 10,3 Prozent bis zum Jahr 2010 zu erhöhen. Bezieht man die vorhandenen großen Wasserkraftwerke in diese Rechnung ein, beläuft sich der Stromerzeugungsbeitrag der erneuerbaren Energien in der EU heute sogar auf 13,9 Prozent, das korrespondierende Ausbauziel erhöht sich dann auf 22,1 Prozent. Für Deutschland lauten die entsprechenden Zahlen 5,4 Prozent und 12,5 Prozent – eine Zielsetzung, die für die Stromerzeugung über das bisher anvisierte und oben beschriebene Verdopplungsziel sogar hinausgeht

Aber auch aus anderen Gründen lohnt sich ein Blick nach Europa. Dies gilt besonders für die zunehmenden Möglichkeiten, die aus den zusammenwachsenden Strommärkten resultieren. Aufgrund der Verfügbarkeit hocheffizienter Übertragungs- und Transportsysteme könnte in wenigen Jahren schon Solarstrom im Süden Europas erzeugt und in der Mitte Europas verbraucht werden. Ebenso kann Wasserkraftstrom aus Skandinavien mit modernen Unterseekabeln nach Deutschland transportiert werden. Erste Verträge über derartige Transporte sind längst abgeschlossen.

Das sind immerhin hoffnungsvolle Anfänge. Doch über diese kurz- bis mittelfristigen Zielsetzungen hinaus weisen die Klimawissenschaftler seit langem darauf hin, dass langfristig erheblich weitergehende Schadstoffreduktionen erforderlich sind. So kann beispielsweise aus den Empfehlungen der oben erwähnten Enquete-Kommission das Ziel abgeleitet werden, den Ausstoß klimarelevanter Spurengase und insbesondere den Ausstoß von CO_2 weltweit bis 2050 mindestens zu halbieren. Für die Industrieländer lassen sich hieraus aufgrund des den Entwicklungsländern noch zuzugestehenden Nachholbedarfs Minderungsanforderungen von 80 bis 90 Prozent ableiten. Vor diesem Hintergrund haben wir für Deutschland in der nachfolgenden Übersicht nationale Klimaschutzziele definiert. Für das Jahr 2010 ist dabei eine über das bisherige Kioto-Protokoll hinausgehende Anforderung unter der Annahme festgelegt worden, dass bis zu diesem Zeitpunkt bereits entscheidende Weichenstellungen für eine langfristig angelegte Klimaschutzpolitik notwendig sind.

Betrachten wir diese ehrgeizigen Ziele, wird offensichtlich, wie wichtig die verstärkte Nutzung der „kohlenstofffreien“ erneuerbaren Energien für die Erfüllung dieser Zielsetzungen sein wird.

Vieles muss sich ändern. Die Klimaschutzziele (Reduktion des CO_2-Ausstoßes) für Deutschland.

	2005	2008 – 2012	2020	2030
Klimaschutzanforderungen (Enquete-Kommission)	25 %	30 %	40 %	50 %
bestehende Zielsetzungen der Bundesregierung	25 %	21 % (inkl. andere Treibhausgase)		

Und noch ein Aspekt ist in diesem Zusammenhang zu erwähnen: Deutschland ist ein hoch entwickeltes Technologie- und Energieland. Während früher sogar die Primärenergie selbst (etwa in Form von hochwertiger Steinkohle) in die Nachbarländer exportiert wurde, beschränkt sich der Außenhandel heute im wesentlichen auf den Export von Energietechnologien. Standen bisher Kohlekraftwerk- und Bergbautechnik im Mittelpunkt, werden dies zukünftig andere Technologien sein. Gute Chancen haben Energieeinspartechnologien, Brennstoffzellen und andere dezentrale Energiewandler, aber natürlich auch die Technologien erneuerbarer Energien. Erste Ansätze sind heute schon sichtbar, wie das in Kapitel 5 erwähnte Beispiel der neu errichteten Solarzellenfabrik von Shell in Gelsenkirchen zeigt, deren Produktion auch im Ausland abgesetzt wird. Dazu kommen Kooperationen verschiedener Windenergiehersteller (wie etwa Enercon) mit ausländischen Partnern (Indien). Die Produktion und internationale Verbreitung von solchen Zukunftstechniken fördert vorrangig zwar die deutsche Wirtschaft. Sie ist aber auch im Hinblick auf eine nachhaltige Energieversorgung der Entwicklungsländer wichtig, denn diese sind vorläufig noch auf die Weitergabe entsprechender Technik aus den Industriestaaten angewiesen. Der umfangreiche Transfer von technologischem Know-how ist damit auch eine Bedingung für eine globale Umstrukturierung der Energieversorgung.

Ressourcenschutz und heimische Energieträger

Wenngleich die energiepolitische Debatte von der Klimaschutzproblematik beherrscht wird, darf doch nicht vergessen werden, dass auch dem Ressourcenschutz eine weitreichende Bedeutung zukommt. Denn es ist unbestreitbar, dass die fossilen Energiereserven begrenzt sind (vgl.Kapitel 4, „Die Grenzen des Wachstums?“). Ebenso Besorgnis erregend ist die geografische Verteilung der Ressourcen. Hier drohen uns bereits in wenigen Jahrzehnten geostrategische Risiken durch die Konzentration der Vorkommen in einigen wenigen und zudem politisch teilweise wenig stabilen Regionen. Ein Land wie Deutschland, das mehr als 60 Prozent, also mehr als drei Fünftel der eingesetzten Energieträger importiert, muss diese Risiken ernst nehmen. Auch aus diesem Grund gehört es zu einer verantwortungsvollen Energiepolitik, Alternativen zu entwickeln, also vermehrt auf heimische Energieträger zu setzen. Dies sind in Deutschland traditionell Stein- und Braunkohle, die aber als kohlenstoffreiche Energieträger kontraproduktiv auf die Klimaschutzbemühungen wirken. So bleiben uns auch aus dieser Sicht vor allem die erneuerbaren Energien.

Der Einstieg in den Ausstieg

Neben den aufgezählten Energien existiert noch eine weitere Energieform: die Kernenergie. Die friedliche Nutzung der bei der Kernspaltung frei werdenden Kräfte begann erst nach dem Zweiten Weltkrieg. Lange Zeit wurde die Kernenergie als patentes Mittel zur Lösung der Energieprobleme vor allem der an Energieträgern armen Industrieländer wie Deutschland angesehen, und in den meisten dieser Länder wurden demzufolge ab den sechziger Jahren Kernkraftwerke zur Stromerzeugung gebaut. Auch in der alten Bundesrepublik begann man mit dem Bau solcher Anlagen, von denen heute noch 21 in Betrieb sind, die knapp ein Drittel der deutschen Stromerzeugung bewältigen. Aufgrund der hohen Risiken für Mensch und Umwelt war diese Technologie freilich auch von Anfang an sehr umstritten. Nach den Katastrophen von Harrisburg (1979) und Tschernobyl (1986) wurde der Widerstand in der Bevölkerung immer stärker und der Ausstieg zur politischen Forderung, die auf parteipolitischer Ebene zunächst nur von den Grünen, später aber auch von der SPD formuliert wurde. Nach der Bundestagswahl von 1998 hielten beide Parteien in den Koalitionsvereinbarungen fest, dass der Ausstieg aus der Nutzung der Kernenergie innerhalb der laufenden Legislaturperiode umfassend und unumkehrbar gesetzlich geregelt werden solle. Ziel der neuen Regierung war es, die Nutzung der Kernenergie zur Stromerzeugung entschädigungsfrei und möglichst im Konsens mit der Elektrizitätswirtschaft zu beenden.

Auch wenn die Positionen der an den Gesprächen beteiligten Parteien sehr unterschiedlich waren und die in der Vergangenheit verschiedentlich schon geführten Konsensverhandlungen aufgrund eben dieses Dissenses alle gescheitert waren, ist im Frühsommer 2000 doch eine Einigung erzielt worden (vgl. Kasten folgende Seiten).

Maßgeblich hierfür war nicht nur der politische Druck, entsprechend der Mehrheitsmeinung der deutschen Bevölkerung auf die Nutzung der Kernenergie zu verzichten, sondern auch die auf dem neuerdings liberalisierten Strommarkt notwendige wirtschaftliche Neubewertung von Kernkraftwerken. In liberalisierten Märkten ist nämlich der Neubau solcher Kraftwerke aufgrund ihrer vergleichsweise hohen Kapitalkosten (ein Kernkraftwerk kostet pro installierter Leistung heute 4- bis 6-mal so viel wie ein modernes Gas-und Dampfturbinen-Kraftwerk) bei einem zugleich hohen Akzeptanzrisiko nicht mehr konkurrenzfähig. Da auch für die bestehenden Anlagen ökonomische Grenzen, die weitgehend durch die Erfordernisse nach teuren Nachrüstungen bestimmt sind, vorgegeben werden, drehte sich die Diskussion vor allem um die Restnutzungszeit der 21 in Deutschland in Betrieb befindlichen Kernkraftwerke, und es ist vor diesem Hintergrund keine so große Überraschung mehr, dass eine Einigung bezüglich der weiteren Nutzung erzielt werden konnte.

Der Energiekonsens

Die Vereinbarung von Regierung und Industrie vom 14.6.2000
(Dokumentation im gekürzten Wortlaut)

I. Einleitung

Der Streit um die Verantwortbarkeit der Kernenergie hat in unserem Land über Jahrzehnte hinweg zu heftigen Diskussionen und Auseinandersetzungen in der Gesellschaft geführt. Unbeschadet der nach wie vor unterschiedlichen Haltung zur Nutzung der Kernenergie respektieren die EVU (Energieversorgungsunternehmen) die Entscheidung der Bundesregierung, die Stromerzeugung aus Kernenergie geordnet beenden zu wollen.

Vor diesem Hintergrund verständigen sich Bundesregierung und Versorgungsunternehmen darauf, die künftige Nutzung der vorhandenen Kernkraftwerke zu befristen. Andererseits soll unter Beibehaltung eines hohen Sicherheitsniveaus und unter Einhaltung der atomrechtlichen Anforderungen für die verbleibende Nutzungsdauer der ungestörte Betrieb der Kernkraftwerke wie auch deren Entsorgung gewährleistet werden.

Beide Seiten werden ihren Teil dazu beitragen, dass der Inhalt dieser Vereinbarung dauerhaft umgesetzt wird. Die Bundesregierung wird auf der Grundlage dieser Eckpunkte einen Entwurf zur Novelle des Atomgesetzes erarbeiten. Bundesregierung und Versorgungsunternehmen gehen davon aus, dass diese Vereinbarung und ihre Umsetzung nicht zu Entschädigungsansprüchen zwischen den Beteiligten führt. (...)

II. Beschränkung des Betriebs der bestehenden Anlagen

Für jede einzelne Anlage wird festgelegt, welche Strommenge sie gerechnet ab dem 1.1.2000 bis zur Stilllegung maximal produzieren darf (Reststrommenge). Die Berechtigung zum Betrieb eines KKW (Kernkraftwerks) endet, wenn die vorgesehene bzw. durch Übertragung geänderte Strommenge für die jeweilige Anlage erreicht ist. (...)

Für jede Anlage wird auf der Grundlage einer Regellaufzeit von 32 Kalenderjahren ab Beginn des kommerziellen Leistungsbetriebs die ab dem 1.1.2000 noch verbleibende Restlaufzeit errechnet. Für Obrigheim wird eine Übergangsfrist bis zum 31.12.2002 vereinbart. Weiterhin wird eine jahresbezogene Referenzmenge zu Grunde gelegt, die für jedes Kraftwerk als Durchschnitt der fünf höchsten Jahresproduktionen zwischen 1990 und 1999 berechnet wird. Die jährliche Referenzmenge beträgt für die KKW insgesamt 160,99 Terawattstunden (ohne Mülheim-Kärlich) (eine Terawattstunde [TWh] entspricht einer Milliarde Kilowattstunden). Gegenüber diesen Referenzmengen wird für die Restlaufzeit auf Grund der sich fortsetzenden technischen Optimierung, der Leistungserhöhung der einzelnen Anlagen und der durch die Liberalisierung u.a. veränderten Reservepflicht zur Netzstabilisierung eine um 5,5 Prozent höhere Jahresproduktion unterstellt. Die Reststrommenge ergibt sich durch Multiplikation der um 5,5 Prozent erhöhten Referenzmenge mit der Restlaufzeit. (...) Die EVU können Strommengen (Produktionsrechte) durch Mitteilung der beteiligten Betreiber an das BfS (Bundesamt für Strahlenschutz) von einem KKW auf ein anderes KKW übertragen. RWE zieht den Genehmigungsantrag für das KKW Mülheim-Kärlich zurück. Ebenso nimmt das Unternehmen die Klage auf Schadensersatz gegen das Land Rheinland-Pfalz zurück. (...) RWE erhält die Möglichkeit, entsprechend der Vereinbarung 107,25 Terawattstunden pro Jahr auf andere KKW zu übertragen. (...)

III. Betrieb der Anlagen während der Restlaufzeit
Während der Restlaufzeiten wird der von Recht und Gesetz geforderte hohe Sicherheitsstandard weiter gewährleistet; die Bundesregierung wird keine Initiative ergreifen, um diesen Sicherheitsstandard und die diesem zu Grunde liegende Sicherheitsphilosophie zu ändern. Bei Einhaltung der atomrechtlichen Anforderungen gewährleistet die Bundesregierung den ungestörten Betrieb der Anlagen. (...)
Die EVU werden bis zu den in Anlage drei genannten Terminen Sicherheitsüberprüfungen (SSA und PSA) durchführen und die Ergebnisse den Aufsichtsbehörden vorlegen. Damit wird eine bei der Mehrzahl der KKW begonnene Praxis fortgesetzt. Die Prüfungen sind alle zehn Jahre zu wiederholen. Die Forschung auf dem Gebiet der Kerntechnik, insbesondere der Sicherheit, bleibt frei. (...)
Die Bundesregierung wird keine Initiative ergreifen, mit der die Nutzung der Kernenergie durch einseitige Maßnahmen diskriminiert wird. Dies gilt auch für das Steuerrecht. Allerdings wird die Deckungsvorsorge durch Aufstockung der so genannten zweiten Tranche oder einer gleichwertigen Regelung auf einen Betrag von fünf Milliarden Mark erhöht.

IV. Entsorgung
Die EVU errichten so zügig wie möglich an den Standorten der KKW oder in deren Nähe Zwischenlager. Es wird gemeinsam nach Möglichkeiten gesucht, vorläufige Lagermöglichkeiten an den Standorten vor Inbetriebnahme der Zwischenlager zu schaffen. (...)
Die Entsorgung radioaktiver Abfälle aus dem Betrieb von KKW wird ab dem 1.7.2005 auf die direkte Endlagerung beschränkt. Bis zu diesem Zeitpunkt

sind Transporte zur Wiederaufarbeitung zulässig. Angelieferte Mengen dürfen verarbeitet werden. (...) Die EVU können abgebrannte Brennelemente bei Vorliegen der gesetzlichen Voraussetzungen bis zur Inbetriebnahme der jeweiligen standortnahen Zwischenlager in die regionalen Zwischenlager sowie bis zur Beendigung der Wiederaufarbeitung ins Ausland transportieren. Beide Seiten gehen davon aus, dass die standortnahen Zwischenlager in einem Zeitraum von längstens fünf Jahren betriebsbereit sind.(...)
Die Erkundung des Salzstockes in Gorleben wird bis zur Klärung konzeptioneller und sicherheitstechnischer Fragen für mindestens drei, längstens jedoch zehn Jahre unterbrochen. (...) Die zuständigen Behörden schließen das Planfeststellungsverfahren für den Schacht Konrad nach den gesetzlichen Bestimmungen ab. Der Antragsteller nimmt den Antrag auf sofortige Vollziehbarkeit des Planfeststellungsbeschlusses zurück, um eine gerichtliche Überprüfung im Hauptsacheverfahren zu ermöglichen.(...) Die EVU werden (...) im Hinblick auf Gorleben und auf die von ihnen anteilig zu übernehmenden Kosten für Schacht Konrad keine Rückzahlung von Vorauszahlungen verlangen. (...)

V. Novelle des Atomgesetzes

1. Die EVU nehmen zur Kenntnis, dass die Bundesregierung die Einführung eines gesetzlichen Neubauverbots für KKW sowie einer gesetzlichen Verpflichtung zur Errichtung und Nutzung von standortnahen Zwischenlagern beabsichtigt.
2. Die Bundesregierung wird auf der Grundlage dieser Eckpunkte einen Entwurf zur Novelle des AtG (Atomgesetzes) erarbeiten (...). Die Beteiligten schließen diese Vereinbarung auf der Grundlage, dass das zu novellierende Atomgesetz einschließlich der Begründung die Inhalte dieser Vereinbarung umsetzt. Über die Umsetzung in der AtG-Novelle wird auf der Grundlage des Regierungsentwurfs vor der Kabinettbefassung zwischen den Verhandlungspartnern beraten. (...)

VI. Monitoring

Um die Umsetzung der gemeinsamen Vereinbarungen zu begleiten, wird eine Arbeitsgruppe berufen, die sich aus drei Vertretern der beteiligten Energieversorgungsunternehmen und drei Vertretern der Bundesregierung zusammensetzt. Unter Vorsitz von ChefBK (Kanzleramtschef) bewertet die Arbeitsgruppe in der Regel einmal im Jahr – ggf. unter Heranziehung externen Sachverstands – gemeinsam die Umsetzung der in dieser Vereinbarung enthaltenen Verabredungen.

Nach dem Mitte Juni 2000 ausgehandelten Kompromiss zwischen Bundesregierung und Betreibern ist für die laufenden Reaktoren allerdings dann keine Restlaufzeit in Jahren, sondern eine Begrenzung der noch zu produzierenden Strommenge auf insgesamt 2623 Terawattstunden (eine Milliarde Kilowattstunden entspricht einer Terawattstunde, vgl. Glossar) festgelegt worden. Dies entspricht in etwa einer Befristung der Laufzeit auf im Mittel 32 Betriebsjahre. Für die Betreiber besteht jedoch die Möglichkeit, teure Anlagen früher und im Durchschnitt kostengünstigere Anlagen entsprechend später vom Netz zu nehmen. Aufgrund dieses ausgehandelten flexiblen Mechanismus kann kein konkreter Endtermin für die nukleare Stromerzeugung in Deutschland angegeben werden. Mit dem Kernkraftwerk Neckarwestheim Block II wird das letzte Kernkraftwerk aber voraussichlich zwischen 2021 und 2025 außer Betrieb genommen.

Was bedeutet dieser „Energiekonsens"? Nun, er entspricht zwar nicht dem von Kernkraftgegnern angestrebten *sofortigen* Ausstieg, sondern leitet eher ein allmähliches Ausklingen der Kernkraftnutzung ein. Dennoch wird er spürbare Auswirkungen haben: Erstens ist eine energiepolitische Langzeitwirkung auf andere Länder vorhersehbar, wenn ein großes Industrieland wie Deutschland „öffentlich erklärt", in Zukunft ohne Kernenergie auskommen zu können. Zweitens muss Deutschland noch stärker als vorher über Alternativen bei der Stromerzeugung nachdenken.

Wenden wir uns zunächst der internationalen Situation zu: Dabei fällt auf, dass von den 15 Staaten der Europäischen Union heute nur acht die Kernenergie zur Stromerzeugung nutzen. Neben Deutschland haben auch Schweden und Belgien den Ausstieg aus dieser Option angekündigt. Mit der Stilllegung des Kernkraftwerks Barsebeck (Block 1), das Ende 1999 außer Betrieb genommen wurde, ist dieser Prozess in Schweden sogar schon eingeleitet worden. Andere Länder verfügen über Moratorien, die den Neubau von Kernkraftwerken ausschließen (Spanien, Italien). Neben Frankreich, wo der Stromerzeugungsanteil aus Kernenergie mit fast 80 Prozent ohnehin am höchsten ist, ist Finnland das einzige Land in der EU, in dem noch über den Neubau von Kernkraftwerken nachgedacht wird – dies, weil man von den Stromimporten aus Russland nicht abhängig sein will.

Doch auch außerhalb der EU gibt es inzwischen Gegenwind für die Atommeiler. So hat beispielsweise auch die Schweiz in Aussicht gestellt, die Nutzung der Kernenergie zu beenden, und ebenso plant Polen ohne diese Energieform. Aufgrund der Erschließung anderer Quellen sowie sich nur langsamer als erwartet entwickelnder Stromnachfrage haben auch China und Russland ihre Ausbaupläne verlangsamt.

Natürlich gibt es auch Gegentendenzen. Trotz zahlreicher nuklearer Stör- und Unfälle hält beispielsweise Japan aufgrund der vergleichsweise geringen eigenen Ressourcen unbeirrt weiter an der Kernenergie fest. In den USA wurden Verlängerungen der ursprünglichen Betriebsgenehmigung von 40 Jahren um weitere 20 Jahre beantragt. In diesem Zusammenhang sind auch die nahezu abgeschlossenen Bauvorhaben einiger osteuropäischer Kernkraftwerke zu nennen, Anlagen, deren Bau bereits vor der Öffnung Osteuropas auf der Basis russischer Reaktortechnik begonnen wurde und die nun mit Hilfe westlicher Sicherheitstechnologie fertiggestellt werden sollen. Schließlich ist in diesem Zusammenhang auch der Streit um den Ersatz der ukrainischen Kernkraftwerke in Tschernobyl aufzuzählen.

Es versteht sich, dass die politische Lage in jedem Land eigenen Gesetzen gehorcht und die energiepolitische Diskussion überall anders verläuft; dennoch ist eine gewisse Signalwirkung des deutschen Ausstiegs auf andere Länder vorstellbar. Und die jüngste Entwicklung gibt uns in dieser Hoffnung recht. So hat der türkische Ministerpräsident den Neubau eines Kernkraftwerkes in seinem Land auch mit Hinweis auf die Entwicklung in Deutschland abgelehnt.

Kommen wir zum zweiten Punkt. Ein Verzicht auf die Stromerzeugung durch Kernenergie, die in Deutschland heute wie erwähnt knapp ein Drittel zur Gesamtproduktion beiträgt, ist kein Pappenstiel. Erschwerend kommt hinzu, dass die Kernenergie bezogen auf den reinen Stromerzeugungsprozess klimaneutral ist. Deutschland steht somit also vor einer doppelten energiepolitischen Herausforderung: Die Energieversorgung muss ohne Kernkraftwerke realisiert werden, die fehlenden Energiemengen müssen ersetzt *und* zeitgleich die Schadstoffemissionen kräftig reduziert werden. Dies ist nur mit einer engagierten und zielorientierten Energiepolitik zu schaffen, die durch den Ausstiegsbeschluss nun einen neuen Schub erhalten hat. Die erneuerbaren Energien werden einen wichtigen Beitrag zur klimaneutralen Kompensation leisten müsen, auch wenn wir uns darüber im Klaren sein müssen, dass sie kurz- bis mittelfristig nicht alle deutschen Kernkraftwerke zu substituieren vermögen. Wir werden aber sehen, dass diese doppelte Herausforderung im Verbund mit anderen Optionen zu meistern ist.

Kapitel 7
Zukunftsprognosen – im Laufschritt am Ziel vorbei

Wir haben im vorangegangenen Kapitel festgestellt, dass vor allem aufgrund internationaler Klimaschutzziele, aber auch durch den Ausstieg aus der Kernenergie sich einiges in der deutschen Energieversorgung ändern muss. Aber was wird sich ändern? Und inwieweit wird es das von alleine tun? Wie sehen Experten die Entwicklung der nächsten Jahre?

In unterschiedlichen (Trend-)Prognosen versuchen die Fachleute, eine plausible Fortschreibung der wesentlichsten energieverbrauchsbestimmenden Einflussgrößen durchzuführen. Dazu gehören etwa die Wachstumsraten des Bruttoinlandsprodukts, die Strukturveränderungen in Industrie und Gewerbe, der Motorisierungsgrad und die „autonome“ Erhöhung der Energieeffizienz durch stetige technische Verbesserungen. Darüber hinaus wird betrachtet, welche Auswirkungen heute geltende oder bereits absehbare Gesetze haben werden. Gleichzeitig werden die sich abzeichnenden Veränderungen, etwa bei den Energiepreisen oder bei der Harmonisierung der europäischen Energiepolitik, berücksichtigt. Eine der aktuellsten Prognosen ist eine Studie über die längerfristige Entwicklung der Energiemärkte unter Federführung des Basler Prognos-Instituts, der so genannte „Energiereport III“ aus dem Jahr 1999.

Diese Studie (wie auch andere) geht von einem praktisch unveränderten Primär- und Endenergieverbrauch bis 2010 aus, obwohl das Bruttoinlandsprodukt innerhalb des nächsten Jahrzehnts um weitere 30 Prozent steigen wird. Wirtschaftswachstum und Energieeinsparung durch Effizienzverbesserung und Strukturveränderung halten sich also etwa die Waage; die schon seit den siebziger Jahren bestehende Entkopplung von Energieverbrauch und Wirtschaftswachstum setzt sich also weiter fort. Die angestrebten Klimaschutzziele der Bundesregierung werden jedoch nicht erreicht.

Nach Aussagen des erwähnten Energiereports III wird der CO_2-Ausstoß in Deutschland im Jahr 2005 mit 855 Millionen Tonnen rund 13,3 Prozent unterhalb des Niveaus des Jahres 1990 (986 Millionen Tonnen) liegen und bis zum Jahr 2010 etwa in dieser Größenordnung verharren. Auch längerfristig ist den Angaben des Gutachtens zufolge nicht mit einer weiteren Reduzierung der

CO_2-Emissionen zu rechnen, sie werden sich in etwa auf dem Niveau des Jahres 2005 stabilisieren.

Diese Aussage ist an Deutlichkeit kaum zu überbieten, denn im Klartext heißt das: aus der Traum. Die in Kapitel 6 diskutierten kurz- und mittelfristigen Klimaschutzziele der Bundesregierung würden deutlich verfehlt werden. Bis zum Jahr 2005 würde nur etwa die Hälfte der beabsichtigten Schadstoffminderung erreicht. Zusätzlich ist zu berücksichtigen, dass die ausgewiesene Minderung der CO_2-Emissionen im Wesentlichen auf die vereinigungsbedingten Veränderungen in den neuen Bundesländern zurückzuführen ist. Aufgrund des deutlichen Rückgangs des produktionsbedingten Energieverbrauchs in den Anfangsjahren nach der Vereinigung und der schnellen Umstellung der Raumwärmeversorgung in den neuen Ländern von Braunkohle auf Erdgas lag der CO_2-Ausstoß 1998 für Gesamtdeutschland schon um rund 12 Prozent unterhalb des Bezugsniveaus des Jahres 1990. Von allein werden wir unsere Ziele also nicht erreichen – dementsprechend besteht wenig Grund zum Jubeln.

Dies gilt umso mehr, als diese Stabilisierung bereits voraussetzt, dass die Maßnahmen in jedem Fall umgesetzt werden, die heute schon begonnen wurden oder deren Umsetzung absehbar ist. Es ist also beispielsweise schon eingerechnet, dass der Einsatz erneuerbarer Energien gemäß der heute bestehenden Förderung zunimmt. Ebenso wurden zahlreiche Sparmaßnahmen durch den Gebrauch von Geräten mit geringerem Energieverbrauch mit ins Kalkül einbezogen.

Allerdings ist in dieser Prognose für die wichtigen Akteure auf der Bühne der Energiepolitik und -wirtschaft ein Verhaltensmuster unterstellt worden, das weitgehend aus ihrem Handeln in der Vergangenheit abgeleitet wurde. Und da in der Vergangenheit weit weniger Energie eingespart wurde, als möglich gewesen wäre, bedeutet dies, dass laut Prognose die Erfolge beim Klimaschutz durch die immer noch steigende Nachfrage nach Energie weitgehend kompensiert werden. Die Fachleute haben eine solche Hochrechnung der Gegenwart in die Zukunft respektlos „Business as usual" getauft.

Wie hält es die Prognose mit der Kernenergie? Im Energiereport wird davon ausgegangen, dass die heute sich am Netz befindlichen Kernkraftwerke maximal 35 Betriebsjahre erreichen, es wurde mithin kein vorzeitiger Ausstieg unterstellt. Die Kraftwerke bleiben bis zum Ende ihrer technischen Lebensdauer im Einsatz. Ein Neubau von Kernkraftwerken wurde allerdings nicht angenommen. Damit weichen die 1999 gemachten Annahmen des Energiereports tatsächlich nur geringfügig von dem Mitte 2000 zwischen Bundesregierung und Betreibern gefundenen Kompromiss ab (vgl. Kapitel 6, „Der Einstieg in den Ausstieg"). Für die Erreichung der Klimaschutzziele ist die Laufzeit der bestehenden Kernkraftwerke aber ohnehin nicht entscheidend. Selbst wenn man im Unterschied zum aktuellen Energiereport von einer maximalen Betriebsdauer der Kernkraftwerke von 40 Jahren ausgehen würde, erhöht sich die größtmögliche Minderungsrate des CO_2-Ausstoßes gegenüber dem Jahr 1990 nur auf 20,4 Prozent im Jahr 2020. Weil sich dann aber auch die Wirkung der Stilllegung zeitlich verschieben würde, verringert sich diese bis zum Jahr 2030 wieder auf etwa 16 Prozent. Selbst mit einer Verlängerung der Laufzeit würden die CO_2-Ziele nach diesem Trend also verfehlt.

Bisher haben wir uns auf das wichtigste Klimagas CO_2 konzentriert. Möglicherweise sieht es jedoch bei den anderen Treibhausgasen aus dem Kioto-Protokoll (Methan, Distickstoffoxid, Hydrofluorcabonat, Schwefelhexafluorid, Perfluorcarbonat) besser aus? Ist von diesen ein Minderungsbeitrag zu erwarten, der uns weiterhelfen würde? Leider nein. Wissenschaftler des Forschungszentrums Jülich haben herausgefunden, dass es auf der Grundlage bereits beschlossener Maßnahmen bei den anderen Treibhausgasen kurz- und mittelfristig zwar zu einer Übererfüllung der gesetzten Minderungsziele kommen kann, dieser zusätzliche Beitrag aber bis zum Jahr 2020 spätestens wieder auf null zurückgeht. Rechnet man die realisierbaren Minderungsmengen in so genannte „CO_2-Äquivalenzemissionen" um, was den Vorteil hat, das höhere Treibhausgaspotential von Methan (CH_4) und Distickstoffoxid N_2O) besser herauszustellen, resultiert ein um rund 20 bis 40 Millionen Tonnen CO_2 höherer Minderungsbeitrag. Entsprechend erhöht sich die erzielbare Reduktionsrate gegenüber den zuvor ausgewiesenen Werten um zwei bis vier Prozent.

Aber auch mit diesem Rechentrick sind wir von der ehrgeizigen Selbstverpflichtung der Politiker, in Deutschland bis zum Jahr 2005 den CO_2-Ausstoß gegenüber dem Jahr 1990 um 25 Prozent zu mindern, weit entfernt. Wir haben allen Grund, eventuell aufgekommene Euphorie wieder zu dämpfen. Dies gilt selbst dann, wenn wir uns „nur" auf das Kioto-Ziel von 21 Prozent Minderung bis 2008–2012 festlegen und alle relevanten Treibhausgase in die Betrachtungen einbeziehen. Der Abstand zur angestrebten Ziellinie schrumpft zwar, was für eher kurzfristig denkende Politiker opportun sein mag. Für den nachhaltigen Klimaschutz in Deutschland mit Minderungserfordernissen von bis zu 50 Prozent bis zum Jahr 2030 (vgl. Kapitel 6) aber darf es keine Kompromisse geben – langfristig denkende Politiker wissen das auch.

Doch keine Angst: Es ist prinzipiell durchaus möglich, die nach dem „Business-as-usual"-Modell beschriebene Zukunft doch noch anders zu gestalten. Die angesprochene Trendentwicklung berücksichtigt nämlich nur die Wachstumsraten für erneuerbare Energien oder Energieeinsparmöglichkeiten, die sich aus heutiger Sicht „von selbst" einstellen dürften. Derartige Einschätzungen sind natürlich einem stetigen Wandel unterzogen. Sie spiegeln den aktuellen Kenntnisstand und die Einschätzung der Autoren wider und dürfen nicht als Beschreibung von Zielvorstellungen für die Zukunft missverstanden werden. Denn gerade junge, rasch wachsende Technologien mit anfänglich geringen Marktanteilen können, dies hat die Vergangenheit häufig gezeigt, plötzlich eine Dynamik entfalten, die in Trendentwicklungen meist unterschätzt wird. Wie sich an der schnell wachsenden Windenergie zeigen lässt, kann bei entsprechender Förderung die Ausgangssituation auf diese Weise grundlegend verändert werden. Derartige Prognosen sind daher mit Vorsicht zu genießen. Schöpfen wir also wieder Hoffnung, und wenden wir uns der Frage zu, wie denn in Bezug auf die Klimaschutzziele und den Ausbau erneuerbarer Energien der Trend zu brechen ist.

Kapitel 8
Umsteuern – aber wohin?

Der im vergangenen Kapitel skizzierte Trend sagt uns voraus, dass wir mit den bis heute eingesetzten Mitteln die vorgegebenen Klimaschutzziele nicht erreichen werden, die Energiesparmaßnahmen nicht ausreichend sind und die erneuerbaren Energien nicht genügend zulegen. Wollen wir nun wissen, was wir tun müssen, um diesen Trend Lügen zu strafen und die Ziele dennoch zu realisieren, müssen wir ein Szenario entwerfen, das uns aufzeigt, welcher energiepolitische Handlungsspielraum zur Verfügung steht. Ein solches Zukunftsszenario rechnet nicht einfach die Gegenwart in die Zukunft hoch, sondern beschreibt, wie sich die Zukunft unter bestimmten Bedingungen entwickeln könnte (vgl. Kasten folgende Seite). Denn das Wissen darüber, *ob und inwieweit Entscheidungsspielräume* existieren, und *welche unterschiedlichen Ziele auf welchem Wege* mit heutigen Entscheidungen erreicht werden können, ist wichtiger, als *eine wahrscheinliche* Zukunft vorherzusagen.

Mit dem Szenario der Weltenergiekonferenz haben wir in Kapitel 4 bereits erste Szenarien kennengelernt. Wir wollen im folgenden nun aber ein eigenes Szenario für Deutschland vorstellen. Es trägt den etwas formellen Namen *Kioto-Ziel / 30 Betriebsjahre*, der aber gleich verdeutlicht, worauf es ankommt. Dieses Szenario ist nämlich von folgenden Grundannahmen ausgegangen: Entsprechend dem „Energiekonsens", der Mitte 2000 zwischen Politik und Energieversorgungsunternehmen erzielt worden ist, wird von einer durchschnittlichen Laufzeit der bestehenden Kernkraftwerke von 32 Jahren ausgegangen. Zudem wurde unterstellt, dass bis 2010 die Verpflichtungen aus dem Kioto-Protokoll erfüllt werden sollen, bis 2030 aber den Empfehlungen der Enquete-Kommission nach einer Halbierung des CO_2-Ausstoßes gefolgt werden soll. Dieses Szenario stellt nach unseren obigen Erläuterungen eine denkbare Zukunft für eine nachhaltige Energie- und Klimapolitik in Deutschland dar.

Die angestrebten Klimaschutzziele sind in *diesem* Zukunftsentwurf nur durch das Zusammenspiel aller strategischen Klimaschutzoptionen zu erreichen. Dabei stellt neben der verstärkten Nutzung von Kraft-Wärme-Kopplung, dem Einsatz erneuerbarer Energien für die Stromerzeugung und dem Brennstoffswitch durch den verstärkten Einsatz von mit Erdgas betriebenen Gas-und-Dampfturbinen-Kraftwerken die simple Einsparung von Energie in allen wichtigen Bereichen das zentrale und zudem auch am kurzfristigsten

Von der Prognose zum Szenario

Aussagen über die Zukunft sind prinzipiell unsicher. Das gilt insbesondere für langfristige Prognosen über Wirtschaftswachstum, Technologieentwicklung und Energieverbrauch. Aus der Vergangenheit wissen wir: Fehlprognosen über die Entwicklung des Energiesystems sind eher die Regel als die Ausnahme. Nicht selten hat dies dazu geführt, dass die Zunahme des Energieverbrauchs in seiner zeitlichen Entwicklung überschätzt worden ist. Viele Kraftwerke sind so unter falschen Annahmen gebaut worden. Infolge der dynamischen Entwicklung der nationalen und globalen Märkte haben die Unsicherheiten eher noch zugenommen, und auch die Geschwindigkeit des technischen und sozialen Wandels nimmt weiter zu. Eine Folge dieser Beschleunigung ist eine wachsende Prognoseunsicherheit. Es wird immer schwieriger, vorauszusagen, wie sich die Realität, ausgehend von einem bestimmten Zeitpunkt, entwickeln wird. Ein Beispiel: Wer kann schon sicher abschätzen, ob und wann Kleinst-Brennstoffzellen in den Markt eingeführt werden und welche Veränderungen die Folge sein werden? In gleicher Weise führt die größte Marktveränderung seit dem Zweiten Weltkrieg, die Liberalisierung der Energiemärkte, zu vielen zusätzlichen Unsicherheiten. Die ersten Erfahrungen mit diesem Öffnungsprozess zeigen, dass Geschwindigkeit und Umfang der Veränderungen schneller und vielschichtiger waren, als zuvor prognostiziert wurde.

Ernüchtert durch die geringe Treffsicherheit von Prognosen, wurde Anfang der siebziger Jahre deshalb damit begonnen, alternative Zukunftspfade in Szenarien zu entwerfen. In Energieszenarien werden konsistente Pfade beschrieben, die vom jeweils aktuellen Zustand ausgehend als möglich erachtet werden. Solche Szenarien geben nicht wieder, wie die Realität sich wahrscheinlich entwickeln wird (wie die Prognose), sondern wie die Realität sich unter bestimmten Bedingungen entwickeln könnte. Szenarien stellen in sich geschlossene und widerspruchsfreie Zukunftsentwürfe dar, die auf der Basis von konsistenten Annahmen und mehr oder weniger umfangreichen Datensätzen sowie nach gewissen Grundphilosophien ihrer Konstrukteure errechnet werden. Sie ermöglichen eine Diskussion über die „Wünschbarkeit der Ziele“ und die „Realitätstüchtigkeit von Mitteln“.

ausschöpfbare Element für den Klimaschutz dar. Wie aber können wir in wirklich messbarer Form Energie sparen und gleichzeitig unsere Bedürfnisse decken? Es geht also nicht darum, dass wir unsere Abende wieder bei Kerzenschein verbringen, sondern darum, das gewünschte Ziel so energiesparsam wie möglich zu realisieren. Beginnen wir bei dem Beitrag der Stromverbraucher. Zwei Beispiele sollen verdeutlichen, dass Stromsparen überall möglich ist – bei den privaten Haushalten und der Industrie gleichermaßen.

Einsparungen beim Stromverbrauch in der Industrie: Nach einer Untersuchung des Zentralverbandes Elektrotechnik- und Elektronikindustrie (ZVEI) könnten durch den konsequenten Einsatz elektronischer Drehzahlregelungen und optimierter Elektromotoren in Deutschland insgesamt 19 Milliarden Kilowattstunden eingespart und für die Industrie Stromkosten von rund 2,8 Milliarden DM vermieden werden. Das Einsparpotenzial entspricht der Stromerzeugung von 2 bis 3 großen Kernkraftwerken oder 8 konventionellen, durchschnittlich großen Kraftwerken auf fossiler Brennstoffbasis.

Stromsparen in Haushalt und Industrie: Der Leerlaufverbrauch (Stand-by-Betrieb) von elektrischen Geräten liegt in Deutschland nach einer Studie des Umweltbundesamtes in der Größenordnung von 20 Milliarden Kilowattstunden. Allein durch den konsequenten Umgang mit diesen heimlichen Verbrauchern ließe sich bereits ein nennenswerter Einsparerfolg erzielen. Der Fernseher etwa muss ja nicht in Betriebsbereitschaft sein, wenn niemand zu Hause ist. Achtet der Verbraucher beim Kauf eines Neugerätes zusätzlich auf geringen Stand-by-Verbrauch, lässt sich noch mehr einsparen. Eine weitere Möglichkeit stellen so genannte Stromsparboxen dar, an die mehrere Verbraucher angeschlossen werden können. Sie übernehmen zentral die Funktion der Stand-by-Haltung, allerdings gegenüber den dezentralen Einrichtungen mit einem deutlich geringeren Verbrauch. Auch für viele andere technische Anwendungen in Gewerbe und Industrie (Computer, Kopierer) liegen heute derart einfache Einsparmöglichkeiten vor. In der Summe könnte mit Hilfe dieser Maßnahmen mehr als die Hälfte dieses Verbrauches kurzfristig und ohne Komforteinbußen eingespart werden.

Die genannten Beispiele ließen sich beliebig ergänzen, denn es gibt noch sehr viel mehr Möglichkeiten, auf effektive Weise Energie einzusparen. Die Szenariorechnungen zeigen uns jedenfalls, dass wir uns in Zukunft an den Gedanken gewöhnen müssen, dass jeder auf die ihm mögliche Art und Weise die verfügbaren Energieeinsparmöglichkeiten nutzen muss, wollen wir die Klimaschutzziele erreichen. Dabei belegen Expertenrechnungen, dass durch konsequentes Stromsparen gegenüber dem nach dem Trend zu erwartenden Stromverbrauch im Jahr 2010 68 Milliarden Kilowattstunden pro Jahr weniger verbraucht werden könnten. Dies entspricht einem dann um rund 12 Prozent geringeren Verbrauch, und selbst im Vergleich zur heutigen Stromnachfrage ergibt sich immerhin eine Reduktion um 5 Prozent.

Doch wenn es so einfach ist, warum werden diese Sparpotenziale nicht schon heute genutzt? Der wichtigste Grund liegt schlicht in der Tatsache, dass die Verbraucher zu wenig von dieser Problematik wissen. Daneben sind auch die heute vergleichsweise geringen Energiepreise schuld, die insbesondere beim Strom in den letzten beiden Jahren noch einmal deutlich gesunken sind und so keinen Anreiz zum Sparen bilden. Der Preis für Nahrungsmittel ist in der Vergangenheit um ein Vielfaches schneller angestiegen als der für die Verwendung von Energie. Zudem sind institutionelle Hindernisse zu berücksichtigen. Wer beispielsweise für Investitionsentscheidungen zuständig ist, ist nicht unbedingt auch für die Abrechnung der Betriebskosten verantwortlich. Dieser Effekt ist als Mieter-Vermieter-Dilemma besonders einfach nachzuvollziehen. Der Hauswirt, der beim Bau die elektrischen Anlagen oder die Heizungen installieren lässt, zahlt ja nicht die Strom- bzw. Gasrechnung der Mietwohnungen. Letztlich spielt aber auch die Struktur der Energiewirtschaft eine Rolle. Vor der Liberalisierung der Energiemärkte lag das wesentliche Interesse der Energieversorgungsunternehmen darin, die Monopolstrukturen zu nutzen und möglichst viel Energie zu verkaufen. Kundeninteressen waren eher zweitrangig. Obwohl die Bedeutung der Kunden als Partner nach der Öffnung der Märkte stark angestiegen ist und der Aspekt der Kundenbindung zunehmend an Bedeutung gewinnt, hat sich bis heute der Wandel vom Energieversorgungs- zum Energiedienstleistungsunternehmen noch nicht vollzogen. Nur bei einer stärkeren Kundenorientierung kann aber das Know-how der Energiewirtschaft Gewinn bringend für die Umsetzung von Einsparoptionen eingesetzt werden. Auf dem Feld des Stromsparens gibt es also noch viel zu tun.

Doch gespart werden kann nicht nur bei den Stromnachfragern, sondern auch auf Seiten der Stromerzeuger. Wir wollen auch für diesen „Sparsektor“ ein besonders effizientes Beispiel anführen:

Das Gas- und Dampfturbinen-Heizkraftwerk (GUD): Die Berliner Kraft und Licht AG hat 1997 ein neues mit Erdgas oder alternativ mit leichtem Heizöl zu befeuerndes Gas-und-Dampfturbinen-Heizkraftwerk in Betrieb genommen. Zunächst wird in zwei Gasturbinen und in einer durch einen Abhitzedampferzeuger (der von den Rauchgasen der Gasturbinen gespeist wird) mit Dampf versorgten Dampfturbine elektrische Energie erzeugt. Der aus der letzten Turbinenstufe austretende Dampf gibt nach dem Gegendruckprinzip seine nutzbare Wärme an drei Wärmetauscher ab, die wiederum die Vorlaufleitung des Heiznetzes bedienen. Zur variablen Gestaltung der Fernwärmeauskopplung sind zusätzlich noch Entnahmestellen an der Dampfturbine angebracht. Die elektrische und thermische Leistung der Anlage liegen

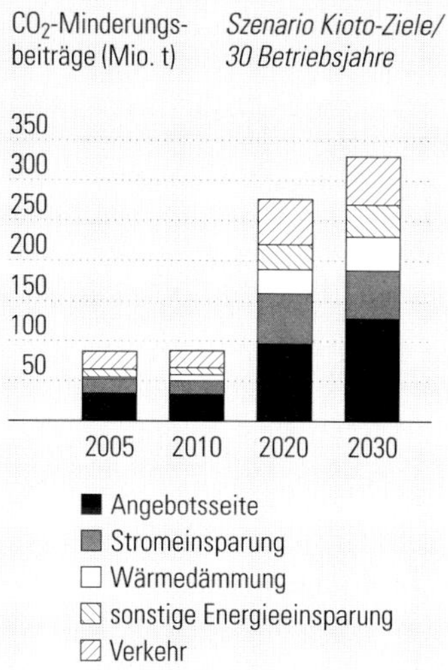

Sektorale Aufteilung der CO_2-Minderungsbeiträge

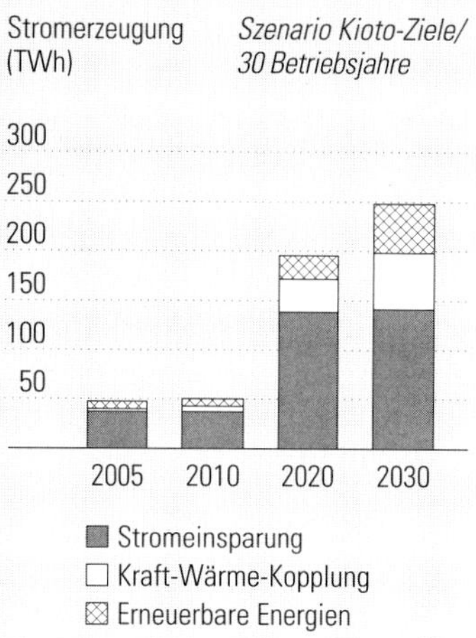

Alternative Stromerzeugungsoptionen gegenüber Trend

Die Abbildung zeigt, wie im Szenario „Kioto-Ziele/ 30 Betriebsjahre“ in den nächsten 30 Jahren Strom auf eine Art und Weise erzeugt werden kann, die der Trend nicht voraussagt.

jeweils bei 380 Megawatt. Zusätzlich stehen am Standort 240 Megawatt Spitzenwärmeleistung durch zwei erdgasbefeuerte Heizkessel zur Verfügung, wodurch sich eine Stromkennzahl (Verhältnis von elektrischer zu thermischer Leistung) von genau 1,0 errechnet. Durch die Fernwärmeauskopplung wird der elektrische Wirkungsgrad des Kraftwerks von 47,4 Prozent auf einen Gesamtbrennstoffnutzungsgrad von 89,2 Prozent angehoben. Gegenüber dem bisherigen Fremdstrombezug (aus Braunkohle) und der Kohle-Altanlage am gleichen Standort beträgt die erreichte CO_2-Minderung bei der gleichen Stromerzeugung rund 60 Prozent.

Neben dem beschriebenen Beispiel gibt es natürlich auch auf Seiten der Stromerzeuger noch mehr Möglichkeiten zur Energieeinsparung: Brennstoffzellen als effiziente Energiewandler sind schon einmal angesprochen worden. Zusätzlich zu erwähnen wären moderne Vergasungsverfahren für die Stromerzeugung aus Kohle oder Gasentspannungsanlagen. Vor allem zu nennen ist aber auch die Kraft-Wärme-Kopplung, also die effektive Nutzung der bei der Stromerzeugung anfallenden Abwärme für Raumwärme- oder Prozesswärmebereitstellung.

Das Schaubild oben macht deutlich, zu welchen Ergebnissen eine in Zukunft ganz anders geartete Stromerzeugung und Stromverwendung unter

Ausnutzung der genannten Einsparmöglichkeiten führen könnte. Die Veränderungen gegenüber der Trendentwicklung im Bereich der Stromerzeugung und -verwendung sind aufgeführt.

Dabei zeigt sich, dass innerhalb dieses Bereiches neben der Stromeinsparung und der Kraft-Wärme-Kopplung auch den erneuerbaren Energien eine Schlüsselfunktion zukommt. Auch wenn ihr absoluter Beitrag zur Stromerzeugung kurz- bis mittelfristig noch vergleichsweise gering ist, werden doch hohe Wachstumsraten erwartet. Aber auch ihr Beitrag zur Abdeckung der Primärenergienachfrage muss sich sukzessive erhöhen, und zwar von den bis heute erreichten gut 2 Prozent auf rund 4–6 Prozent 2010 und mehr als 10 Prozent im Jahr 2020. Für die erneuerbaren Energien kommt es im wesentlichen darauf an, eine Entwicklungsdynamik in Gang zu setzen, damit sie spätetestens nach 2030 in größerem Umfang zur CO_2-Reduktion beitragen können.

Fassen wir zusammen, was das Zukunftsszenario, in dem die Erreichung der Klimaschutzziele unterstellt worden ist, von uns einfordert:

1. Unabhängig von der Frage der weiteren Nutzung der Kernenergie besteht aus klimapolitischen Gründen ein hoher Handlungsbedarf.
2. Aufgrund der Langfristigkeit von Entscheidungen im Energiebereich müssen die notwendigen Weichenstellungen heute getroffen werden.
3. Von entscheidender Bedeutung ist auf lange Sicht dabei weniger, ob das für das Jahr 2005 gesteckte Ziel von einem um 25 Prozent reduzierten Schadstoffausstoß punktgenau erreicht wird, sondern dass eine genügend große Dynamik für weitere CO_2-Minderungen in Gang gesetzt wird.
4. Die notwendigen Minderungsraten werden nur dann erreicht werden können, wenn alle zur Verfügung stehenden CO_2-Reduktionsmöglichkeiten aufgegriffen werden, insbesondere auch alle Einsparmöglichkeiten.

Die angesprochenen entscheidenden Weichenstellungen müssen bis zum Jahr 2010 getroffen werden. Gehen wir von dieser Zielsetzung aus, lassen sich für das Gesamtsystem Energie in Deutschland folgende Leitlinien für diesen entscheidenden Zeitraum ableiten:

- Die Produktivitätserhöhung des Energieeinsatzes ist von heute 1,7 bis 1,8 Prozent auf rund 3 Prozent im Jahr zu erhöhen, mit anderen Worten: der für die Abdeckung einer Energiedienstleistung erforderliche Energieverbrauch muss sich jährlich in dieser Größenordnung verringern. Dabei ist insbesondere die Effizienz des Stromeinsatzes zu verbessern, aber auch in allen anderen Energiesektoren (etwa Verkehr, Raumwärmebereitstellung) ist die verstärkte Ausschöpfung von Einsparpotenzialen erforderlich.

- Um die erwähnte Entwicklungsdynamik zu erzeugen, muss der Beitrag erneuerbarer Energien am Primärenergieverbrauch verdoppelt und damit ein weitgehender Aufbau sich selbst tragender Märkte für diese Energien realisiert werden.
- Der Beitrag der Kraft-Wärme-Kopplung zur Stromerzeugung muss verdoppelt werden.

Die für unser Thema wichtigste Konsequenz aus dem Zukunftsszenario lautet also:

> *Wenn wir das Klimaschutzziel ernst nehmen und alle verfügbaren Optionen berücksichtigen, muss das Ziel sein: Mindestens Verdopplung des Beitrags erneuerbarer Energien bis zum Jahr 2010.*

Diese Forderung ist bereits vor einigen Jahren vom Bundesumweltministerium (BMU) als Zielsetzung formuliert worden. Mit der schon erwähnten Erklärung von Bundeskanzler Schröder im Herbst 1999 ist sie auch zur offiziellen Politik der Bundesregierung erhoben worden. Auch für die längerfristigen Ziele sind vom Bundesumweltministerium bereits Vorgaben gemacht worden. Für das Jahr 2050 wird im Einklang mit der Szenarioanalyse angestrebt, dass mehr als die Hälfte der Energiebereitstellung auf der Basis erneuerbarer Energien beruht. Das Nahziel der Verdopplung ist also nur eine Etappe auf dem Weg zum globalen Ziel einer nachhaltigen Energieversorgung bis 2050. Dennoch wollen wir uns im folgenden Kapitel ausführlich mit diesem Etappenziel befassen.

Kapitel 9
Das Etappenziel Verdopplung bis 2010

Wir haben nun aus unserem Szenario abgeleitet, wie die Zielsetzung für die nächsten Jahre aussehen muss, und auch gleich klargestellt, dass das Verdopplungsziel nur die „Eintrittskarte" für den ab 2010 notwendigen intensiven Ausbau aller erneuerbaren Energien darstellt. Was für die Windenergie bereits heute gilt, nämlich eine attraktive Wachstumsbranche zu sein, die man sich aus unserer Energie- und Industrielandschaft nicht mehr wegdenken kann, soll dann für alle erneuerbaren Energiearten zutreffen. Bevor wir aber darauf eingehen wollen, wie das Verdopplungsziel erreichbar ist, wollen wir uns zunächst den derzeitigen Ausbaustand vor Augen führen (Tabelle unten).

Sehen wir uns die Zahlen an: Strom aus Wasserkraft und Windenergie sowie Wärme aus der Biomasse kennzeichnen die Energieversorgung aus

Der Status quo: So sahen die Beiträge der erneuerbaren Energien an der Stromerzeugung und am Verbrauch von Brennstoffen im Jahr 1999 aus.

Energietechnologie, Energiequelle	Elektrizität [GWh]	Wärme [GWh]
Wasserkraft	18 900	
Windenergie	8 500	
Photovoltaik	52	
feste Biomasse (Holz, Stroh)	213	13 460
Bio-, Klär-, Deponiegas, Rapsöl	800	600
solarthermische Kollektoren		900
Erdwärme		110
Summe	**28 465**	**15 070**
Anteile an gesamter Erzeugung in Prozent	5,6	1,1

erneuerbaren Energien in Deutschland. Die Beiträge der übrigen Technologien sind noch sehr gering, die regenerativen Energien tragen insgesamt erst 5,6 Prozent zur nationalen Stromversorgung und gerade ein Prozent zur Wärmeversorgung bei.

Damit in der Vergangenheit überhaupt nennenswerte Investitionen in erneuerbare Energien getätigt wurden, mussten die gegenüber der herkömmlichen Energieversorgung bestehenden Differenzkosten entweder durch öffentliche Förderprogramme oder durch gesetzlich festgelegte Vergütungen aufgebracht werden. Allerdings sind auch immer wieder engagierte Bürger bereit gewesen, freiwillig mehr für solaren Strom oder solar erwärmtes Wasser zu bezahlen. Auch die Energieversorgungsunternehmen selbst haben zusätzliche Mittel bereitgestellt. Insgesamt sind 1999 rund 1,45 Mrd. DM an Zusatzmitteln zusammengekommen. Dennoch haben die erneuerbaren Energien bis heute nur einen geringen Anteil an der Energieversorgung erobern können.

Die Realisierung des Verdopplungsziels muss nun so gestaltet werden, dass eine Abwägung zwischen einer möglichst kräftigen Erschließung kostengünstiger Technologien, wie der Biomasse und der Windenergie, und einer ausreichenden Mobilisierung der Technologien mit noch kleinen Marktvolumina wie Solarkollektoren, Photovoltaik und Erdwärme, stattfindet. Außerdem sollte erreicht werden, dass der noch geringe Beitrag zur Wärmeversorgung deutlicher anwächst als der Beitrag zur Stromversorgung, die ja mit ihrem hohen Sockel an Wasserkraft schon eine beachtliche Basis hat. Mögliche Grenzen des Potenzials sind bis zu diesem Zeitpunkt nur für die Wasserkraftnutzung von Bedeutung.

Dabei ist auch zu beachten, dass gerade in letzter Zeit sehr viel Bewegung in die Nutzung dieser Energien gekommen ist. Die Windenergie wächst zur Zeit mit atemberaubenden 50 Prozent im Jahr, jedes Jahr werden 30 Prozent mehr Solarzellen verkauft, und bei Kollektoren ist immerhin noch eine Steigerung von 20 Prozent zu verzeichnen. Da haben wir in Ansätzen die Dynamik, die bisher fehlte. Was sind die Ursachen? Sie sind ganz einfach in deutlich verbesserten Rahmenbedingungen für die Markteinführung in den letzten zwei Jahren zu suchen. Mit anderen Worten: Werden Maßnahmen ergriffen, die die erneuerbaren Energien für den Konsumenten attraktiver machen, lässt sich deren Marktanteil auch schnell und erheblich steigern.

Der weitere Ausbau hängt also neben der zukünftigen Entwicklung der Energiepreise wesentlich davon ab, wie die Markteinführung gestaltet wird. Ein wesentlicher Punkt dabei ist, dass die Kostendifferenzen zur bestehenden Energieversorgung ausgeglichen werden. Dabei wirken viele Faktoren mit: die Steuerpolitik in Form der ökologischen Steuerreform, die Entwicklung des Ölpreises, die Investitionspolitik im Strombereich oder die durch technischen

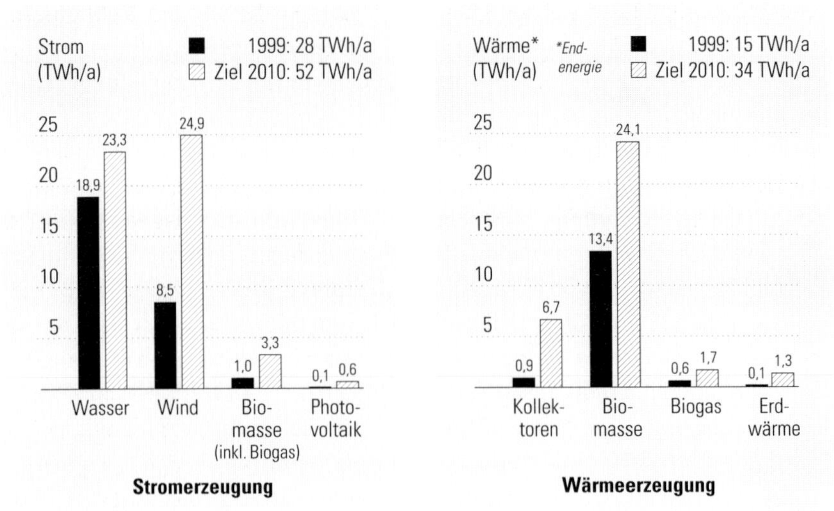

So sollen die erneuerbaren Energien in 10 Jahren zu unserer Energieversorgung beitragen: Ihr Anteil hat sich in etwa verdoppelt.

Fortschritt und größere Umsätze noch erzielbaren Kostensenkungen bei den neuen „solaren" Technologien. Das Ziel der Förderung muss sein, die erneuerbaren Energien so in den Energiemarkt zu integrieren, dass sie sich dort in absehbarer Zeit ohne Unterstützung behaupten können. Je reibungsloser und effektiver dies geschieht, desto wirksamer ist das entsprechende Maßnahmenbündel. Berücksichtigen wir diese Kriterien, so entsteht – das angestrebte Verdopplungsziel im Blickfeld – die oben abgebildete Struktur der erneuerbaren Energien im Jahr 2010.

Das Schaubild verdeutlicht, dass die Stromerzeugung aus regenerativen Energieformen mit 52 Terawattstunden im Jahr 2010 einen Anteil von 10,2 Prozent einnimmt. Der größte Zuwachs kommt mit 70 Prozent von der Windenergie. Sie übertrifft 2010 mit 25 Terawattstunden im Jahr bereits die Wasserkraft. Die größten Steigerungsraten entfallen jedoch auf die Photovoltaik, die ihren Beitrag verzwölffacht und dann mit 700 Megawatt Leistung 0,6 Terawattstunden zur Stromerzeugung beisteuert, sowie auf Strom aus Biomasse und Biogas, die ihre Anteile mehr als verdreifachen. Die Wärmeerzeugung aus erneuerbaren Energien wird im Jahr 2010 rund 34 Terawattstunden betragen und um mehr als den Faktor zwei gewachsen sein. Dennoch beträgt ihr Anteil am gesamten Wärmebedarf auch dann nur bescheidene 2,3 Prozent. Sie stützt sich stark auf die Biomasse einschließlich Biogas. Beide decken 60 Prozent des gesamten Zuwachses. Auch hier weisen die heute noch „wenig bedeutsamen"

Technologien, nämlich solarthermische Kollektoren mit nahezu 20 Millionen Quadratmetern Kollektorfläche im Jahr 2010 und die Erdwärme mit 1,3 Terawattstunden im Jahr, die größten Steigerungsraten auf. Der Beitrag der Kollektoren steigt um das Siebenfache, der der Erdwärme um das Zwölffache. Die angestrebte Ausweitung der Wärmeversorgung verlangt zudem einen deutlichen Zuwachs der Nahwärmeversorgungen, die heute erst sehr geringe Anteile haben. Sie stellen im Jahr 2010 rund 30 Prozent der gesamten Wärme (10 Terawattstunden im Jahr) und damit etwa fünfzehnmal mehr als heute.

Der Gesamtbeitrag der erneuerbaren Energien am Primärenergieverbrauch im Jahr 2010 mag mit 4,4 Prozent manchem etwas mager vorkommen, da sich dann ja auch nur ein entsprechend kleiner Beitrag zur Reduzierung der CO_2-Emissionen ergibt. Trotzdem erfordert es noch außerordentliche Anstrengungen, dieses Ziel für alle Technologien zeitgerecht umzusetzen. Die Windenergie dürfte ihre Vorgabe angesichts der heutigen Zuwachsraten noch am leichtesten erreichen, wenn nicht sogar übertreffen. Auch die Photovoltaik hat dank der beträchtlichen Unterstützung durch das 100 000-Dächer-Programm und die 99-Pfennig-Vergütung im Rahmen der Nachfolgeregelung zum Stromeinspeisungsgesetz sehr günstige Ausgangsbedingungen, die Ziellinie zu überschreiten. Neuerdings ist auch in den Bau von Biogasanlagen Bewegung gekommen. Die erforderlichen starken Marktzuwächse bei den Kollektoren, bei der Erdwärme und auch bei der Biomasse, dort speziell im Bereich der Kraft-Wärme-Kopplung, sind dagegen noch keinesfalls gesichert. Auch die Steigerung der Wasserkraftleistung bis 2010 ist keine einfache Aufgabe, da es gilt, eine große Anzahl älterer Kraftwerke zu modernisieren. In dem in Kapitel 7 zitierten Energiereport wird unter Trendbedingungen für die erneuerbaren Energien jedenfalls ein deutlich geringerer Zuwachs auf 36 Terawattstunden bei der Stromerzeugung und 23 Terawattstunden bei der Wärmebereitstellung unterstellt. Welche Herausforderungen im Einzelnen noch vor uns liegen, zeigt beispielhaft die im Verdopplungsszenario unterstellte Entwicklung des Kollektormarktes bis 2010 (vgl. das Diagramm auf der folgenden Seite):

Heute werden jährlich etwa 500 000 Quadratmeter Kollektoren verkauft, die nahezu ausschließlich für kleinere Warmwasseranlagen eingesetzt werden. In 10 Jahren müssen dagegen jährlich über 2,5 Millionen Quadratmeter Kollektoren umgesetzt werden, wenn der im Verdopplungsziel formulierte Beitrag von Solarkollektoren erreicht und die Kollektorbranche eine eigenständige Wachstumsbranche vergleichbar der heutigen Windenergie werden soll. Das bedeutet, dass das Marktvolumen über zehn Jahre hinweg mit durchschnittlich 16 Prozent pro Jahr wachsen muss. Um solare Wärme möglichst kostengünstig bereitstellen und um in den Raumwärmebereich vordringen zu können, müs-

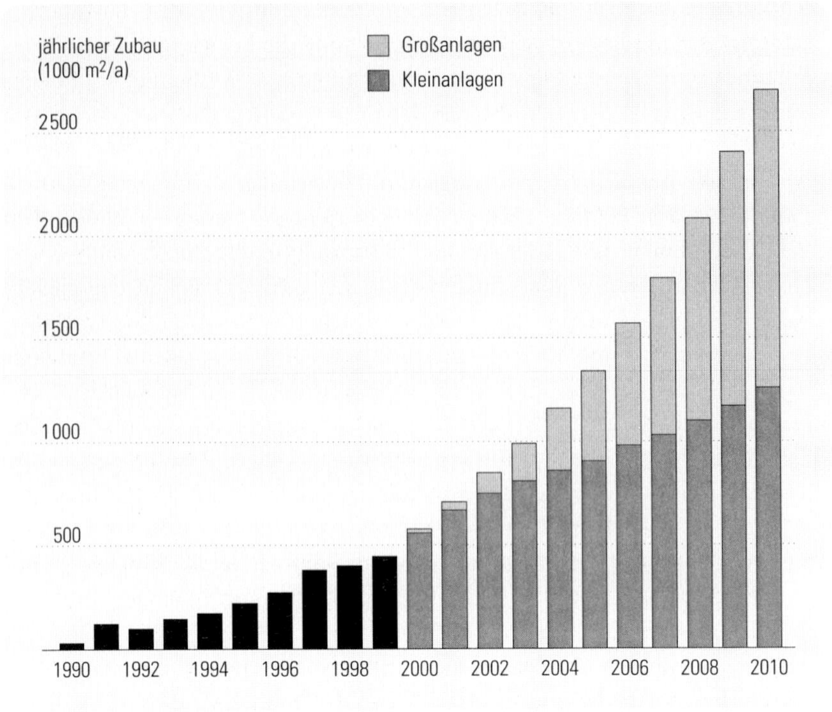

So muss der Kollektormarkt bis 2010 wachsen: Für Kleinanlagen ist die Vorgabe erreichbar, für Großanlagen und Nahwärmeversorgungen ist es noch ein weiter Weg bis zum Ziel.

sen dazu auch einige tausend großflächige Anlagen mit größeren Speichern errichtet werden, die in Nahwärmenetze einspeisen. Deutschland muss also wie gesagt einen Markt für Großanlagen kreieren, den es heute noch gar nicht gibt. Ähnliches gilt für die Nutzung der Erdwärme und in abgeschwächter Weise auch für Nahwärmeanlagen auf Biomassebasis.

Dass die ehrgeizige Zielsetzung alles andere als leicht zu erreichen ist, zeigt schließlich auch ein Blick auf die bis zum Jahr 2010 notwendigen Investitionen. Die Verwirklichung des Verdopplungsziels führt zu deutlich wachsenden Ausgaben für erneuerbare Energien. Das jährliche Marktvolumen für Neuanlagen steigt bis zum Jahr 2010 auf knapp sieben Milliarden DM pro Jahr, die kumulierte Investitionssumme zwischen 2000 und 2010 beläuft sich auf rund 60 Milliarden DM. 60 Milliarden sind eine stolze Summe. Legte man sie auf die Einwohner Deutschlands um, müsste jeder der circa 80 Millionen in den nächsten 10 Jahren insgesamt rund 750 DM in erneuerbare Energien investieren! Aber andererseits können sich dann auch zahlreiche Hersteller und Handwerker über die wachsenden Umsätze und Arbeitsplätze freuen.

Wo gehen die Millionen hin? Nun, die Investitionen teilen sich etwa je zur Hälfte auf Strom erzeugende und Wärme erzeugende Anlagen auf, wenn man die Nahwärmenetze, die insgesamt ein Investitionsvolumen von fünf Milliarden DM erfordern, ebenfalls berücksichtigt. Der Wärmemarkt erhält also im Szenario „Verdopplung" ein annähernd gleiches Gewicht wie der Strommarkt. Je rund 20 Milliarden DM werden in die Windenergie und in Kollektoranlagen investiert, etwa zehn Milliarden in Biomasseanlagen.

Die durch diese Investitionen resultierenden Energiekosten der erneuerbaren Energien setzen sich aus dem Kapitaldienst, den Wartungs- und Betriebskosten und sonstigen Kosten, wie Planungskosten, Versicherungen usw. zusammen. Zudem ist eine angemessene Rendite für das eingesetzte Kapital zu berücksichtigen. Vergleicht man sie im zeitlichen Ablauf mit „anlegbaren" (vergleichbaren) Preisen der konventionellen Energiebereitstellung, so ist leicht abzulesen, in welchem Umfang die verstärkte Nutzung erneuerbarer Energien zu Differenzkosten führt und wie sich diese bis zum Jahr 2010 entwickeln. Der Begriff „Differenzkosten" steht hier für zusätzlich aufzubringende Kosten, verglichen mit der gegenwärtigen Energieversorgung. Derzeit betragen diese Differenzkosten rund 1,5 Milliarden DM im Jahr (vgl. das Schaubild auf Seite 118, linker Balken). Mit etwa 1,1 Milliarden DM wurden 1999 der größte Anteil über öffentliche Mittel und das Stromeinspeisungsgesetz aufgebracht, der Rest sind Eigenleistungen der Investoren.

Die zukünftige Entwicklung dieser Differenzkosten ist stark vom Verlauf der Energiepreise abhängig. Setzt man eher vorsichtig einen mittleren realen Preisanstieg von zwei Prozent jährlich für die nächsten zehn Jahre voraus, so erhöhen sich die Differenzkosten infolge der zusätzlichen Investitionen bis 2010 auf etwa vier Milliarden DM (vgl. das Schaubild auf der folgenden Seite, dritter Balken). In dieser Rechnung ist schon inbegriffen, dass sich viele Anlagen mit steigenden Stückzahlen verbilligen werden, was den Anstieg der Differenzkosten begrenzt. Die einzelnen Technologien sind dabei sehr unterschiedlich an den Differenzkosten beteiligt. Kollektoren und Photovoltaik verursachen auf Grund ihrer noch relativ hohen Energiekosten überproportional hohe Differenzkosten. Wind und Biomasse, die hohe Energiebeiträge liefern, führen im Verhältnis dazu zu weniger Belastungen.

Steigen die Energiepreise für konventionelle Energien stärker, verringern sich die ermittelten Differenzkosten entsprechend. Bei einem durchschnittlichen jährlichen Preisanstieg von vier Prozent verursachen die kostengünstigen Technologien der Windenergie- und Biomassenutzung so gut wie keine Mehrkosten. Das Förderziel der Konkurrenzfähigkeit im Energiemarkt wäre dann also für diese Technologien erreicht.

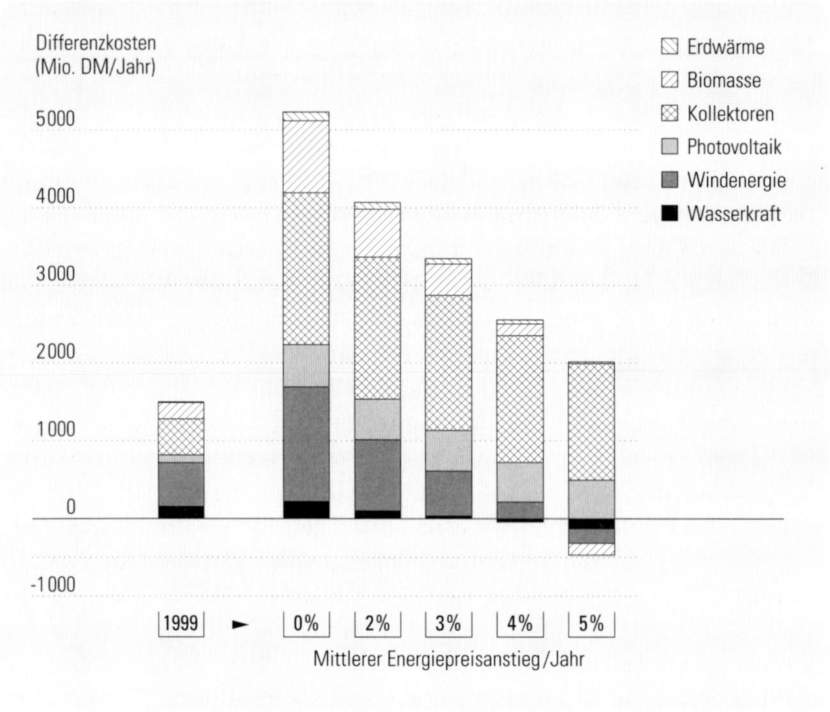

Differenzkosten erneuerbarer Energien im Jahr 2010 im Vergleich zur herkömmlichen Energieversorgung bei unterschiedlichem Anstieg der Energiepreise. Ganz links der Vergleich mit den Differenzkosten des Jahres 1999.

Bei noch stärkeren Preisanstiegen sind sie sogar kostengünstiger als die herkömmliche Energieversorgung. Teurere Technologien, wie Photovoltaik und Kollektoren, benötigen aber auch dann noch eine zusätzliche Unterstützung. In der Summe betragen die Differenzkosten aller Technologien in dieser Preisvariante im Jahr 2010 aber nur noch 2,5 Milliarden DM pro Jahr (vgl. Schaubild oben, fünfter Balken). Verharren dagegen die Energiepreise auf dem niedrigen Niveau des Jahres 1999, so erhöhen sich die Differenzkosten des Verdopplungsziels im Jahr 2010 auf über fünf Milliarden DM pro Jahr und würden bei jedem weiteren Zubau nach 2010 ständig weiter steigen. Ein kräftiger Ausbau der erneuerbaren Energien wäre in diesem Fall aus ökonomischer Sicht dann wohl kaum noch zu rechtfertigen.

Natürlich kann heute niemand genau vorhersagen, wie sich die Energiepreise in der Zukunft entwickeln werden. Aufgrund der unterschiedlichen Tendenzen ist dies noch schwieriger als früher. Klar ist beispielsweise, dass vor allem im Strombereich aufgrund einer schon beschlossenen sukzessiven Erhöhung der Ökosteuer in den nächsten Jahren steigende Preise wahrscheinlich sind. Unterstellt man dabei eine Steuerbefreiung der erneuerbaren Energien, führt dies automatisch zu einer Verringerung der Differenzkosten. Auf der anderen Seite ist davon auszugehen, dass die jetzige Phase des Übergangs vom Monopol- in den Wettbewerbsmarkt, die zunächst mit einem starken Rückgang der Preise verbunden war, noch bis etwa Mitte dieses Jahrzehnts andauern wird. Danach aber sind die heutigen Überkapazitäten weitgehend abgebaut. Der Neubau von weiteren Kraftwerken würde notwendig, was mittelfristig wieder zu einem Anstieg der Preise führen könnte. Auch für die Brennstoffe Heizöl und Gas ist im Verlauf dieses Jahrzehnts mit deutlichen Preissteigerungen zu rechnen.

Natürlich müssen die Kosten für das Verdopplungsziel realistisch durchgerechnet werden. Doch andererseits ist der finanzielle Gesichtspunkt nicht das einzige Kriterium, denn mit dem Ausbau der erneuerbaren Energien bis zum Jahr 2010 werden nicht nur umwelt- und klimapolitische Ziele erreicht, sondern mit hoher Wahrscheinlichkeit auch positive volkswirtschaftliche Auswirkungen im Bereich der Beschäftigung verbunden sein. Positive Arbeitsplatzeffekte resultieren vor allem aus der Errichtung der zumeist dezentral und in kleinen Größeneinheiten installierten Anlagen, der Wartung und regelmäßigen Ertüchtigung der Anlagen, dem Ersatz fossiler Energieimporte durch die Nutzung heimischer Energiequellen und der Erschließung neuer Exportmärkte für Zukunftstechnologien. Allerdings stellen sich auch negative Effekte ein. Diese beruhen auf der Verdrängung konventioneller Energien und eventuellen Kaufkraftverlusten infolge höherer Energieausgaben. Angesichts der vielschichtigen Zusammenhänge wird die Anzahl der zu erwartenden, in der Nettobilanz zusätzlich zu schaffenden Arbeitsplätze mit einer hohen Schwankungsbreite angegeben. Fachleute glauben, dass bis zum Jahr 2010 insgesamt circa 40 000 Arbeitsplätze für Anlagenerstellung und -betrieb im Inland existieren werden. Bezieht man Verdrängungseffekte in diese Rechnung ein, so lassen sich daraus knapp 25 000 zusätzliche Arbeitsplätze gegenüber dem Status des Jahres 1997 ableiten. Hinzu kommen möglicherweise weitere Arbeitsplätze durch einen verstärkten Energie- oder Stromhandel und durch wachsende Exportmärkte.

Angesichts von insgesamt 400 000 Arbeitsplätzen in der gesamten deutschen Energieversorgung ist die arbeitsmarktpolitische Bedeutung des Verdopplungsziels damit – was die absoluten Zuwächse anbelangt – eher begrenzt. Aufgrund des heute noch geringen Anteils dieser Energieträger war anderes trotz der spezifisch höheren Arbeitsintensität auch nicht zu erwarten. Allerdings könnte der durch die Liberalisierung des Strommarktes bereits hervorgerufene Abbau an Arbeitsplätzen durch den Ausbau der erneuerbaren Energien zumindest teilweise kompensiert werden und die heute zunehmend unsicheren Beschäftigungsmöglichkeiten durch zukunftsfähige Arbeitsplätze ersetzt werden. Positive Effekte sind dementsprechend in der Qualität der neu gewonnenen Arbeitsplätze in technologieintensiven und zukunftsträchtigen Branchen zu sehen, die zudem vielfach dezentral entstehen und damit zusätzlich günstige strukturelle Wirkungen haben können.

Unter dem Strich können wir zusammenfasen, dass bei Realisierung des Verdopplungsziels erhebliche Differenzkosten anfallen. Doch andererseits sind dies Aufwendungen, die sich lohnen werden, nicht nur in Bezug auf ökologische Gesichtspunkte, sondern, wie wir gesehen haben, auch aus anderen Gründen wie etwa dem Aufbau von Exportmärkten und der Schaffung moderner Arbeitplätze.

Kapitel 10
Ein Blick in die fernere Zukunft

Im vorangegangenen Kapitel ist gezeigt worden, wie eine Verdopplung des Beitrags erneuerbarer Energien innerhalb eines Jahrzehnts erreicht werden kann. Wie wir in Kapitel 6 dargestellt haben, ist damit aber erst der erste Schritt gemacht. Das Endziel der Umgestaltung unserer Energieversorgung soll ja die globale nachhaltige Energieversorgung sein. Über die aufgezeigte mittelfristige Zeitebene von zehn Jahren hinaus müssen wir daher von einer weiteren Verschärfung der Klimaschutzanforderungen ausgehen. Auch die Ressourcenproblematik wird sich in 50 Jahren anders als heute präsentieren. Unter diesen Voraussetzungen müssen die erneuerbaren Energien im Jahr 2050 einen deutlich höheren Beitrag zur Energieversorgung leisten. Die durch das Verdopplungsziel bis 2010 eingeleitete Wachstumsdynamik für erneuerbare Energien muß dementsprechend konsequent fortgesetzt werden. Dabei wirkt sich zunächst sehr positiv aus, dass nach dem Jahr 2010, also nach dem Ende der jetzigen Marktübergangsphase, auch wieder ein ausreichend hoher Bedarf an neuen Anlagen in der Energieversorgung bestehen wird, da heutige Überkapazitäten abgebaut sein werden. Spätestens bis zu diesem günstigen Zeitpunkt müssen die entscheidenden Weichenstellungen erfolgen, damit die erneuerbaren Energien in Kombination mit der auch weiterhin notwendigen Mobilisierung von Energiesparmaßnahmen verstärkt zu einer klimaverträglichen und ressourcenschonenden Energieversorgung beitragen.

Um das gesteckte Ziel zu erreichen, ist (vgl. Kapitel 4) zunächst einmal der Energieverbrauch weiter zu reduzieren. Bis zum Jahr 2050 müsste dieser nach dem von uns entworfenen Szenario um rund 50 Prozent gesenkt werden, während sich das Bruttoinlandsprodukt im gleichen Zeitraum verdoppelt. Dies entspricht einer Steigerung der Energieproduktivität um etwa den Faktor vier. Gleichzeitig verschwindet die heutige Dominanz von Kohle, Mineralöl und Erdgas. Diese fossilen Quellen werden in 50 Jahren nur noch mit etwa zwei Fünfteln zur Bereitstellung von Brennstoffen, Treibstoffen und Strom beitragen (vgl. das folgende Schaubild). Der Schwerpunkt liegt dabei im Gegensatz zu heute beim Erdgas. Dieser kohlenstoffarme Energieträger vergrößert seinen Beitrag und dominiert forthin bei der Strom- und Wärmeerzeugung. Das uns so vertraute Öl wird dagegen zunehmend aus dem Wärmemarkt verdrängt und fast nur noch als Kraftstoff und Rohstoff in der chemischen Industrie verwendet.

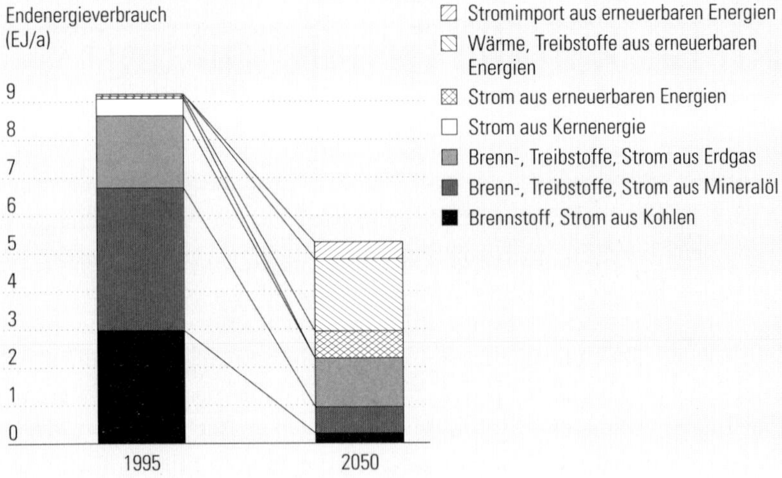

So wird die Energieversorgung Deutschlands nach unseren Berechnungen im Jahr 2050 aussehen.

Knapp 60 Prozent der Energie, die verbraucht wird, werden im Jahr 2050 aus erneuerbaren Energiequellen stammen. Mit rund 36 Prozent basiert dabei der größte Teil auf der Bereitstellung von Wärme aus Strahlung, Biomasse und Geothermie, wobei neben Raumwärme und Warmwasser auch eine teilweise Abdeckung des Prozesswärmebedarfs erfolgt. Die restlichen 22 Prozent werden der Strombereitstellung aus erneuerbaren Quellen zugeordnet, wovon wiederum zwei Drittel aus Quellen im Inland stammen. Stromimporte werden aus solaren Kraftwerken, Wasser- und Erdwärmekraftwerken kommen – eine gegenüber heute deutlich veränderte Energiewelt!

Die dargestellte Umgestaltung des Energieträgermix bewirkt eine Verringerung der CO_2-Emissionen (siehe unten) von 894 Millionen Tonnen im Jahr 1997 auf rund 200 Millionen Tonnen im Jahr 2050. Damit erreicht die neue Energieversorgung die für diesen Zeithorizont von der Enquete-Kommission vorgegebene Zielmarke einer Verringerung des CO_2-Ausstoßes von 80 Prozent gegenüber 1990. Dies bedeutet die gewaltige Reduktion von CO_2-Emissionen um rund 700 Millionen Tonnen im Jahr, die wie folgt zustande kommt:

- Effizientere Energienutzung und -wandlung; Verringerung des Nutzenergiebedarfs über den Trend hinaus: 290 Mio. t/Jahr
- Verschiebung der Energieträgerstruktur zu Erdgas: 40 Mio. t/Jahr
- Ausbau der Kraft-Wärme-Kopplung: 50 Mio. t/Jahr
- Ausbau erneuerbarer Energien: 320 Mio. t/Jahr

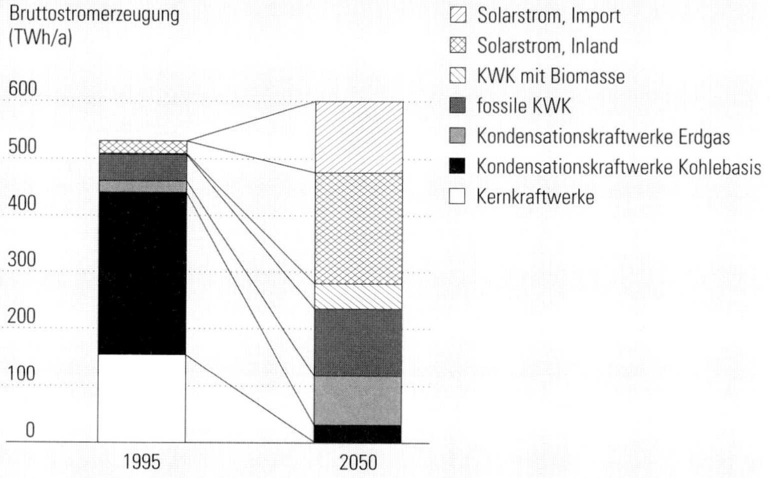

Der Umbau der Stromerzeugung in Deutschland bis zum Jahr 2050 nach unserem Szenario.

Die Schadstoffreduktion durch effizientere Energienutzung und durch den Ausbau von erneuerbaren Energien ist nahezu gleichrangig. Die Reduktionsbeiträge durch die Energieeinsparung sind allerdings im Wesentlichen bis 2020 zu mobilisieren, die der erneuerbaren Energien machen sich hingegen erst nach 2010 auch in absoluten Größen deutlich bemerkbar. Der Anteil der erneuerbaren Energien am Primärenergieverbrauch steigt, ausgehend von der bis 2010 erreichten Verdopplung, das heißt entsprechend einem Anteil von 4,4 %, unter Berücksichtigung des reduzierten Energiebedarfs über 26 Prozent im Jahr 2030, auf rund 60 Prozent im Jahr 2050.

Es dürfte nicht weiter überraschen, dass sich unter diesen Umständen auch die Struktur der Stromversorgung weitgehend verändert. Beim Umbau in Richtung Nachhaltigkeit können ebenfalls zwei Etappen unterschieden werden. Der erste Abschnitt dauert 15 bis 20 Jahre und ist durch verstärkte Anstrengungen zur Stromeinsparung, im wesentlichen aber durch den Ausbau der Kraft-Wärme-Kopplung gekennzeichnet (Diagramm oben).

Die zweite Etappe des Umbaus wird durch einen deutlichen Zuwachs von neuen Anlagen gekennzeichnet, die von erneuerbaren Energien gespeist werden. Nach 2010 wird dieser Prozess mit sich beschleunigender Dynamik bei allen Technologien beginnen. Der Gesamtbeitrag fossil gefeuerter Kraftwerke ist wegen des Rückgangs der Kernenergie im Jahr 2010 zwar möglicherweise noch etwas höher als heute. Allerdings werden sehr effiziente erdgasgefeuerte Kraftwerke und Kraft-Wärme-Kopplungsanlagen, darunter auch Brennstoff-

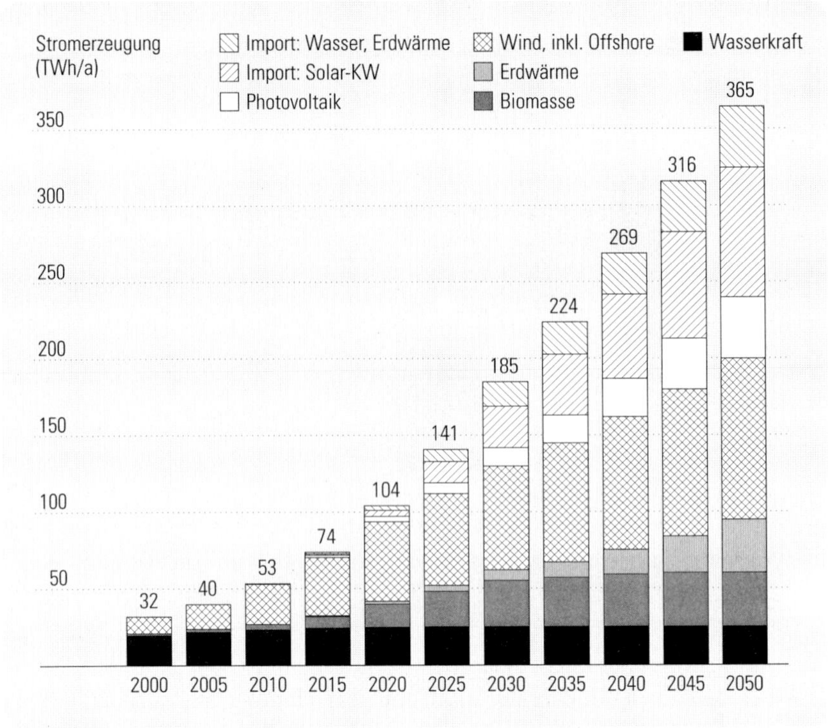

Die Stromerzeugung aus erneuerbaren Energien in Deutschland zwischen 2000 und 2050.

zellen-Blockheizkraftwerke, diesen Beitrag umweltfreundlicher gestalten als heute. Erstere übernehmen in zunehmendem Maße auch den dann notwendig werdenden Ausgleich zwischen dem fluktuierenden Stromangebot aus Wind- und Sonnenenergie und der Stromnachfrage. Ab 2015 können wir voraussichtlich zusätzlich auf importierten Strom aus solarthermischen Kraftwerken, Wasser- und Erdwärmekraftwerken zurückgreifen. Im Jahr 2030 werden die Windenergie einschließlich Offshoreanlagen bereits 70 Terawattstunden im Jahr und Biomassekraftwerke 30 Terawattstunden leisten (vgl. das oben stehende Diagramm). Auch die Photovoltaik hat mit dann 12 Terawattstunden bereits einen beachtlichen Anteil. Etwa 40 Terawattsunden Strom werden aus erneuerbaren Quellen importiert. Erneuerbare Energien haben damit die 30-Prozent-Marke bei der Stromerzeugung überschritten.

Nach 2030 werden die erneuerbaren Energien allmählich zur Hauptquelle der Stromerzeugung. Im Jahr 2050 decken sie schließlich 60 Prozent der Nachfrage, wobei die einzelnen Energiearten folgende Anteile haben: Dominierend ist die Windenergie mit 105 Terawattstunden einschließlich der Offshoreanlagen, gefolgt von der Photovoltaik mit 40 Terawattstunden, der Biomasse und der Erdwärme mit jeweils 35 Terawattstunden und der Wasserkraft mit 25 Terawattstunden. Der Importanteil an der Bruttostromerzeugung beträgt dann 21 Prozent, die Nutzung der regenerativen Energien wird innerhalb eines europäischen Stromverbundnetzes optimiert sein. Der Beitrag fossiler Energien zur Versorgung wird auf wenige Kondensationskraftwerke beschränkt, die sich nun weitgehend auf gasgefeuerte Gas-Dampf- und Gasturbinenanlagen stützen. Zum anderen kommen 25 Prozent des Stroms aus mit Erdgas und Kohle betriebenen Anlagen der Kraft-Wärme-Kopplung, vor allem auf der Basis von Brennstoffzellen. Die CO_2-Emissionen aus der Stromerzeugung, die bereits im Jahr 2030 auf 230 Millionen Tonnen gesunken waren, betragen im Jahr 2050 nur noch 90 Millionen Tonnen. Die Nutzung der Kernenergie ist entsprechend dem aktuellen Energiekonsens gegen 2020 eingestellt worden; die Braunkohle wird spätestens im Jahr 2040 nicht mehr benötigt. Stellen Sie sich eine solche Zukunft ruhig konkret vor! Was heute erst in Ansätzen erkennbar ist, wird in den kommenden Jahrzehnten nach und nach verwirklicht werden.

Und damit sind die erneuerbaren Energien bei weitem noch nicht ausgeschöpft. Zwar wird die inländische Wasserkraft- und Biomassenutzung zwischen 2020 und 2030 an ihre Nutzungsgrenzen stoßen, doch die inländischen Potenziale der anderen Energieformen sind dann erst zu 30–35 Prozent erschlossen. Und Strom aus Importen steht sogar in großem Ausmaß zur Verfügung. Eine Stromknappheit steht also nicht zu befürchten, im Gegenteil: Auch nach 2050 sind ausreichend große Spielräume für eine weitgehende Deckung des Bedarfs durch erneuerbare Energien vorhanden, allerdings unter einer Voraussetzung: Eine Strategie der ausgewogenen Erschließung aller erneuerbarer Energiequellen innerhalb eines europäischen Stromverbundes ist notwendig. Nach unserer Einschätzung liegen die Anteile einzelner Energiearten zwischen 5 und 15 Prozent und erreichen bei massiver Erschließung maximal 20 Prozent, wie etwa die Windenergie. Deutlich fluktuierende erneuerbare Energien, wie Wind und Photovoltaik, werden einen Wert von 30 Prozent nicht wesentlich überschreiten. Werden die übrigen fossil betriebenen Kraftwerke entsprechend angepasst, sollte es damit aber keine Probleme geben. Importstrom ist wegen der Speichermöglichkeiten in solarthermischen Kraftwerken dagegen keinen kurzzeitigen Fluktuationen unterworfen; Wasserkraft hat lediglich saisonale Schwankungen, und Strom aus Erdwärme ist einer fossilen Grundlastversorgung gleichwertig.

Die Umgestaltung der Energieversorgung wird ferner durch die Tatsache erleichtert, dass das angestrebte Wachstum der erneuerbaren Energien auch mit der Altersstruktur der bestehenden Kraftwerke und dem daraus resultierenden Bedarf an Ersatzinvestitionen kompatibel ist. Bei Annahme einer einheitlichen Nutzungsdauer aller Kraftwerke von 35 Jahren sind in gut zehn Jahren nur noch 65 Prozent der bestehenden oder gerade im Bau befindlichen Kraftwerke in Betrieb, und in rund zwanzig Jahren werden es nur noch 25 Prozent sein – eine günstige Voraussetzung für den Umbau der Energieversorgung. Denn während die entstehende Deckungslücke zunächst durch vermehrten Stromimport und eine verlängerte Nutzungsdauer bestehender Kraftwerke gedeckt werden kann, ist spätestens ab dem Ende dieses Jahrzehnts zunehmend auch wieder der Neubau von Kraftwerken notwendig. Es bestehen also ausreichende Spielräume, bei anstehenden Neuinvestitionen auch die Erfordernisse einer wachsenden Einspeisung von Strom aus erneuerbaren Energien adäquat zu berücksichtigen.

Wir können folglich festhalten, dass ein konsequenter Ausbau der Stromversorgung auf der Basis erneuerbarer Energien nicht auf eine unveränderliche Struktur konventioneller Kraftwerke trifft. Vielmehr kann im Zuge von Ersatz- und Neuinvestitionen der konventionelle Kraftwerkspark in einem weiten Bereich so gestaltet werden, dass zusammen mit den neuen Anlagen eine jederzeit sichere, effiziente und auch ökonomisch günstige Systemlösung entstehen wird. Langfristig wird dabei vor allem der Bedarf an reinen Grundlastkraftwerken im Zuge des Ausbaus erneuerbarer Energien stark zurückgehen, und es werden flexible Anlagen mit geringen Fixkosten und kleineren Leistungen favorisiert. Diese aus der Sicht einer verstärkten Nutzung erneuerbarer Energien wünschenswerten Strukturänderungen sind jedoch weitgehend mit den durch den liberalisierten Strommarkt gesetzten Rahmenbedingungen kompatibel.

Mit einer zeitlichen Verzögerung zum Strombereich wird auch der Wärmemarkt von den Umstrukturierungen ergriffen werden. Hier liegt der Schwerpunkt zunächst eindeutig bei der Mobilisierung der großen Einsparpotenziale im Altbaubestand. Das Erreichen des Verdopplungsziels schafft freilich auch hier die Voraussetzungen für den Übergang zu einer Wärmeversorgung auf zunehmend erneuerbarer Basis. Daher hat der Aufbau von Nahwärmeversorgungen, die aus Biomasse-Heizzentralen und Kraft-Wärme-Kopplungs-Anlagen sowie aus Solar- und Erdwärmeanlagen versorgt werden, einen hohen Stellenwert. Effizienzsteigerungen in bestehenden Einrichtungen und der Umbau des Energiesystems müssen auch hier Hand in Hand gehen, um langfristig tragfähige Versorgungsstrukturen zu schaffen.

Die skizzierten Wechselwirkungen bei der erforderlichen Umstrukturierung der Energieversorgung machen deutlich, dass ein substanzieller Ausbau der Nutzung erneuerbarer Energien innerhalb des nächsten Jahrzehnts eine unverzichtbare Voraussetzung darstellt, wenn die längerfristigen Ziele einer deutlichen Reduktion von CO_2-Emissionen fristgerecht erreicht werden sollen. Unser zunächst ins Auge gefasstes Ziel der Verdopplung bis 2010 ist also sowohl vom zeitlichen Ablauf her als auch in Bezug auf die Höhe der mobilisierbaren Beiträge notwendig der erste Schritt. Natürlich könnten die ersten „Etappenziele" beim Klimaschutz zur Not auch ohne den Ausbau erneuerbarer Energien verwirklicht werden. Doch ohne eine entsprechende Dynamik bei diesen Energieformen wären die weiteren Reduktionsziele dann nicht zu erreichen.

Das Einschwenken auf einen derartigen Zukunftspfad ist aber noch aus anderen Gründen geboten. Erinnern wir uns daran, dass die Befriedigung der rasch wachsenden Energienachfrage in den weniger entwickelten Ländern, deren Energieversorgungsstrukturen sich gleichzeitig in raschem Wandel befinden, eine der größten globalen Herausforderungen darstellt. Auch die globalen Ziele des Klimaschutzes und der Ressourcenschonung können nur realisiert werden, wenn die Nutzung erneuerbarer Energien vorangetrieben wird. Denn die wachsende Energienachfrage in diesen Ländern kann wie gesehen nur dann nachhaltig befriedigt werden, wenn ausgereifte und kostengünstige, dezentrale und zentrale Technologien auf der Basis von erneuerbaren Energien rechtzeitig und in ausreichendem Maße angeboten werden können. Der selbstverständliche kommerzielle Einsatz dieser Technologien in den Industrieländern ist dafür eine entscheidende Voraussetzung. Die Energieversorgung der Zukunft muss also eine nachhaltige Versorgung sein – weltweit und in Deutschland. Im dritten Buchteil wollen wir uns ansehen, welches energiepolitische Instrumentarium zur Verfügung steht, um den Weg dorthin zu bahnen.

Teil 3
Energiepolitik mit Weitblick

Kapitel 11
Wir beginnen nicht bei null!

Wenn wir uns nun vor Augen führen wollen, welche politischen Möglichkeiten in Deutschland gegeben sind, um eine Umstrukturierung der Energieversorgung in Richtung auf eine nachhaltige Versorgung anzustoßen, können wir zunächst auf eine sehr positive Grundstimmung verweisen. Die erneuerbaren Energien haben trotz ihrer bisher noch geringen Beiträge zur Energieversorgung einen beachtlichen Stellenwert in der energiepolitischen Diskussion unseres Landes. Politiker aller Parteien werden nicht müde, sich zur Zukunft der sauberen Energien zu bekennen. Dies ist nicht verwunderlich, haben die erneuerbaren Energien doch über alle weltanschaulichen Grenzen hinweg ein sehr positives Image in der Öffentlichkeit. Am Anfang nur wenige, inzwischen immer mehr Politiker lassen den Lippenbekenntnissen auch Taten folgen. Ohne die parteiübergreifende politische Unterstützung, die diese Energieformen in Deutschland in den vergangenen zwanzig Jahren erhalten haben, wären die bis heute erzielten Erfolge nicht denkbar gewesen. Nicht umsonst gilt Deutschland im internationalen Vergleich als einer der Vorreiter bei der Nutzung erneuerbarer Energien. Dies gilt nicht nur bezüglich ihrer Bedeutung in der politischen Diskussion, sondern auch in Bezug auf die technologische Leistungsfähigkeit der deutschen Forschungsinstitute und Unternehmen und für die Erfolge bei der Etablierung dieser Energien in das nationale Energiesystem. Ein Drittel der weltweit installierten Windkraftanlagen drehen sich in deutschen Landen, nirgendwo sonst werden mehr Solarkollektoren installiert, und auch bei der Photovoltaik steht Deutschland, was die installierte Leistung betrifft, nach den USA und Japan an dritter Stelle. Es sind beeindruckende Wachstumsraten zu beobachten, die maßgeblich auf das Stromeinspeisungsgesetz (wir kommen gleich darauf zurück) zurückzuführen sind.

Nicht auszudenken aber, was hätte erreicht werden können, wenn die erneuerbaren Energien in gleicher Weise gefördert worden wären wie die Kernenergie. Denn all das, was bisher an positiven Ansätzen geschaffen wurde, ist in einer Zeit realisiert worden, in der sich die Energiepolitik und vor allem die Energieforschung schwerpunktmäßig auf andere Optionen konzentriert hat. So sind von 1970 bis etwa Mitte der neunziger Jahre mehr als drei Viertel aller Energieforschungsmittel für die Kernspaltung und -fusion verwendet worden. Auf die erneuerbaren Energien und die gesamte Bandbreite der Energieeinsparung entfiel dagegen nur ein Anteil von weniger als 10 Prozent – Verhältnisse im übrigen, die man leider sehr ähnlich auch in anderen Industrieländern findet.

Neuer Wind durch das Stromeinspeisungsgesetz

Auf dem Sektor der Stromversorgung war es insbesondere das 1990 in Kraft getretene Stromeinspeisungsgesetz (StrEG), das gerade der Windenergie zu ungeahnten Wachstumsraten verholfen hat. Trotz seiner Einfachheit hat es sich als sehr wirksam erwiesen. Dabei war die Einführung dieses Gesetzes fast ein parlamentarisches Unikum, gehört es doch zu den wenigen Vorlagen, die nicht von der Regierung, sondern direkt vom Parlament eingebracht und von einer partei- und koalitionsübergreifenden Mehrheit verabschiedet wurden. Aus dieser Entstehungsgeschichte lässt sich wohl auch erklären, dass trotz vehementer Angriffe aus der Energiewirtschaft an diesem Gesetz über das gesamte vergangene Jahrzehnt festgehalten und es mit dem neuen Vorranggesetz für erneuerbare Energien vom April 2000 (vgl. Kapitel 12) sogar noch in wesentlichen Elementen ausgebaut wurde.

Doch der Reihe nach. Was ist nun der Grundgedanke des Stromeinspeisungsgesetzes? Es garantiert ganz einfach dem unabhängigen Betreiber von Anlagen zur Nutzung erneuerbarer Energien eine festgelegte Vergütung für seinen in das öffentliche Stromnetz eingespeisten Strom. Soweit der Betreiber seinen Strom nämlich nicht selbst verbraucht, bleibt ihm gar nichts anderes übrig, als ihn ins Netz zu speisen. Damit diese einseitige Abhängigkeit vom Netzbetreiber nicht ausgenutzt wird, sind gesetzlich festgelegte Vergütungen notwendig. Diese Vergütung wird von dem jeweiligen Netzbetreiber, in der Regel der örtliche Stromversorger, bezahlt. Die Höhe der Vergütung wurde abhängig von den Durchschnittserlösen aller Stromversorger jährlich neu festgelegt. Strom aus Photovoltaik und Windkraft wurde mit 90 Prozent der Durchschnittserlöse vergütet – das waren 1999 16,5 Pfennig für die Kilowattstunde. Strom aus Wasserkraft und Biomasse wurde je nach Anlagengröße mit 65 Prozent oder 75 Prozent der Durchschnittserlöse gefördert. Fast noch wichtiger: Der Netzbetreiber ist zum Anschluss der Anlagen und zur Aufnahme des Stroms aus diesen Anlagen gesetzlich verpflichtet. Auf diese Weise wird ausgeschlossen, dass der Netzbetreiber, der in Deutschland meist ein Betriebsteil des Stromversorgers oder doch zumindest eigentumsrechtlich eng mit diesem verbunden ist, seine Monopolstellung durch Verweigerung des Anschlusses unabhängiger Betreiber ausnutzt. Ein gewisses Interesse, zusätzliche Strom-

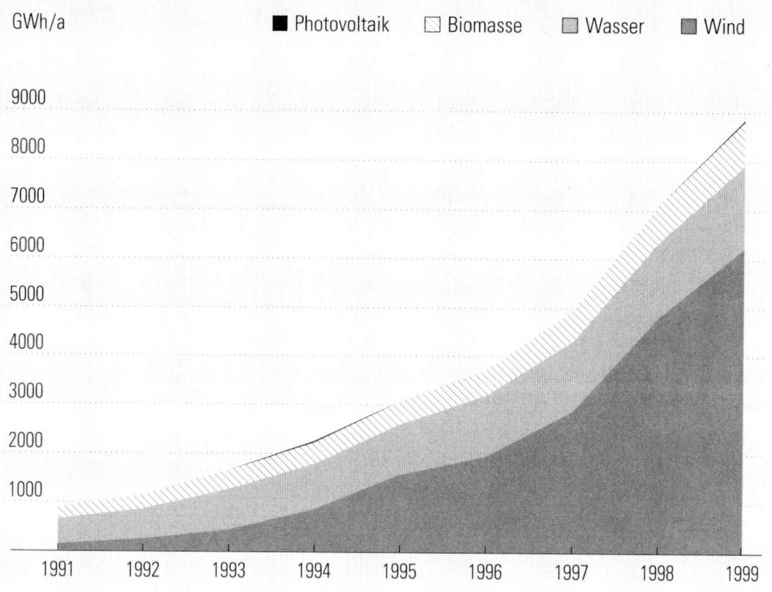

Die rapide Entwicklung erneuerbarer Energien als Folge der Einführung des Stromeinspeisungsgesetzes.

erzeugungskapazitäten zu behindern, muss den Stromversorgern angesichts der reich bestehenden Überkapazitäten durchaus unterstellt werden. Diese Überkapazitäten sind auch dafür verantwortlich, dass die Stromversorger – falls überhaupt – meist nur zögerlich in erneuerbare Energien investieren. Erfahrungen in anderen Ländern zeigen, dass der Zugang zu den Stromnetzen zu fairen Konditionen immer noch ein wesentliches Hemmnis für die erneuerbaren Energien darstellt.

Geld allein genügt nicht

War auch das Stromeinspeisungsgesetz in den letzten Jahren die wesentliche Triebkraft für den schnellen Ausbau insbesondere der Windenergie in Deutschland, so wäre dieser Erfolg doch ohne eine Reihe weiterer Maßnahmen undenkbar gewesen. Dazu gehörte Anfang der neunziger Jahre das 250-Megawatt-Windprogramm des Bundesforschungsministeriums, das einen zusätzlichen Betriebskostenzuschuss in Höhe von vier Pfennig pro Kilowattstunde aus Windkraftanlagen vorsah. Investitionen in Photovoltaik-Anlagen wurden zunächst im Rahmen des 1 000-Dächer-Programms, dem Vorläufer des jetzigen 100 000-Dächer-Programms (vgl. Kapitel 12), bezuschusst. Darüber hinaus existieren eine Vielzahl von Förderprogrammen der Länder und vereinzelt auch von Kommunen. Besonders wichtig ist natürlich, dass das notwendige Kapital möglichst unkompliziert erhalten werden kann, da die Anlagen zur Nutzung erneuerbarer Energien im Vergleich zu konventionellen Kraftwerken meist hohe anfängliche Investitionen aufweisen. Das können auch die niedrigen Betriebskosten nur unzureichend ausgleichen. Verschärft wird dieses Problem noch dadurch, dass die unabhängigen Betreiber im Gegensatz zu den großen Stromversorgern aufgrund ihrer geringen Eigenkapitaldecke den Banken nur wenig kreditwürdig erscheinen. Die Windkraftwerke etwa sind zumindest in den Anfangsjahren des Stromeinspeisungsgesetzes von den Geschäftsbanken meist nicht als Sicherheit akzeptiert worden. Auch die vielen gerichtlichen Klagen der Energieversorger haben zur Verunsicherung der Kapitalgeber beigetragen. Deshalb ist es so wichtig, dass öffentliche Banken wie die Deutsche Ausgleichsbank oder die Kreditanstalt für Wiederaufbau zinsvergünstigte Darlehen mit günstigen Tilgungskonditionen zur Verfügung stellen, über die tatsächlich auch der ganz überwiegende Teil der Anlagen im letzten Jahrzehnt finanziert worden ist.

Für die schnelle Markteinführung der Windkraft war zudem die Gleichstellung dieser Anlagen mit konventionellen Kraftwerken im Baugesetzbuch von Bedeutung. Windkraftanlagen sind demnach genauso privilegiert wie Kohle- oder Kernkraftwerke. Schließlich ist auch die Forschungsförderung, wenn auch auf niedrigerem Niveau als in den achtziger Jahren, in den neunziger Jahren mit einem Volumen von insgesamt zwei Milliarden DM fortgeführt worden.

Der Leser erkennt rasch: Geld allein reicht bei der Einführung erneuerbarer Energien in die Energieversorgung nicht aus! Es sind vielmehr ganze Maßnahmenbündel notwendig, um ihnen den Weg zu ebnen. Vor allem drei wichtige Säulen der Markteinführung sind zu nennen: die Marktentwicklung muss stimuliert werden, eine ausreichende Basis für weitere Forschung und Entwicklung ist notwendig, und schließlich ist auch die Etablierung der Technologie in Politik und im Rechtssystem zu unterstützen.

Letzteres ist sogar von großer Bedeutung, da die erneuerbaren Energien Newcomer auf den Energiemärkten sind. Die konventionellen Energieträger konnten sich in einem über mehrere Jahrzehnte verlaufenden Reifungsprozess an die gesellschaftlichen und wirtschaftlichen Erfordernisse anpassen. Im Gegenzug haben die Protagonisten der konventionellen Energieträger auch über diesen langen Zeitraum Einfluss auf die Gestaltung von Gesetzen und Verordnungen nehmen können. Auf diese Weise wurde der Einsatz der

Die erfolgreiche Markteinführung der neuen Energien beruht auf drei Säulen:

Forschung + Entwicklung	Marktentwicklung	Strukturelle Etablierung
ausreichende Forschungskapazitäten	Nachfrage-generierung	energiepolitische Unterstützung der Marktentwicklung
Unterstützung der Normung	Mobilisierung von Kunden	Einbindung in das Rechtssystem
Errichtung von Demonstrations- und Pilotanlagen	Aufbau von Fertigungs-kapazitäten	Unterstützung der Ausbildung und der Lehre
	Öffnung von Märkten	Eröffnung von Handlungs-spielräumen für möglichst viele Akteure
	erleichterter Zugang zu Kapital	
	Stimulierung der Erwartungen über die künftige Nachfrage	

etablierten Energieträger nicht nur von der technischen Seite immer weiter optimiert, sondern es wurden auch von der gesellschaftlich-politischen Seite vorteilhafte Bedingungen für ihre Nutzung geschaffen. Es ist demnach einleuchtend, dass Neulinge in einem solchen Umfeld zunächst weniger vorteilhaft erscheinen mögen als die bereits etablierten Systeme. Für einen erfolgversprechenden Start muss also auch eine große Anzahl nicht monetärer Hemmnisse aus dem Weg geräumt werden.

Neue Herausforderungen

In den vergangenen zwei Jahren ist in Deutschland eine Entwicklung in Gang gekommen, die sich stark auf die gesamte Energieversorgung ausgewirkt hat: die Liberalisierung der Energiemärkte. Dies bedeutet, dass die Strom- und neuerdings auch Gasversorgungsunternehmen kein Monopol mehr haben, sondern dass sich der Kunde seinen Stromlieferanten selbst aussuchen kann – eine Entwicklung vergleichbar mit der auf dem Telefonmarkt. Diese neue Situation hat auch die Anforderungen an die Förderung erneuerbarer Energien geändert. Insbesondere indirekt preiswirksame Programme wie das Stromeinspeisungsgesetz müssen an den neuen Ordnungsrahmen angepasst

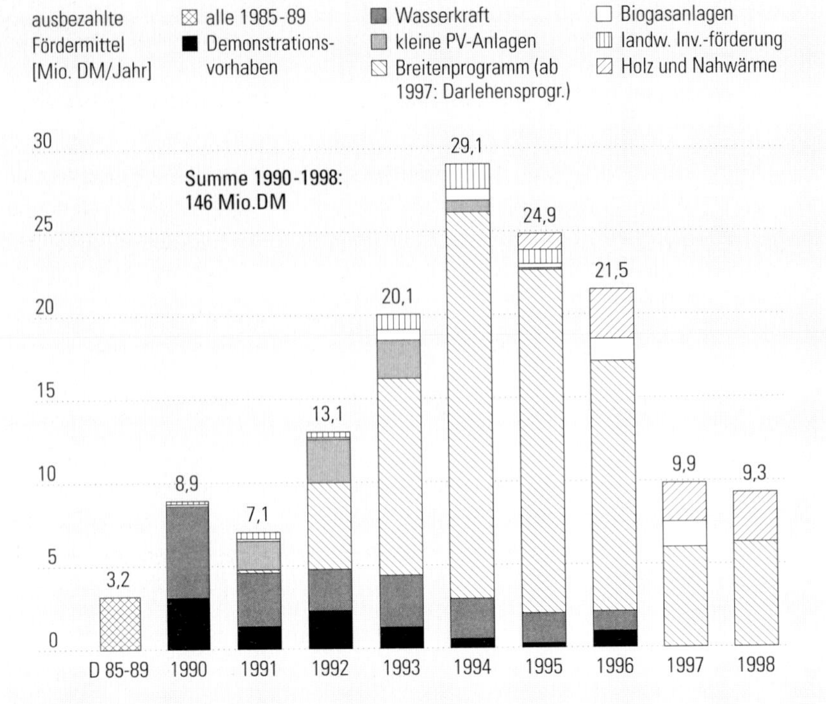

Schwankendes Engagement hilft auf Dauer nicht allzu viel. Die Förderung erneuerbarer Energien in Baden-Württemberg ist ein Beispiel dafür.

werden. Zu den neuen Anforderungen gehört dabei vor allem die Wettbewerbsneutralität für die am Markt tätigen Unternehmen, aber gleichermaßen auch eine verursachergerechte Belastung der Stromkunden. Darüber hinaus sind die Vorgaben seitens der EU-Kommission zu beachten, die abnehmende und zeitlich begrenzte Vergütungen fordern.

Wir haben ja bereits festgestellt, dass es heute nicht mehr nur um ein Anstoßen von Pilotmärkten geht, sondern die breite Markteinführung gefordert ist. Dabei kommt es ganz entscheidend auf eine verlässliche Programmgestaltung an, um die breite Masse der Investoren zu erreichen. Negative Erfahrungen sind diesbezüglich insbesondere mit Länderprogrammen gemacht worden, deren Volumen und Ausgestaltung zum Teil von Jahr zu Jahr sehr stark schwankte und eine kontinuierliche Entwicklung verhindert haben. In diesem Sinne gilt: Verlässlichkeit ist Trumpf, Strohfeuer bringen kurzfristige, aber nur vergängliche Erfolge, die bei der dauerhaften Etablierung der neuen Techniken nicht weiterhelfen.

In Zeiten leerer öffentlicher Kassen ist die Effizienz der Mittelverwendung ein weiterhin ganz entscheidendes Kriterium. Aus der Sicht der Bundesländer, die ihre Förderanstrengungen zum Teil reduziert haben, kann es deshalb manchmal besser sein, zusätzliche Förderung auf einige wenige Bereiche zu begrenzen, statt überall nur wenig dazugeben zu können. Letztlich kommt natürlich der Akzeptanz der Förderung eine besondere Rolle zu. Dies gilt nicht nur in Bezug auf die energiewirtschaftlichen Akteure selber, sondern auch für das gesellschaftliche Umfeld. Der Stromkunde ist nur dann bereit, einen infolge der Förderung höheren Preis für die Kilowattstunde Strom zu zahlen, wenn er das Gefühl hat, dass die zusätzlichen Mittel sinnvoll eingesetzt werden. Aufgrund des positiven Images der erneuerbaren Energien dürfte dies immer dann zu realisieren sein, wenn eine transparente Programmgestaltung gewährleistet ist.

Vor diesem Hintergrund stand Ende der neunziger Jahre zunächst vor allem das Stromeinspeisungsgesetz auf dem Prüfstand. Für die Verdopplung des Beitrags erneuerbarer Energien bis 2010 reicht eine bloße Verbesserung dieses Gesetzes aber nicht aus. Vielmehr müsste aus den genannten Gründen insgesamt über eine verbreiterte Konzeption für die Markteinführung nachgedacht werden. Dennoch konzentrierte sich die Diskussion in Deutschland zunächst im wesentlichen auf zwei Fragen:

- Kann die Weiterentwicklung des Stromeinspeisungsgesetzes das geeignete Mittel sein?
- Oder ist die Festlegung einer Mengenverpflichtung im Sinne einer Quotenregelung vorzuziehen?

Das alte Stromeinspeisungsgesetz verbessern?

Wo viel Licht ist, da gibt es auch Schatten! Wie bereits erwähnt, wurde das Stromeinspeisungsgesetz, gerade weil es so erfolgreich war, insbesondere von der Stromwirtschaft kritisiert. Bevor wir also überlegen, was zu verbessern ist, werden wir uns zwei immer wieder geäußerte Kritikpunkte vor Augen führen. Aus der ungleichmäßigen regionalen Verteilung der Anlagen, die in den Genuss der Vergütung kommen – Windkraft vor allen im Norden der Republik, Wasserkraft bevorzugt im Süden –, ergab sich erstens eine unterschiedliche Belastung der zur Aufnahme verpflichteten Stromversorger und ihrer Kunden. Das Stromeinspeisungsgesetz sah nämlich keinen Ausgleichsmechanismus bei einer ungleichen Verteilung der Zusatz- (oder Differenz-)kosten vor. So kam es, dass die Kunden im Norden eine größere Last zu tragen hatten als jene im Süden der Republik. Allerdings wurden die sich ergebenden Belastungen mit dem so genannten doppelten 5-Prozent-Deckel begrenzt. Die Aufnahme- und Vergütungspflicht des Stromversorgers endete nach dieser Regel immer dann, wenn die eingespeiste Menge 5 Prozent seines Absatzes überstieg. Und doppelt hieß der Deckel, weil diese Regelung bei Überschreiten der Marke auch auf den etwaigen Vorlieferanten des Stromversorgers übertragen wurde. Diese Zusatzkosten der Stromversorger, also etwa der großen Energiekonzerne wie PreussenElektra, resultierten, resultierten wie wir schon erwähnt haben, aus den gegenüber den konventionellen Energieträgern höheren Kosten erneuerbarer Energien.

Es lässt sich also festhalten, dass aus dem Stromeinspeisungsgesetz regional ungleich verteilte Belastungen resultieren. Entgegen dem Eindruck, der von der Energiewirtschaft in der Vergangenheit erzeugt worden ist, tragen aber nicht die im Wettbewerb stehenden Stromerzeuger die Kosten, sondern die Vergütung erfolgt durch den Netzbetreiber, der sich die ihm entstehenden Aufwendungen über die Netzbenutzungsgebühren erstatten lässt. Damit sind es letztlich die Kunden in bestimmten Netzregionen, die überproportional belastet wurden – und nicht die Stromerzeuger! Das Stromeinspeisungsgesetz steht deshalb nicht im Widerspruch zur Anforderung nach Wettbewerbsneutraliät, denn alle Unternehmen, die in den betroffenen Regionen Strom an die Kunden liefern wollen, müssen ja die anfallenden Netzgebühren zahlen. Dagegen erfüllt das Gesetz nicht die Ansprüche des Verursacherprinzips, denn die Belastung der Kunden erfolgt nicht ausschließlich proportional zu ihrem Verbrauch, sondern ist auch abhängig von der „zufälligen" regionalen Verteilung der installierten Anlagen. Angesichts von durchschnittlich 0,15 Pfennig, die sich je Kilowattstunde für den Stromkunden selbst bei konservativen Berechnungsmethoden als zusätzliche Belastung aus dem Stromeinspeisungsgesetz ergaben, also für einen durchschnittlichen Haushalt gerade einmal vier DM im Jahr, relativiert sich diese Schwäche des Gesetzes allerdings. Dies gilt umso mehr, als über den zugrunde zu legenden Wert des eingespeisten Stroms und damit auch der Differenzkosten seit Jahren vehement gestritten wird (vgl. Kasten rechts).

Der zweite Kritikpunkt am alten Gesetz war, dass sich die gewährten Vergütungen nicht an den Kosten der alternativen Anlagenbetreiber orientieren, die mit erneuerbaren Energien produzieren, sondern aus den Durchschnittserlösen aller Versorger berechnet wurden. So konnten beispielsweise Windkraftanlagen, die an besonders guten, also sehr windreichen Standorten aufgestellt sind, sehr ertragsträchtig arbeiten, während an windschwächeren Orten die Vergütung nach dem Stromeinspeisungsgesetz allein nicht genügt, damit die Anlagen rentabel arbeiten. Mehr noch: Für Technologien wie Photovoltaik und viele Arten der energetischen Nutzung der Biomasse reichte die Vergütung für einen wirtschaftlichen Betrieb nicht aus. Andere Technologien wie die Erdwärme gehörten erst gar nicht zum Kreis der Geförderten.

Wie viel ist die grüne Kilowattstunde wert?

Das Stromeinspeisungsgesetz garantiert dem „grünen Kraftwerk", das mit Hilfe erneuerbarer Energien arbeitet, eine Vergütung für seinen in das öffentliche Netz eingespeisten Strom. Doch an der Frage, wie viel dieser Strom wert ist, entzündete sich der Streit. An einem Marktpreis konnte man sich nicht orientieren, da die Stromversorger in der Vergangenheit nicht im Wettbewerb miteinander standen, es also gar keinen Markt gab. Aus der Sicht der Stromversorger können durch den aufgenommenen Strom ausschließlich Brennstoffe und die daraus resultierenden Kosten in ihren bestehenden Kraftwerken eingespart werden, nicht jedoch ganze Kraftwerke, da sich die Stromerzeugung nach den natürlichen Gegebenheiten wie Wind oder Sonne richtet und nicht nach dem Bedarf der Kunden. So hätte die Einspeisung nach ihrer Rechnung einen Wert von lediglich 5 bis maximal 10 Pfennig pro Kilowattstunde.

Eine solche Argumentation kann indes nur wenig überzeugen, da der Strombedarf der Verbraucher ähnlich fluktuierend ist wie die Erzeugung aus erneuerbaren Energien: Die Einspeisung kann also als negativer Verbrauch angesehen werden, der Stromversorger „sieht" also quasi nur eine um die Einspeisung verminderte Lastkurve, die er mit seinen Kraftwerken nach wie vor abdecken muss. Dies gilt insbesondere dann, wenn die Einspeisung im Verhältnis zur Gesamtlast des Verbrauchs klein ist.

Die Betreiber der grünen Kraftwerke stellen noch eine andere Rechnung auf: Zu berücksichtigen seien nicht nur die vermiedenen Brennstoffkosten, sondern zusätzlich zumindest anteilig die mittelfristig vermiedenen Kosten für neue konventionelle Kraftwerke und schließlich auch die Einsparungen aus den vermiedenen Netzverlusten durch die dezentrale, verbrauchsnahe Einspeisung, so dass die gesetzliche Einspeisevergütung sehr gut dem tatsächlichen Wert des Stromes entsprechen würde. Auch die Gerichte haben sich mit der Wertfrage befasst. Aus höchstrichterlicher Sicht ist der Strom mit den vermiedenen alternativen Bezugskosten am Einspeisepunkt zu bewerten. Je nach Spannungsebene und Versorgungsgebiet können dies zwischen 12 und 17 Pfennig pro Kilowattstunde sein. Die Beamten der Europäischen Union in Brüssel haben ebenfalls ein solches Bewertungsmodell vorgeschlagen, ergänzt um einen Umweltbonus in Höhe von 20 Prozent.

Wie lässt sich das ändern? Für die photovoltaische Stromerzeugung könnten deutlich höhere Vergütungssätze veranschlagt werden als beispielsweise für Wind- oder Biomassestrom. Standortspezifische Unterschiede könnte man über die Begrenzung der geförderten Strommenge angemessen berücksichtigen. So sollte etwa bei der Windenergie, deren Erträge sehr stark von den örtlichen Windverhältnissen abhängen, die geförderte Strommenge begrenzt werden. Bis eine Anlage diese Menge produziert hat, erfolgte dann die Vergütung nach den festgelegten Sätzen, danach würde nur noch ein geringerer Vergütungssatz gewährt. Die geförderte Höchstmenge muss daher so ausgelegt sein, dass sich die Anlagen bezahlt machen können. Für den Betrieb nach der Amortisierung sind dagegen nur noch die laufenden Betriebs- und Wartungskosten zu decken. Eine Überförderung ist damit ausgeschlossen. Eine im stärkeren Umfang technologieunabhängige Alternative stellt die Orientierung der Grenzmarke an dem durchschnittlichen Ertrag an einem Referenzstandort dar.

Die EU fordert eine über die Zeit abnehmende Förderung. Die lässt sich erfüllen, indem die Vergütungen zwar nur für einen festen Zeitraum zugesagt werden, die Vergütungssumme aber für Neuanlagen jeweils pro Jahr nach fest vorgegebenen Raten abgesenkt werden. Auf diese Weise entsteht für die Hersteller ein Anreiz, die Kosten stetig zu verringern.

Aus der Anbindung an die Durchschnittserlöse ergab sich im Zuge der Liberalisierung des Marktes ein weiteres Problem. Infolge der nach der Öffnung der Strommärkte kontinuierlich gefallenen Strompreise sind auch die Einspeisevergütungen permanent gesunken. Existenzbedrohend war dies insbesondere für jene unabhängigen Anlagenbetreiber, die die in Zeiten der Monopolwirtschaft stetig gestiegenen Strompreise mit einer aus damaliger Sicht gewissen Berechtigung einfach weiter in die Zukunft extrapoliert hatten. Schließlich wurde von Seiten der unabhängigen Betreiber auch bemängelt, dass ein prinzipieller Anschlusszwang zwar gesetzlich geregelt ist, die Höhe der Anschluss- wie auch möglicherweise notwendiger Netzverstärkungskosten vom monopolistischen Netzbetreiber aber nach Gutdünken, und das heißt meist sehr teuer, angesetzt werden konnten.

Welche Möglichkeiten ergaben sich nun, bei der angestrebten Neufassung des Stromeinspeisungsgesetzes die aufgezeigten Nachteile zu beheben, ohne dass künftig die den Markt stimulierende Wirkung verloren geht? Klar scheint zu sein, dass dies nur zu Lasten der Einfachheit des Gesetzes, die einen besonderen Charme der bisherigen Regelung darstellte, zu realisieren ist. Der in das Stromeinspeisungsgesetz im April 1998 eingebaute doppelte 5-Prozent-Deckel hat sich in der Praxis als das größte Hemmnis für eine dynamische Marktentwicklung erwiesen. Denn gerade in Norddeutschland mit sehr guten Standorten für die Windenergienutzung war nie klar, wann tatsächlich die 5-Prozent-

Grenze der maximalen Belastung einzelner Stromversorgungsunternehmen erreicht ist, und welche Vergütung dann für die Anlagen zu erwarten gewesen wäre. Der konsequente Schritt zur Stabilisierung der Marktentwicklung bestand damit zuallererst in der Abschaffung der Härteklausel.

Diese Klausel war – mehr schlecht als recht – dazu gedacht, überproportionale Belastungen zu begrenzen. Wenn sie wegfällt, ist der Weg frei für wirkliche Ausgleichsmechanismen. Eine gerechte Aufteilung der Kosten kann prinzipiell auf zwei Wegen erreicht werden. Entweder werden die zusätzlichen Kosten der erneuerbaren Energien ermittelt, indem von den gewährten Einspeisevergütungen der Marktwert dieses Stroms abgezogen wird. Die zur Aufnahme Verpflichteten, also die Netzbetreiber, erhalten dann aus einem Fonds jeweils die so ermittelten Zusatzkosten zurückerstattet. Die Rechnung geht dann auf, wenn alle Stromversorger in Deutschland proportional zu ihrer Stromabgabe in diesen Fonds einzahlen. Jeder Stromversorger und damit bei entsprechender Weitergabe jeder Stromverbraucher trägt so den gleichen Anteil an den Zusatzkosten. Von rechtlichen Bedenken abgesehen, ist bei solch einer Lösung problematisch, den Wert des Stromes bestimmen zu müssen.

Dieses Problem umgeht das zweite Modell elegant, indem nicht allein die Zusatzkosten, sondern die gesamten Kosten und auch der eingespeiste regenerative Strom auf alle Netzbetreiber gleichmäßig, also proportional zum insgesamt durchgeleiteten Strom verteilt werden. Nimmt ein Netzbetreiber beispielsweise weniger regenerativen Strom direkt von Einspeisern in seinem Versorgungsgebiet ab, als er eigentlich müsste, da es nicht genügend Einspeiser in seinem Gebiet gibt, so muss er die fehlende Menge Strom von einem anderem Netzbetreiber beziehen, bei dem überproportional viel eingespeist wurde. Diesen Strom erhält er aber nicht umsonst, sondern muss ihn seinem Netzkollegen mit den durchschnittlichen Vergütungen nach dem Einspeisungsgesetz abkaufen. Die Netzbetreiber geben den Strom an jeden Stromversorger proportional zur durchgeleiteten Menge weiter und lassen sich ihn über die Netzbenutzungsgebühren entgelten. Damit hat jeder Stromversorger in Deutschland und also letztlich auch jeder Stromverbraucher denselben Anteil erneuerbarer Energien in seinem Strommix und trägt gleichzeitig denselben Anteil an den Kosten.

Diese etwas kompliziert klingende Regelung wollen wir mit Hilfe eines Beispiels erläutern: Ein Verbraucher, der 100 Kilowattstunden bei einem Stromerzeugungsunternehmen seiner Wahl bestellt, bekommt von diesem nur 100-x Kilowattstunden geliefert. Die übrigen x Kilowattstunden stellt der Netzbetreiber entsprechend der in Gesamtdeutschland resultierenden Netzeinspeisung aus erneuerbaren Energien bereit. Auf eine Bestimmung von vermiedenen Kosten kann bei diesem Verfahren verzichtet werden. Die Verteilung des eingespeisten Stroms zwischen den Netzbetreibern ist dagegen kompliziert und erfordert zusätzlichen Verwaltungsaufwand.

Während die Wettbewerbsneutralität hinsichtlich der zu tragenden Belastung mit den beiden genannten Verfahren realisiert werden kann, muss in den nunmehr liberalisierten Märkten natürlich auch auf die Gleichbehandlung der Stromerzeuger von Strom aus erneuerbaren Energien geachtet werden. Daher sind Anlagen, die von Energieversorgungsunternehmen betrieben werden, ebenfalls nach den gesetzlichen Vorgaben zu vergüten, was bisher weitgehend nicht geschah.

Die Alternative: Mengenverpflichtungen

Als wichtigste Alternative zur Erneuerung des Stromeinspeisungsgesetzes sind Mengenverpflichtungen im Rahmen von Quotenmodellen in den Wettstreit um das beste Förderinstrument getreten. Die Idee dazu stammt aus der Umweltpolitik. Demnach wird gesetzlich festgelegt, dass ein bestimmter Anteil (= Quote) des Strommix aus erneuerbaren Energien stammen muss. Die gesetzlich Verpflichteten, das können die Stromverbraucher selbst, die Stromhändler oder aber die Stromerzeuger sein, weisen die Erfüllung der Quote über so genannte Zertifikate nach. Diese Zertifikate können sie von den Betreibern erneuerbarer Energieanlagen kaufen. Auf diese Weise erzielt der Betreiber einer Anlage zusätzlich zu den Erlösen aus dem Verkauf von Strom Einnahmen aus dem Verkauf von Zertifikaten. Die Betreiber der grünen Kraftwerke wiederum erhalten die Produktion jeder Einheit Strom von unabhängiger Seite über die Ausstellung eben dieser Zertifikate bestätigt.

Worin liegen nun die Vorteile dieses zunächst umständlich wirkenden Verfahrens? Erstens kann man sich über die Erreichung eines bestimmten Ziels zu einem bestimmten Zeitpunkt relativ sicher sein. Das von politischen Erwägungen diktierte Ziel, einen bestimmten Anteil erneuerbarer Energien am Strommix zum Zeitpunkt X zu erreichen, wird nämlich mit Quotenregelungen quantitativ eindeutig vorgegeben. Dagegen hängt die Zielerreichung bei Vergütungsmodellen wie dem Stromeinspeisungsgesetz von den vorgegebenen Vergütungssätzen und der Marktsituation ab. Da die Zertifikate handelbar sind, stehen die Erzeuger von Strom aus erneuerbaren Energien im Wettbewerb miteinander, was in Zeiten der weltweit dominierenden Marktwirtschaft in der Regel erwünscht sein dürfte – und das nicht nur national, sondern bei einer entsprechenden Ausweitung auch international. Nur kostengünstige Projekte können sich so durchsetzen, es besteht ein starker Anreiz zur Kostenreduktion. Bei sonst gleichen Voraussetzungen werden in diesem Modell Windkraftanlagen bevorzugt in jenen Regionen errichtet werden, in denen ein starker Wind weht, und nicht mehr dort, wo die Vergütung pro Kilowattstunde Strom besonders hoch ist. Auf diese Weise werden die vorhandenen natürlichen Ressourcen wirtschaftlich optimal ausgenutzt. Auf einem idealen Markt, also etwa einer Börse, werden alle Verpflichteten zum selben Preis bedient, die relative Belastung ist somit für alle gleich. Der verpflichtete Stromerzeuger hat die volle Freiheit, entweder selbst eine Anlage zu betreiben und auf diese Weise seiner Verpflichtung nachzukommen, sich entsprechende Zertifikate zu kaufen oder aber Dritte mit deren Besorgung zu beauftragen. Dies führt, so die Erwartungen, zu erhöhter Konkurrenz und damit auch zu einem höheren Kostendruck. Wettbewerbsanreize dieser Art müssten bei einer Förderung nach Art des Stromeinspeisungsgesetzes künstlich durch die Vorgabe degressiv gestalteter Vergütungssätze geschaffen werden.

Das klingt zwar sehr einleuchtend, doch auch Quotenmodelle haben Nachteile. Dies betrifft zum einen den unvermeidlichen Aufwand zur Kontrolle der Verpflichtung. Weiterhin entstehen nicht zu vernachlässigende Transaktionskosten durch den Zertifikatshandel. Während dies für Energieversorger als Betreiber von Anlagen zur Nutzung erneuerbarer Energien sicherlich nur ein kleines Hindernis darstellt, können sich diese Kosten für kleinere und zumeist private Betreiber durchaus als entscheidendes Hemmnis erweisen. Die letztgenannte Gruppe wäre ohnehin der Verlierer einer solchen Quotenregelung, da mit ihr auch die Investitionssicherheit verloren geht. Die Zertifikatspreise könnten nämlich im Gegensatz zu festgelegten Einspeisevergütungssätzen von Jahr zu Jahr schwanken. Schließlich entsteht auch ein zusätzlicher Aufwand beim Verpflichteten: Er muss sich darüber informieren, wo er am günstigsten Zertifikate erhält, und dann entscheiden, ob es gegebenenfalls billiger ist, selbst eine Anlage zur Erfüllung seiner Quote zu betreiben. In sein Kalkül muss er dabei auch einbeziehen, wie sich der Markt in Zukunft entwickeln wird. Der Effizienz der Quotenverpflichtung steht die Tatsache gegenüber, dass die dezentralen Entscheidungen der Teilnehmer am Zertifikatsmarkt für die die dafür notwendige Informationsbeschaffung und Entscheidungsfindung einen zusätzlichen Aufwand bedeuten.

Ein weiterer Nachteil der Mengenregelung liegt in der Ausgrenzung einzelner Technologien, da nur die kostengünstigsten Technologien bei der Erfüllung der Mengenverpflichtungen zum Zuge kommen. Deshalb müssten spezielle Regelungen für etwas marktfernere Technologien gefunden werden. Zu diesem Zweck könnten Teilquoten geschaffen oder für bestimmte Technologien höhere Wichtungsfaktoren eingeführt werden. Dies bringt aber nicht nur einen tendenziell höheren Transaktionsaufwand mit sich, sondern kann aufgrund der Einordnung von Quotenregelungen als Umweltauflagen auch zu rechtlichen Problemen führen, da das an sich homogene Gut Strom aus erneuerbaren Energien dann nur aufgrund der Art der Produktion differenziert werden würde. Grundsätzlich sind aber natürlich auch andere Maßnahmen außerhalb der Quotenregelung wie etwa Investitionszuschüsse zur zusätzlichen Unterstützung marktfernerer und somit teurer Technologien denkbar.

Um Ihnen diese vielen detaillierten Ausführungen übersichtlicher zu präsentieren, sind in der folgenden Übersicht Vor- und Nachteile beider Regelungen noch einmal zusammengefasst:

	Mengenverpflichtung (Quote)	**Mindestpreisregelung** (StrEG)
Zielerreichung	sicher	sicher, wenn Mindestpreise hoch
Investitionssicherheit	mäßig	hoch
Erfahrungen	gering	gut
Kostenwettbewerb	hoch	niedrig
Transaktionskosten	hoch	niedrig
Verursacherprinzip	ja	ja
technologiespezifisch	Marktprinzip	einstellbar
Kosteneffizienz	gut	gut

Kapitel 12
Neue Gesetze braucht das Land

Wir haben im vergangenen Kapitel Vergütungsregelungen wie das Stromeinspeisungsgesetz und Mengenverpflichtungen als Alternativen für die zukünftige Förderung erneuerbarer Energien diskutiert. Sie können sich sicher vorstellen, dass diese Diskussion sehr intensiv auch von den Akteuren auf der Bühne der Energiepolitik geführt wurde. Das Für und Wider der beiden Instrumente hat auch die Nachfolgediskussion des Stromeinspeisungsgesetzes bestimmt. Es gab einen umfassenden Dialog zwischen den politischen Parteien, den zuständigen Ministerien (im wesentlichen dem Umwelt- und dem Wirtschaftsministerium), der Wissenschaft sowie den die erneuerbaren Energien und die Energiewirtschaft insgesamt vertretenden Verbänden.

Die Entscheidung ist letztlich für eine evolutionäre Weiterentwicklung des bestehenden Stromeinspeisungsgesetzes gefallen. Maßgeblich hierfür waren neben inhaltlichen Gesichtspunkten sicher auch pragmatische Überlegungen. Getreu dem Leitsatz „Never change a winning team“ will man auf Bewährtem aufbauen, zumal für Quotenmodelle weder im In- noch Ausland ausreichende Erfahrungen vorliegen. Damit ist allerdings keine *grundsätzliche* Entscheidung gegen Quotenregelungen getroffen worden. Wenn sich die Märkte für erneuerbare Energien ausreichend stabilisiert und vergrößert haben und insgesamt homogenere Marktbedingungen vorliegen, kann die Einführung einer Quotenregelung durchaus angezeigt erscheinen. So haben es die Dänen geplant. Allerdings ist selbst dort, wo ohnehin bereits deutlich höhere Anteile der Stromerzeugung mit erneuerbaren Energien abgedeckt werden als in Deutschland, der geplante Übergang von einem Vergütungs- zu einem Mengenmodell mit dem Hinweis, dass die Märkte noch nicht groß genug seien, gerade um zwei Jahre verschoben worden.

Das Erneuerbare Energien Gesetz

Am 1. April 2000 ist also das Erneuerbare Energien Gesetz (EEG) in Kraft getreten. Was hat sich verändert? Im wesentlichen wurde versucht, die beschriebenen Schwächen des Vorgängergesetzes auszuräumen und darüber hinaus sein Anwendungsgebiet deutlich zu erweitern. Wir haben im folgenden die wichtigsten Veränderungen aufgelistet:

- Vergütungshöhe orientiert sich an den Erzeugungskosten und nicht mehr an den Durchschnittserlösen;
- Berechnung der Vergütung für Windkraftanlagen nach dem Referenzstandortverfahren;
- Vergütung für PV 99 Pf/kWh (für im Jahr 2000 errichtete Anlagen), Vergütung für neue Anlagen nimmt um jährlich 5 Prozent ab, Begrenzung der Förderung auf 350 Megawatt Gesamtleistung;
- Einbeziehung von Biomasseanlagen bis 20 Megawatt Leistung sowie von Erdwärme- und Grubengasanlagen;
- eindeutige Definition für Biomasse über zusätzliche Verordnung;
- Einbeziehung von Anlagen, die von Energieversorgern betrieben werden;
- eindeutige, wettbewerbsneutrale und gerechte Umverteilung der Zusatzkosten;
- Netzanschluss auch durch Dritte ausführbar, Netzverstärkungskosten müssen vom Netzbetreiber bezahlt werden.

Kommen wir zu den einzelnen Punkten: Die Höhe der Vergütung orientiert sich künftig an den durchschnittlichen Erzeugungskosten der regenerativen Anlagen und nicht mehr an den Durchschittserlösen. So wird Strom aus Windkraft mit 17,8 Pfennig je Kilowattstunde vergütet. Wie lange eine einzelne Anlage diese hohe Vergütung erhält, hängt von ihren jährlichen Erträgen im Vergleich zu jenen Erträgen ab, die eine Anlage gleichen Typs an einem genormten Standort, dem so genannten Referenzstandort, erwirtschaftet hätte. Das hört sich kompliziert an, hat aber einen einfachen Hintergrund: Anlagen an windgünstigen Standorten erhalten die hohe Vergütung nun kürzer, eine Überförderung wird damit ausgeschlossen. Gleichzeitig wird so auch sichergestellt, dass innovative Windkraftanlagen mit hohen Energieerträgen nicht schlechter gestellt werden als in der Anschaffung billigere, aber bezüglich des Ertrags entsprechend schlechte Anlagen. Die Vergütung für Photovoltaik-Strom wurde mehr als verfünffacht und kommt nun mit 99 Pfennig für die Kilowattstunde den tatsächlichen Kosten der Stromerzeugung nahe. Um aber den strengen Wettbewerbshütern in Brüssel gerecht zu werden, wird die Vergütung jährlich für die dann neuen Anlagen kontinuierlich gesenkt, und zwar bei Windenergie um 1,5 Prozent pro Jahr und bei der Photovoltaik sogar um 5 Prozent. Das bedeutet: Eine im Jahr 2005 errichtete PV-Anlage erhält nur noch 77 Pfennig pro Kilowattstunde, Anlagen aus dem Jahr 2000 kassieren hingegen 99 Pfennig. Da die Vergütung für Photovoltaikanlagen trotzdem auch im Vergleich zu anderen erneuerbaren Energien sehr hoch ist, wird die Gesamtleistung aller nach dem neuen Gesetz vergüteter PV-Anlagen auf 350 Megawatt begrenzt, was gut zu dem 100 000-Dächer-Programm passt, auf das wir noch näher eingehen werden. Einen begrenzenden Deckel für die anderen Technologien gibt es dagegen nicht mehr.

Auch die Frage der gleichmäßigen Verteilung der Kosten wurde nunmehr gerecht geregelt. Der eingespeiste Strom ist von den Netzbetreibern nämlich so zu verteilen, dass jeder Stromversorger proportional zu seiner Stromabgabe an die Verbraucher den gleichen Anteil abnehmen muss. Damit wurde also die zweite der im vorherigen Kapitel diskutierten Varianten der Kostenverteilung gewählt. Der Preis, den dieser für den nach dem neuen Gesetz vergüteten Strom bezahlen muss, entspricht genau der durchschnittlichen Vergütung für alle Anlagen. So ist gewährleistet, dass jeder Stromerzeuger in Deutschland denselben Anteil Ökostrom in seinen Versorgungsmix aufnehmen muss. Wenn man so will, ist dies also eine indirekte Quote, nur dass die Höhe nicht explizit vorgegeben wird. Soweit die Stromanbieter diese Kosten gleichmäßig an ihre Kunden weitergeben, werden alle Kunden, seien es Haushalte oder Industriebetriebe, finanziell gleich belastet, unabhängig davon, ob sie nun ihren Strom vom angestammten Versorger oder aber von einem unabhängigen Händler beziehen. Mit diesem Kunstgriff ist eine gerechte Verteilung der Lasten gegeben.

Hinsichtlich der Wettbewerbsneutralität ist mit der Gleichstellung der Anlagen von Energieversorgungsunternehmen und privaten Anlagen eine weitere Neuerung aufgenommen worden. Gleich geblieben ist die Regelung, dass die Anlagenbetreiber die Anschlusskosten tragen müssen. Im Gegensatz dazu sind die Netzverstärkungskosten nunmehr eindeutig vom Netzbetreiber zu finanzieren, können aber von diesem auch auf alle Netzbenutzer wettbewerbsneutral umgelegt werden. Die Verhandlungsposition des Anlagenbetreibers bezüglich der Höhe der Anschlusskosten wird zudem deutlich gestärkt, da er den Anschluss auch durch Dritte ausführen lassen kann, so dass der monopolistische Netzbetreiber in diesem Bereich im freien Wettbewerb mit anderen Unternehmen steht.

Eine Konkretisierung des Begriffs „Biomasse“ ist zunächst noch nicht erfolgt. In der diesbezüglich anstehenden Verordnung wird hierfür aber eine sehr weitgehende Definition vorgegeben werden. Damit können zukünftig auch Stromerzeugungsanlagen, die beispielsweise mit alten Eisenbahnschwellen oder Klärschlämmen befeuert werden, grundsätzlich gefördert werden, aber natürlich nur, wenn sie dem Bundesimmissionsschutzgesetz gehorchen.

Wir haben schon angesprochen, dass die etablierte Energiewirtschaft sich gegen die gesetzliche Förderung der erneuerbaren Energien gewehrt hat. Sie wird dies wohl trotz der beschlossenen Veränderungen auch weiter versuchen. So hat die für Wettbewerb zuständige Generaldirektion der EU auf ihr Betreiben hin eine Prüfung des neuen Gesetzes auf wettbewerbsrechtliche Zulässigkeit eingeleitet. Knackpunkt ist dabei die Frage, ob das Erneuerbare Energien Gesetz als unzulässige Beihilfe eingestuft werden kann. Von der Bundesregierung und zahlreichen Rechtsgutachtern wird dies verneint. Entsprechend hat die Bundesregierung das Erneuerbare Energien Gesetz bei der EU bewusst nicht als Beihilfe notifiziert. Letztlich wäre eine solche Einstufung seitens der Wettbewerbsdirektion nur über den Klageweg vor dem Europäischen Gerichtshof zu erreichen, was aufgrund des zu erwartenden politischen Widerstandes aus heutiger Sicht unwahrscheinlich erscheint. Wünschen wir der Politik entsprechendes Durchhaltevermögen.

Weitere Förderprogramme des Bundes

Das Erneuerbare Energien Gesetz ist sicher das Filetstück bei der Förderung der erneuerbaren Energien. Doch darüber hinaus hat die Regierungskoalition drei weitere energiepolitische Eckpfeiler verabschiedet: das „100 000-Dächer-Programm“, das „Marktanreizprogramm erneuerbare Energien“ und die ökologische Steuerreform.

Sonne auf 100 000 Dächern

Im Mittelpunkt der Photovoltaik-Förderung wird in Verbindung mit dem Erneuerbare Energien Gesetz in den kommenden Jahren das „100 000-Dächer-Solarstrom-Programm“ stehen, das im April 1999 in Kraft trat und auf 5 Jahre angelegt worden ist. Es hat das ehrgeizige Ziel, 100 000 Photovoltaikanlagen mit einer durchschnittlichen Spitzenleistung von drei Kilowatt auf den Weg zu bringen. Damit soll die installierte Photovoltaikleistung in Deutschland von 50 Megawatt im Jahr 1998 bis Ende 2003 auf mehr als 350 Megawatt angehoben werden, womit sich deren Anteil im Stromnetz mehr als verzehnfachen wird. Dieses Programm ist mit knapp einer Milliarde DM dotiert und soll Investitionen von rund 2,5 Milliarden DM auslösen. Es ist damit weltweit das bisher größte Photovoltaik-Förderprogramm. Besonders hervorzuheben ist seine industriepolitische Bedeutung, denn es geht nicht nur darum, mit einem stabilen und wachsenden Photovoltaikmarkt in Deutschland einen Beitrag zum Umweltschutz zu leisten. Mit der heimischen Nachfrage wird den deutschen Unternehmen vielmehr auch eine gute Basis gegeben, um im schnell wachsenden Weltmarkt erfolgreich bestehen zu können.

Gefördert wird die Errichtung und Erweiterung von Photovoltaikanlagen ab einer installierten Leistung von einem Kilowatt. Um die Entscheidung zu erleichtern, werden langfristige und vergünstigte Darlehen zu Festzinssätzen gewährt, mit denen die Investitionskosten vollständig finanziert werden können. Statt des begünstigten Darlehens kann auch ein Investitionszuschuss in gleicher Höhe des geldwerten Vorteils beantragt werden.

Der Gesetzgeber hat sehr optimistisch von Jahr zu Jahr steigende Ausbauzahlen vorgesehen: Für 1999 waren 18 Megawatt angestrebt, für das Jahr 2003 sind es bereits 95 Megawatt. Trotz der im Vergleich zu anderen erneuerbaren Energien hohen Fördersätze wurde im ersten Jahr des Programms das hoch gesteckte Ziel freilich um fast 50 Prozent verfehlt. Bis Ende 1999 wurden von der Kreditanstalt für Wiederaufbau Förderungen für 3552 Anlagen mit einer Leistung von insgesamt zehn Megawatt bewilligt. Der wesentliche Grund für dieses auf den ersten Blick enttäuschende Ergebnis dürfte der für den Investor unter dem alten Stromeinspeisungsgesetz verbleibende hohe Kostenanteil sein. Insofern ist der im Jahr 1999 erreichte Ausbau auf den zweiten Blick auch gar nicht mehr so enttäuschend, zeigt er doch, mit wie viel Engagement viele Bürger und Bürgerinnen bereit sind, in erneuerbare Energien zu investieren. Entscheidenden Einfluss auf das erste Programmjahr dürfte aber auch der Umstand gehabt haben, dass viele potenzielle Investoren in der Kenntnis, dass das Stromeinspeisungsgesetz novelliert wird, zunächst einmal abwarten wollten, bis die Unsicherheiten beseitigt sind. Letztlich mag der gegenüber den Erwartungen zurückfallende Programmerfolg auch mit der reduzierten Länderförderung zusammenhängen.

Mit der Verabschiedung des Erneuerbare Energien Gesetzes haben sich die Rahmenbedingungen jedoch grundsätzlich gewandelt. Die seit dem 1. April 2000 geltende gesetzliche Mindestvergütung für Solarstrom von 99 Pfennig pro Kilowattstunde (statt bisher etwa 16,5 Pfennig) hat die wirtschaftlichen Randbedingungen für die Photovoltaik schlagartig verändert. Die Förderung dieser Technik führt in vielen Fällen nunmehr zur vollen Kostendeckung. Unter Berücksichtigung von Betriebskosten und unter der Annahme, dass Eigenkapital für die Finanzierung nach Ablauf der Kreditlaufzeit zur Verfügung steht, können durchschnittliche Photovoltaikanlagen nach spätestens 16 bis 18 Jahren sogar in die Gewinnzone fahren. Das Resultat: Es ist ein regelrechter Boom bei der Errichtung von PV-Anlagen entstanden. Das für das Jahr 2000 vorgesehene Ausbauziel ist mit den im ersten Quartal eingegangenen 15 350 Anträgen bereits überschritten worden!

Mit dem 100 000-Dächer-Programm hat das Industrie- und Exportland Deutschland gute Ausgangsbedingungen für den nachhaltigen Aufbau neuer inländischer Produktionsstrukturen erhalten. Damit ist auch der Grundstock für die Entwicklung einer schlagkräftigen Exportindustrie gelegt worden. Nach einer aktuellen Umfrage erwarten die mittlerweile 30 im Bereich der Photo-

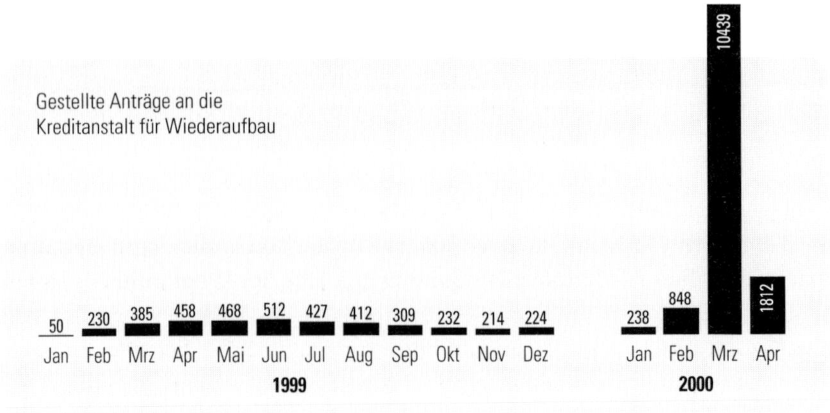

Die Entwicklung des 100 000-Dächer-Programms.

voltaik tätigen Unternehmen jährliche Zuwachsraten von 20 bis 40 Prozent. Vor einem Jahr kam die gleiche Umfrage noch zu Ergebnissen von 10 bis 20 Prozent. Und Mitte der neunziger Jahre machte der Produktionsbereich Photovoltaik sogar noch negative Schlagzeilen, weil die beiden größten Solarzellenproduzenten des Landes in die USA ausgewandert waren, da sie dort zur damaligen Zeit bessere Rahmenbedingungen vorgefunden haben. Heute ist dies glücklicherweise anders.

Das Marktanreizprogramm

Gegenüber dem 100 000-Dächer-Programm findet das 1999 gestartete „Marktanreizprogramm zur Förderung der Nutzung erneuerbarer Energien" in der öffentlichen Wahrnehmung nur geringe Beachtung. Dies ist angesichts eines Budgets von jährlich 200 Millionen DM recht erstaunlich, entspricht diese Summe doch einer Verzehnfachung gegenüber dem Vorgängerprogramm. Allerdings wurde es aus der Not geboren und ist das Ergebnis eines politischen Kompromisses. Denn die eigentlich logische Befreiung der erneuerbaren Energien von der Stromsteuer ließ sich in der ersten und zweiten Stufe der ökologischen Steuerreform nicht durchsetzen. Um die Einnahmen aus der Besteuerung von regenerativ erzeugtem Strom trotzdem Gewinn bringend für die Unterstützung erneuerbarer Energien einzusetzen, wurde eben dieses Förderprogramm aufgelegt. Insgesamt sind bis 2003 Fördergelder von einer Milliarde DM vorgesehen. Unterstützt werden Solarkollektoranlagen, Zentralheizungsanlagen zur Verfeuerung fester Biomasse, Biogasanlagen zur Stromerzeugung oder zur kombinierten Strom- und Wärmeerzeugung, kleine Wasserkraftanlagen und elektrische Wärmepumpenanlagen, soweit sie mit regenerativ erzeugtem Strom betrieben werden. Bemerkenswert ist, dass nach einer Pause von mehreren Jahren nun auch wieder größere Erdwärmeanlagen in die Förderung einbezogen wurden. Die Bezuschussung beläuft sich je nach Technologie und Ausführung auf 10 bis 30 Prozent der Investitionskosten. Mit dem Budget von 200 Millionen DM jährlich können somit Investitionen von einer bis zwei Milliarden DM pro Jahr angestoßen werden. Ob die Förderquoten für große Anlagen attraktiv genug sind, muss abgewartet werden. Für kleinere Anlagen insbesondere im Biogasbereich werden durch dieses Programm gerade auch in Kombination mit dem Erneuerbare Energien Gesetz hingegen erhebliche Impulse erwartet. Immerhin wurden in den ersten Monaten bis Ende 1999 bereits Fördermittel von 50 Millionen DM ausgeschüttet.

Die ökologische Steuerreform

Als 1999 die ökologische Steuerreform verabschiedet wurde, war dies eine politische Entscheidung, die weit über die erneuerbaren Energien hinaus richtungweisend war. Erstmals wurde per Gesetz ökologisches Verhalten der Bürger gefördert und auf der anderen Seite der Energieverbrauch verteuert. Wir wollen uns an dieser Stelle aber in erster Linie mit den für die erneuerbaren Energien relevanten Seiten dieser Reform befassen.

Seit dem 1.4.1999 wird in Deutschland eine Stromsteuer erhoben. Darüber hinaus wurden die Steuersätze für Mineralöle und Gase angehoben. Der festgelegte Steuersatz beträgt für Strom zwei Pfennig pro Kilowattstunde. Strom ist jedoch dann von der Steuer befreit, wenn er aus erneuerbaren Energien erzeugt wird und vom Verbraucher aus einem ausschließlich aus solchen Energieträgern gespeisten Netz oder einer entsprechenden Leitung entnommen wird. Strom aus erneuerbaren Energien ist laut Gesetz Strom, der ausschließlich aus Wasserkraft, Windkraft, Sonnenenergie, Erdwärme, Deponiegas, Klärgas oder aus Biomasse gewonnen wird. Die Befreiung gilt nur für jene Wasserkraftwerke, Deponie-, Klärgasanlagen oder andere Einrichtungen, die eine installierte Leistung von weniger als fünf Megawatt besitzen. Von der Steuer ausgenommen waren nach der ersten Stufe ferner Strom aus Eigenerzeugungsanlagen mit einer Leistung von weniger als 0,7 Megawatt.

Von Anfang an wurde die Steuerreform für ihre vielen Ausnahmen gerügt. Und so wird in der Tat etwa dem produzierenden Gewerbe ein auf 20 Prozent ermäßigter Steuersatz gewährt, und einem auf 50 Prozent ermäßigten Satz unterliegen auch Nachtspeicherheizungen und elektrische Bahnen und Busse.

Mittlerweile wurde zum 1.1.2000 die zweite Stufe der Ökologischen Steuerreform umgesetzt. Wesentliche Eckpunkte sind hierbei die Erhöhung der Steuersätze für Strom (um 0,5 Pfennig pro Kilowattstunde) und Mineralöl (um sechs Pfennig pro Liter) für den Einsatz im Verkehr. Zudem werden auch Erdgas-Gas-und-Dampfturbinen-Anlagen von der Mineralölsteuer befristet freigestellt und die Bagatellgrenze für die steuerbefreite Stromeigenerzeugung auf zwei Megawatt angehoben. Für die nächsten drei Jahre sind weitere Erhöhungen der Strom- und Mineralölsteuer in der gleichen Größenordnung vereinbart worden.

Welche Auswirkungen hat dieses Gesetz auf die erneuerbaren Energien? Aufgrund der fehlenden Ausnahme regenerativen Stroms von der Steuer konzentriert sich die Wirkung der Ökosteuer primär auf die Wärmebereitstellung. Viele Besitzer von Solarkollektoren und anderen Anlagen zur Nutzung erneuerbarer Energien gelangen nun in den Genuss einer Steuervergünstigung. Dagegen ist der Steuervorteil für die Stromerzeugung sehr begrenzt, da in den meisten Fällen der überwiegende Anteil des erzeugten Stroms in das Netz eingespeist wird und damit der Steuer unterliegt. Vorteilhaft wirkt sich gegenüber den Betreibern von dezentralen Kraftwerken auf der Basis fossiler Brennstoffe lediglich die in Einzelfällen höhere Bagatellgrenze für die Stromeigenerzeugung aus. Während mit fossilen Brennstoffen betriebene Anlagen schon mit einer vergleichsweise kleinen Leistung von zwei Megawatt voll steuerveranlagt sind, liegt diese Grenze für die Direktstromversorgung auf der Basis von Wasserkraftwerken, Deponie-, Klärgas- und sonstigen Biomasseanlagen bei fünf Megawatt.

Das alles bringt also nicht sehr viel. Warum hat der Gesetzgeber die Stromerzeugung aus erneuerbaren Energien nicht mehr gefördert? Mit Verweis auf die Schwierigkeiten mit der EU-rechtlichen Genehmigung hat man sich nicht an dieses Problem herangewagt. Dies ist aber nur die eine Seite der Medaille. Zusätzlich ist diese Inkonsequenz in der Steuerausgestaltung auf die bis heute fehlenden einheitlichen Zertifizierungsmechanismen für grünen Strom zurückzuführen. So schlimm ist dies aber nicht, denn die Freistellung von der Stromsteuer hätte für viele Anwendungsfälle aus dem Bereich erneuerbare Energien ohnehin keine Bedeutung. Die Betreiber, die Strom in das Netz einspeisen, profitieren vom gerade verabschiedeten Erneuerbare Energien Gesetz. Sie brauchen die Steuerbefreiung nicht. Anders sieht dies für Ökostrom-Händler aus. Für sie würde sich eine Ausnahmeregelung bezahlt machen und sie im Wettbewerb mit konventionellen Stromhändlern stärken.

Neben den hier im Detail behandelten Programmen bestehen auf Bundesebene weitere Aktivitäten zur Förderung erneuerbarer Energien. So hat beispielsweise das Bundeslandwirtschaftsministerium ein Förderprogramm für nachwachsende Rohstoffe aufgelegt, das mit einem Mittelaufkommen von jährlich 51 Millionen DM ausgestattet ist – auch dies ein Beleg für die vielfältige und dadurch manchmal leider auch unübersichtliche Förderlandschaft. Weitere Informationen zu den jeweils aktuellen Förderprogrammen stellen im übrigen verschiedene Internetdienste zur Verfügung (www.iwr.de oder www.solarthemen.de).

Die Bundesländer – ein wichtiger Partner

Ein beträchtlicher Teil der gesamten Förderung erneuerbarer Energien wird von den Bundesländern aufgebracht. 1997 lagen ihre Aufwendungen in diesem Bereich bei knapp 250 Millionen DM, sie sind aber leider bis 1999 auf 200 Millionen DM gesunken. Der Einsatz unterscheidet sich dabei von Bundesland zu Bundesland erheblich. Vom finanziellen Engagement liegen, bezogen auf den Mitteleinsatz je Einwohner zwischen 1990 und 1997, Nordrhein-Westfalen, das Saarland und Brandenburg mit jeweils 34 DM pro Kopf sowie Sachsen-Anhalt und Mecklenburg-Vorpommern mit jeweils 26 DM pro Kopf vor Bayern (24 DM). Mit deutlichem Abstand sind Niedersachsen (15 DM), Rheinland-Pfalz und insbesondere Baden-Württemberg (jeweils 13 DM) die Schlusslichter unter den Flächenstaaten.

Die einzelnen Länder setzen sehr unterschiedliche Schwerpunkte bei den geförderten Technologien. Meist gingen die Bemühungen bisher dahin, die Bundesprogramme entsprechend den spezifischen Ländergegebenheiten möglichst effektiv zu ergänzen. Während Bayern sich beispielsweise insbesondere im Bereich der Biomassenutzung stark engagiert hat, setzen andere Länder ihren Schwerpunkt eher im Bereich der Solarthermie (Saarland) oder der Windenergie (Nordrhein-Westfalen). Ohne diese Länderprogramme, die den privaten Investoren häufig erst den entscheidenden Anstoß gegeben haben, wäre die Entwicklung der erneuerbaren Energien weit weniger dynamisch verlaufen. Insbesondere in den Jahren bis 1998, in denen die Bundesförderung nur marginal war, kam ihnen eine besondere Bedeutung zu.

Seitdem die Förderprogramme auf der Bundesebene deutlich ausgeweitet worden sind, hat nun allerdings das Engagement vieler Länder nachgelassen. Gerade Länder wie Bayern, Hessen oder das Saarland, die jahrelang mit verlässlichen Programmen einen Beitrag zur Förderung erneuerbarer Energien geleistet haben, kürzen ihre Etats deutlich oder streichen ganze Förderbereiche. Dies ist bedauerlich, da die Länderprogramme nicht nur aufgrund der zusätzlich Mittel von Bedeutung gewesen sind, sondern auch psychologisch Wirkung gezeigt haben.

Exemplarisch für eine starke und kontinuierliche Förderung erneuerbarer Energien ist das bereits seit 1988 bestehende Programm „Rationelle Energieverwendung und Nutzung unerschöpflicher Energiequellen“ (REN) des Landes Nordrhein-Westfalen, das auch nach Ausweitung der Bundesprogramme nicht grundsätzlich revidiert wurde. Mit einem jährlichen Fördervolumen von 50 Millionen DM ist der REN-Topf heute das mit Abstand größte Landesbudget zur Förderung erneuerbarer Energien.

Der Schwerpunkt der Unterstützung liegt in NRW auf der Breitenförderung, wodurch Impulse für eine industrielle Serienfertigung erwartet werden. Bis zum 31.10.1999 sind gut 41 000 Projekte mit insgesamt rund 760 Millionen DM bezuschusst worden, darunter thermische Solaranlagen mit einer Kollektorfläche von insgesamt mehr als 180 000 Quadratmetern, mehr als 800 Windenergieanlagen (NRW weist inzwischen eine deutlich höhere Windenergieleistung auf als das Küstenland Mecklenburg-Vorpommern) und 4 484 Photovoltaikanlagen. Die hierzu bewilligten Mittel haben rund vier Milliarden DM Investitionen ausgelöst. Zahlreiche neue und zukunftsträchtige Arbeitsplätze waren die Folge. Ende 1998 waren einer Unternehmensbefragung zufolge allein in den 380 Unternehmen, die sich an der Umfrage beteiligt haben, rund 3 200 Menschen beschäftigt. Insgesamt dürften sich sogar rund 1 150 Firmen im Land mit dem Bereich erneuerbare Energien auseinandersetzen. Der Umsatz wird in den betroffenen Sektoren auf 1,2 Milliarden DM geschätzt. Das REN-Programm kann damit getrost als außerordentlich erfolgreich bezeichnet werden. Es repräsentiert einen wichtigen Meilenstein, um das von der Landesregierung gesteckte Ausbauziel der Stromerzeugung aus erneuerbaren Energien zu erreichen. Und es wird auch den entscheidenden Beitrag zu dem gesteckten Verdopplungsziel der erneuerbaren Energien bis zum Jahr 2010 leisten müssen.

Verbraucher und Unternehmer – die tun was!

Trotz aller öffentlichen Förderung, der Verbesserung der Rahmenbedingungen und des Rufs nach mehr Unterstützung für Forschung und Entwicklung: In einer marktwirtschaftlichen Ordnung sind es letztlich die Unternehmen und Verbraucher, die entscheiden, welche Technologien umgesetzt werden. Sie müssen überzeugt werden, damit eine zukunftsfähige Energieversorgung etabliert werden kann. Und es gibt ja ein durchaus beachtliches Engagement der Bürger. So haben sich derzeit bereits 50 000 Kunden zum Bezug von grünem Strom entschlossen, obwohl der meist zu höheren Tarifen angeboten wird – Tendenz steigend. Auch bei den Solarkollektoren mit einem jährlichen Absatz

Wasserkraft Volk – Schneller Brüter einmal anders

In den siebziger Jahren ging der Traum vom „Schnellen Brüter“ in der Kernenergieszene um, einem Kernkraftwerk, das während des Betriebes mehr Kernbrennstoff erbrütet, als es selbst benötigt. Dieser Traum von der unerschöpflichen Energiequelle musste aus ökonomischen Gründen schon bald wieder begraben werden.

20 Jahre später wird er wieder zum Leben erweckt, allerdings ohne die Risiken der Kernenergie, sondern mit Hilfe erneuerbarer Energien und dafür auch etwas langsamer. Ein Beispiel für diese Art von Brütern findet sich im südlichen Schwarzwald, in den neuen Betriebsgebäuden der Firma Wasserkraft Volk. Diese Firma stellt Kleinwasserkraftturbinen für den weltweiten Einsatz her. Das Besondere daran ist, dass Gebäude und Maschinen der Fabrik zu 100 Prozent mit Hilfe erneuerbarer Energien versorgt werden. Die Stromerzeugung sichern zwei Wasserturbinen mit insgesamt über 300 Kilowatt Leistung. Die Abwärme aus diesen Turbinen, Solarkollektoren und eine Holzhackschnitzelfeuerung decken den Wärmebedarf des 7000 Quadratmeter großen Gebäudes ab. Da diese regenerativen Energien zur Herstellung von Turbinen, die ja wiederum erneuerbare Energien nutzen, dienen, erbrütet Wasserkraft Volk im übertragenen Sinne mehr Energie, als hineingesteckt wird. Mehr noch: Da die Produktion vollständig regenerativ versorgt wird, ist auch die Herstellung der Anlagen nicht mehr mit Emissionen belastet. Auch über den gesamten Lebenszyklus betrachtet kommen die hier produzierten Wasserkraftanlagen der Forderung nach Null-Emissionen schon sehr nahe.

Die Firma Wasserkraft Volk steht mit ihrer Idee übrigens nicht allein da. Auch die Solarfabrik im nicht weit entfernten Freiburg wird vollständig regenerativ versorgt. Hier sind es ein Rapsöl-Blockheizkraftwerk und Solarzellen, die die Energieversorgung sicherstellen.

von 400 000 Quadratmetern, was einem Umsatz von 650 Millionen DM entspricht, greifen die Bürger in erheblichem Umfang in die eigene Tasche, da die staatliche Förderung allein wie gesehen nicht für einen wirtschaftlichen Betrieb ausreicht. Eine private Initiative stellt ebenfalls das Phoenix-Programm dar, das den Eigenbau von Solarkollektoren unter Anleitung ehrenamtlicher Helfer propagiert. Im Rahmen dieses Programmes wurden bisher 12 000 Anlagen installiert. Insgesamt beläuft sich das private Engagement der Bürger und Unternehmen für die ökologisch korrekte Wärme auf 300 Millionen DM pro Jahr. Aber es könnte noch viel mehr sein, wenn nicht oftmals Unwissen oder eine gewisse Trägheit von Baufirmen, Installateuren und Häuslebauern die Auseinandersetzung mit der Wärmeversorgung aus regenerativen Quellen von vornherein verhindern würden. Nicht zuletzt deswegen sollen Kampagnen wie „Solar? Na Klar!" von der Bundesstiftung Umwelt die Akzeptanz von Solarkollektoranlagen erhöhen und dazu beitragen, dass regenerative Wärmegestehung eines Tages so selbstverständlich ist wie warmes Wasser selbst.

Denn dies ist ein Bereich, in dem jeder engagierte Bürger etwas zur Umstrukturierung der Energieversorgung beitragen kann. Investitionszuschüsse sind von Bund, Ländern oder Kommunen zu erlangen, manchmal springt sogar der örtliche Energieversorger ein. Bauen Sie Ihr Eigenheim, denken Sie daran, dass Wärmepumpen und Solaranlagen bezuschusst werden! Die öffentlichen Haushalte stellten 1999 insgesamt 300 Millionen Markt für die regenerative Wärme zur Verfügung.

Doch auch die deutschen Unternehmen zeigen sich interessiert. So hat sich der Bundesverband „Deutscher Fertigbau" zum Ziel gesetzt, mindestens 80 Prozent des Absatzes von Fertighäusern seiner Mitgliedsunternehmen mit solarthermischen Anlagen auszustatten. Darüber hinaus können auch Stadtwerke, von der Liberalisierung oftmals überrascht, aufgrund ihrer meist kleinzelligen Entscheidungsstrukturen und ihrer guten örtlichen Einbindung mit den erneuerbaren Energien neue Geschäftsfelder erschließen und so erfolgreich im Wettbewerb bestehen. Beispielhaft sind die Stadtwerke in der mit knapp 40 000 Einwohnern nicht sehr großen Stadt Schwäbisch-Hall, die auf ihrem beschränkten Gebiet fünf Prozent des Stroms aus erneuerbaren Energien erzeugen. Doch auch einige große Stadtwerke engagieren sich auf diesem Feld, etwa die DEW in Dortmund.

Große Bedeutung hat ferner die Initiative der ASEW, eines Zusammenschlusses von Energieversorgungsunternehmen, die unter anderem die gemeinsame Vermarktung des von den Mitgliedsunternehmen produzierten grünen Stroms organisiert. Nicht zu vergessen sind auch die Förderprogramme vieler Energieversorgungsunternehmen gerade im Bereich der Photovoltaik und der solarthermischen Wärmebereitstellung. 160 der 800 traditionellen Energieversorgungsunternehmen in Deutschland führten solche Programme 1999 mit einem Mittelvolumen von insgesamt 100 Millionen DM durch. Insgesamt wird das finanzielle Engagement von Bürgern und Unternehmen auf jährlich 450 Millionen DM geschätzt, dies entspricht in etwa der

Solarpionier – für jeden möglich!

Ihre eigene private Energieversorgung aufzubauen, diesen Wunsch haben sich schon viele Menschen mit Hilfe der erneuerbaren Energien erfüllt. Ein frühes Beispiel dafür ist Herr Birner aus dem oberpfälzischen Hirschau. Schon 1990 installierte der gelernte Elektriker eine Vakuumflachkollektor-Anlage auf seinem Dach. Damit deckt er etwa 70 Prozent seines Warmwasserbedarfs. Auch Wasch- und Spülmaschine werden durch die Kollektoranlage mit Warmwasser versorgt. So kann Familie Birner jedes Jahr 400 Liter Heizöl und 150 Kilowattstunden Strom einsparen. Bisher musste Herr Birner seine Anlage weder warten noch reparieren. Ihren Strombedarf deckt die fünfköpfige Familie Birner zu 40 Prozent mit einer 1,8-Kilowatt-Photovoltaikanlage umweltfreundlich, emissionsfrei und geräuschlos. Die Anlage wurde im Rahmen des 1 000-Dächer-Programms gefördert und war die erste im Landkreis. Den erzeugten Strom nutzen die Birners aber nicht nur für ihre Haushaltsgeräte. Auch das familieneigene Elektroauto wird damit betrieben. Und am neuen 100 000-Dächer-Programm haben sich die Birners natürlich auch beteiligt, seit Juli 2000 schimmern 3 Kilowatt Solarzellen auf dem Dach.

finanziellen Förderung von Bund, Ländern und Kommunen zusammen. Dies alles trotz einer im Vergleich zu konventionellen Investitionen gleichen Risikos geringeren Verzinsung des eingesetzten Kapitals, die viele tausend private Investoren dennoch akzeptieren.

Dieses Engagement gilt es zu stärken, indem etwa über eine aktive Öffentlichkeitsarbeit das Image erneuerbarer Energien weiter gehoben wird. Es liegt in der Natur dezentraler Energiesysteme, dass die Überzeugung der Bevölkerung aufgrund der deutlich größeren Zahl der Akteure (und Betroffenen) merklich aufwendiger ist als bei zentralen Versorgungssystemen. Wir haben schon angedeutet, wie schwierig ein Umdenken aller Beteiligten nur im Bereich des Eigenheimbaus ist – der Fortschritt scheint auch da eine Schnecke zu sein. Eine Unterstützung dieses privaten Einsatzes ist deshalb mehr denn je geboten – es lohnt sich.

Kapitel 13
Erneuerbare Energien in Europa

Energiepolitik ist, wir haben es in Kapitel 6 bereits angedeutet, in Zeiten der europäischen Integration immer mehr auch eine internationale Frage. So ist die Liberalisierung der nationalen Energiemärkte ein wichtiger Beitrag, um einen einheitlichen europäischen Binnenmarkt zu erzeugen. Auch die erneuerbaren Energien genießen die verstärkte Aufmerksamkeit der Europäischen Union. Die europäischen Parlamentarier haben sich immer wieder als Anwälte für diese Energien betätigt, und dies nicht nur in Worten, sondern auch in Taten. So wurde das Forschungsbudget zugunsten erneuerbarer Energien erheblich erhöht. Es existieren darüber hinaus mehrere überparteiliche parlamentarische Vereinigungen, die sich der Förderung dieser Energien verschrieben haben.

Die Europäische Kommission, das ist sozusagen die Regierung der Europäischen Union, hat auf diese Initiativen unter anderem mit einem im November 1997 veröffentlichten Weißbuch *Energie für die Zukunft: Erneuerbare Energieträger* reagiert. In ihm wird die politische Strategie der Europäischen Union beschrieben: „Erneuerbare Energiequellen sind heimische Energiequellen, die dazu beitragen können, die Abhängigkeit von Energieeinfuhren zu verringern (...). Der Ausbau (...) schafft Arbeitsplätze, besonders bei den kleinen und mittleren Betrieben, die für das Wirtschaftsgefüge in der Gemeinschaft so wichtig (...) sind." Gleichzeitig wird festgestellt, dass sich „in Anbetracht des verfügbaren technischen Potenzials (...) der Anteil erneuerbarer Energieträger an der Energiebilanz der Gemeinschaft auf einem unannehmbar niedrigen Niveau" bewegt. Der Kommission liegt sehr daran, dass unabhängig von den Ergebnissen der internationalen Klimaschutzkonferenzen die beschleunigte Einführung erneuerbarer Energien verfolgt wird.

In besagtem Weißbuch werden auch quantitative Ziele formuliert. Das wichtigste kennen wir bereits aus Kapitel 6. Es ist die Forderung nach der Verdoppelung des Anteils erneuerbarer Energien am Energieverbrauch von etwa sechs Prozent im Jahr 1995 auf 12,5 Prozent bis zum Jahr 2010. Diese Zielsetzung, die, wie wir wissen, der in Deutschland in etwa entspricht, soll ein klares politisches Signal und einen Impuls zum Handeln darstellen. Eine noch in der Enstehung begriffene Richtlinie zur Förderung der erneuerbaren Energiequellen im Elektrizitätsbinnenmarkt soll darüber hinaus erstmals länderspezifische Ausbauziele festlegen. Nach den vorliegenden Entwürfen sind für die einzelnen Länder der EU folgende Ziele in Bezug auf die Stromerzeugung formuliert worden:

	1997	2010
Belgien	0,9 %	5,8 %
Dänemark	8,7 %	29,0 %
Deutschland	**2,4 %**	**10,3 %**
Finnland	10,4 %	21,7 %
Frankreich	2,2 %	8,9 %
Griechenland	0,4 %	14,5 %
Italien	4,5 %	14,9 %
Irland	1,1 %	11,7 %
Luxemburg	2,1 %	5,7 %
Niederlande	3,5 %	12,0 %
Österreich	10,7 %	21,1 %
Portugal	4,8 %	21,5 %
Schweden	5,1 %	15,7 %
Spanien	3,6 %	17,5 %
Großbritannien	0,9 %	9,3 %
EU15	3,2 %	12,5 %

Betrachten wir diese Zahlen, fällt auf, dass die Anteile an der Stromerzeugung in Europa noch stärker wachsen sollen als die erneuerbaren Energien insgesamt: nämlich von 3,2 Prozent auf 12,5 Prozent.

Diese geplanten Steigerungen lassen erkennen, wie sehr auch der Ausbau einzelner Technologien zu forcieren ist. Weil nach Auffassung der Kommission das Potenzial der Wasserkraft weitgehend ausgeschöpft oder aus Umweltschutzgründen begrenzt ist, wird der größte Anstieg bei der Biomasse angestrebt. Ihr Anteil an der gesamten Energieversorgung soll von 3,3 auf 8,5 Prozent ansteigen. Die Hälfte davon soll der stark erweiterte Anbau von Energiepflanzen bringen, die andere Hälfte entfällt auf die ungenutzten Potenziale bei land- und forstwirtschaftlichen Abfällen. Weiterhin sollen auch Kraftstoffe aus Biomasse an Bedeutung gewinnen, obwohl sie die derzeit am wenigsten wettbewerbsfähige Form der energetischen Biomassenutzung darstellen.

Als zweitwichtigste Technologie wird die Windenergie angesehen, die auf 40 000 Megawatt installierte Leistung gegenüber 9 200 Megawatt im Jahr 1999 anwachsen soll. Auch der thermischen Nutzung von Solarenergie zur Warmwasserbereitung und Raumheizung wird ein hohes Wachstum zugetraut. Bis 2010 könnte sich die installierte Fläche mit 100 Millionen Quadratmetern gegenüber heute mehr als verzehnfachen. Geringere absolute Beiträge werden dagegen von der Photovoltaik und der Erdwärme erwartet, wobei die Photovoltaik von allen Technologien allerdings die mit Abstand größten relativen Zuwachsraten aufweist. Voraussetzung für die anvisierte Verhundertfachung (!) der installierten elektrischen Leistung auf 3 000 Megawatt ist eine groß angelegte Markteinführungskampagne. Mit ihr sollen die vorhandenen Kostensenkungspotenziale rasch ausgeschöpft werden. Erwartet wird darüber hinaus, dass sich Photovoltaikanlagen dann auch erfolgreich exportieren lassen.

Von der Umsetzung dieses Szenarios verspricht sich die Union verschiedene positive Effekte: eine Senkung der CO_2-Emissionen um etwa 400 Millionen Tonnen jährlich ebenso wie die Verringerung der Importabhängigkeit bei Energieträgern sowie erhebliche Beschäftigungseffekte als Folge der notwendigen Nettoinvestitionen von annähernd 100 Milliarden Euro. Nicht zuletzt soll auch der Export erheblich profitieren, da die europäische Industrie im Bereich erneuerbare Energien international über eine hervorragende Wettbewerbsposition verfügt. Insgesamt könnten – so die Mutmaßungen – mehr als 500 000 neue Arbeitsplätze in Europa entstehen.

Die Planungen und auch die erwarteten Effekte innerhalb der Union unterscheiden sich also nicht grundsätzlich von denen in Deutschland. Und so ist es nicht verwunderlich, dass man wie in Deutschland so auch in Brüssel über Strategien nachdenkt, wie die erneuerbaren Energien am besten auf dem Markt eingeführt werden können. Folgende Maßnahmen werden genannt:

- ein fairer Zugang erneuerbarer Energien zum Elektrizitätsmarkt;
- Steuer- und Finanzmaßnahmen (Steuererleichterungen, Beihilfen);
- eine Initiative zum Einsatz von Bioenergie im Verkehr sowie zur Wärme- und Stromerzeugung (Zufeuerung von Biomasse in Kohlekraftwerken, Förderung der Kraft-Wärme-Kopplung, Steuerbefreiung für flüssige Biokraftstoffe);
- die Verbesserung von Vorschriften im Gebäudebereich unter Einbeziehung erneuerbarer Energien;
- die verstärkte Förderung von Forschung, technologischer Entwicklung und Demonstration.

Damit all diese Planungen nicht nur Theorie bleiben, ist eine „Kampagne für den Durchbruch" lanciert worden, die bereits bis zum Jahr 2003 für alle Nutzungstechniken wichtige Meilensteine erreichen soll. Ob dieser Kampagne Erfolg beschieden sein wird, ist heute noch weitgehend offen. Er wird davon abhängen, ob es gelingt, die zahlreichen Akteure vom individuellen Nutzen einer Strategie des Ausbaus erneuerbarer Energien zu überzeugen. Denn in dieser „Partnerschaft für erneuerbare Energien" beschränkt sich die Rolle europäischer Institutionen in erster Linie darauf, Akzeptanz zu schaffen, die Kampagne zu koordinieren und sie mit begleitenden Maßnahmen zu unterstützen. Im Vordergrund steht deshalb auch, das Interesse bei Unternehmen und privaten Investoren zu wecken, die drei Viertel der gesamten Investitionen finanzieren sollen. Weitere Gelder sollen aus nationalen Förderprogrammen aufgebracht werden, was bedeutet, dass die zurzeit verfügbaren Budgets europaweit um jährlich mindestens zehn Prozent ansteigen müssen. Die Förderung durch die Gemeinschaft selbst liegt in der Größenordnung von einer Milliarde Euro über den gesamten Zeitraum von zehn Jahren und wird aus bestehenden Programmen bereitgestellt.

Der Streit um das richtige System

Ganz im Gegensatz zu ihren ambitionierten Zielen hat sich die Kommission in der Vergangenheit ablehnend zum deutschen Stromeinspeisungsgesetz geäußert und dessen Existenz in Frage gestellt. Begründet wurde diese Ablehnung mit Wettbewerbsverzerrungen, die durch dieses Gesetz ausgelöst würden, und der fehlenden zeitlichen Befristung und Degressivität der als Beihilfe gewerteten Zahlungen. Darüber ist auf europäischer Ebene ein heftiger Streit um das beste Förderinstrument im Strombereich entbrannt. Er wird vor dem Hintergrund geführt, dass die Förderung in den einzelnen Mitgliedsländern der Europäischen Union harmonisiert und auf ein gleiches Niveau gebracht werden soll. Dabei favorisieren die einzelnen Mitgliedsländer meist jeweils das Modell, das sie national bereits eingeführt haben. Das englische Ausschreibungsmodell, auch in Frankreich und Irland praktiziert, steht konträr zum System gesetzlich garantierter Mindestpreise, wie es in Deutschland mit dem Stromeinspeisungs- bzw. seit neuem mit dem Erneuerbare Energien Gesetz und auch in Dänemark und Spanien umgesetzt wurde.

Zur Förderung der erneuerbaren Energien wird beim Ausschreibungsmodell eine bestimmte Menge Strom ausgeschrieben, und potenzielle Erzeuger bieten ihre Projekte mit den geplanten Kosten an. Erhält ein Anbieter den Zuschlag, in der Regel der billigste, wird der von ihm geforderte Preis zugesichert, und die Energieversorger sind dann verpflichtet, den Strom zu den in der Ausschreibung erzielten Preisen aufzunehmen.

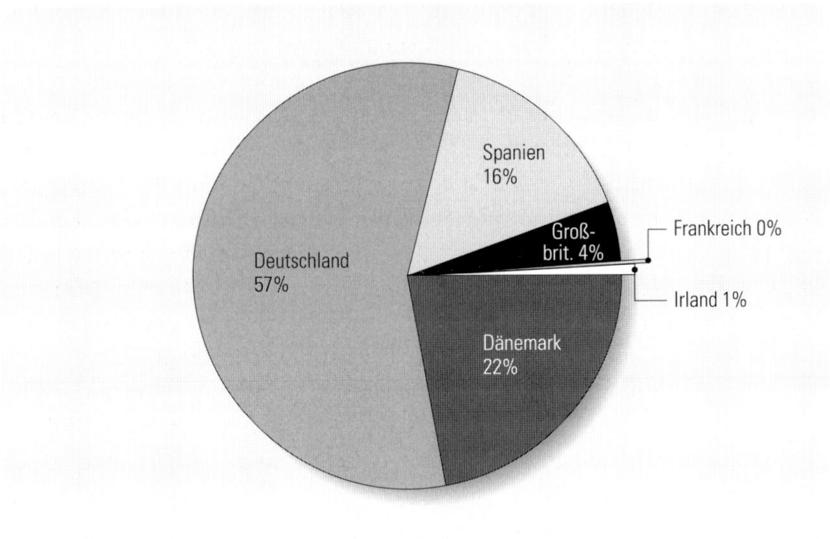

Die installierte Windkraftleistung in ausgewählten Ländern der Europäischen Union.

Vergleicht man indes die Verbreitung der Windenergie als typische und überall praktizierte Form der Nutzung erneuerbarer Energien zur Stromerzeugung in den einzelnen Ländern, so scheint eigentlich klar zu sein, welches das beste System ist (vgl. das obige Schaubild). Von den insgesamt knapp 8 000 Megawatt installierter Windkraftleistung in den sechs Ländern mit den meisten Anlagen standen 95 Prozent in Staaten mit gesetzlichen Mindestpreisregelungen! Auch bezüglich der installierten Leistungen pro Landesfläche und pro Einwohner, beides wichtige Maßstäbe für den relativen Erfolg der Technologie, sind die Länder mit Mindestpreisregelungen weit vorne zu finden. Und im Vergleich der finanziellen Aufwendungen schneidet das Stromeinspeisungsgesetz ebenfalls besser ab. Bei Kosten von 500 Millionen DM konnte in Deutschland die zehnfache Leistung Englands installiert werden, das aber dennoch 395 Millionen DM aufwendete.

Kritiker der Mindestpreisregelung bemängeln trotzdem, dass die Anlagenhersteller und -betreiber nicht zur Kostenreduktion gezwungen seien. Bei der Ausschreibung stehen die Anbieter dagegen in harter Konkurrenz zueinander. Im englischen System haben manchmal Unterschiede von Zehntelpfennigen pro Kilowattstunde über den Zuschlag entschieden. Doch dies hat dazu geführt, dass nur die allerbesten Standorte ausgewählt werden – eine zu harte Einschränkung, wie wir glauben. Es hat sich auch gezeigt, dass der Wettbewerb nicht unbedingt von dem Anbieter mit der besten oder preiswertesten Technologie gewonnen wird, sondern von jenen Unternehmen, die den besten Zugang zu günstigem Kapital haben, also insbesondere von den etablierten großen Stromversorgern.

Die für sich sprechenden Ergebnisse der beiden Fördersysteme und die aufgeführten Nachteile der Ausschreibungen haben denn auch die britische Regierung bewogen, dieses Verfahren aufzugeben und eine Quotenregelung einzuführen – ein System, das die Niederlande als bisher einziges Land in Europa seit 1998 anwenden. Da die gesetzliche Zielvorgabe in unserem Nachbarland erst Ende 2000 erfüllt und entsprechende Zertifikate erst dann nachgewiesen werden müssen, kann zum jetzigen Zeitpunkt keine Bewertung vorgenommen werden. Eine Reihe weiterer Länder wie Dänemark und Italien planen ebenfalls die Einführung eines solchen Systems. Auch die Europäische Kommission favorisiert die Quotenregelung, erlaubt sie doch den freien Handel über nationale Grenzen hinweg und fördert den Wettbewerb, ein der Kommission sehr wichtiger Aspekt. Allerdings ist davon Abstand genommen worden, das Quotensystem ab einem bestimmten Zeitpunkt verpflichtend in allen Ländern der Europäischen Union einzuführen. Vielmehr sollen zunächst die unterschiedlichen in den einzelnen Ländern existierenden Fördersysteme über einen Zeitraum von weiteren fünf Jahren auf ihre Wirksamkeit beobachtet werden. Somit bleibt auch das neue deutsche Erneuerbare Energien Gesetz weiterhin konform mit den Bestrebungen der Europäischen Union.

Mit der Neufassung des Einspeisungsgesetzes ist der Kostendruck auch in Deutschland erhöht worden, ohne aber grundsätzlich dieses sehr erfolgreiche Instrument zu verändern. Denn in der Frühphase der Markteinführung sollte die Etablierung der neuen Technologie im Vordergrund stehen, indem Investoren und Herstellern sichere Rahmenbedingungen gewährt werden. Wenn die erneuerbaren Energien bedeutende Anteile am Strommarkt erlangt haben, wenn also die Verdopplung des Anteils auf zehn Prozent bis zum Jahr 2010 erreicht sein wird und diese Technologien trotz geänderter Rahmenbedingungen, wie sie sich mit der Einführung der ökologischen Steuerreform abzeichnen, weiterhin der finanziellen Förderung bedürfen, so wird die Einführung eines weitgehend aus wettbewerblichen Elementen bestehenden, europaweiten Quotensystems angezeigt sein.

Letztlich ist der Streit um die drei Fördermodelle (Mindestpreisregelung, Quotenmodell, Ausschreibung) zweitrangig, denn alle weisen spezifische Vor- und Nachteile auf. Die Nachteile der bisher im nationalen Rahmen umgesetzten Systeme lassen sich meist durch Korrekturen bestimmter Details verbessern, wobei dann auch ein Teil der Vorteile verloren geht. Entscheidend ist aber, dass hinter der Förderung auch ein politischer Wille steht, den Ausbau erneuerbarer Energien voranzubringen. Ist dies der Fall, können mit jedem der vorgestellten Systeme die regnerativen Energien unterstützt werden. Keines bietet gegenüber einem der anderen solche hervorragenden Vorteile, dass ein Wechsel zum jetzigen Zeitpunkt der Markteinführung gerechtfertigt scheinen könnte.

Jenseits dieses Streites können wir aber festhalten, dass auch die Planungen der Europäischen Union darauf hinarbeiten, die Energieversorgung in Richtung auf Nachhaltigkeit umzubauen, und dass sie deswegen den deutschen Vorhaben ähnlich sind.

Kapitel 14
Die Zukunft – auf den richtigen Mix kommt es an

In den vorangegangenen Kapiteln haben wir beschrieben, was in Deutschland, aber auch in der Europäischen Union bis jetzt in die Wege geleitet worden ist, um für die Zukunft eine nachhaltige Energieversorgung aufzubauen. Als erstes Etappenziel haben wir die Verdopplung der erneuerbaren Energien bis 2010 festgehalten. Nun, bis dahin vergehen nur noch zehn kurze Jahre. So stellt sich also die Frage, ob die Maßnahmen, die bis Mitte 2000 eingeleitet wurden, wirklich ausreichend sind, um das Ziel zu erreichen. Ist die Markteinführung der neuen Energieformen bereits so weit vorangetrieben, dass diese genügend Schwung haben, um bis 2010 und darüber hinaus mit der nötigen Schnelligkeit zu wachsen? Jeder aufrichtige Beobachter der Entwicklung wird diese Fragen verneinen müsen. Dennoch, das sei noch einmal betont, weisen viele Ansätze und Maßnahmen in die richtige Richtung. Es ist bereits viel passiert. Doch wir müssen noch weit mehr tun, damit aus den richtigen Ansätzen eine Entwicklung wird, die wirklich die nötige Dynamik entfaltet, um die Energieversorgung umzubauen. Wir wollen im folgenden skizzieren, wie dies gelingen könnte.

Die erste Antwort auf die aufgeworfenen Fragen, die jedermann sofort einfällt, lautet: Wir benötigen mehr Geld, mehr Fördermittel. Dies ist zweifelsohne richtig, denn bis zur Erreichung des Verdopplungsziels wird sich die Kostenlücke zwischen anvisierter Strom- und Wärmebereitstellung auf der Basis erneuerbarer Energien und den zur Verfügung stehenden konventionellen Alternativen vergrößern. Mit durchschnittlichen Aufwendungen von 2,9 Milliarden DM jährlich in den nächsten zehn Jahren (die Bandbreite bewegt sich dabei zwischen 1,75 Milliarden DM im Jahr 2000 und rund vier Milliarden DM im Jahr 2010) entspricht dies im Vergleich zu den heute bereitgestellten Mitteln, die inklusive der freiwilligen Leistungen der Verbraucher und Unternehmen rund 1,5 Milliarden DM erreichen, fast einer Verdopplung. Und wie heute muss ein großer Anteil dieser Mittel über Fördermaßnahmen unterschiedlichster Art aufgebracht werden.

Maßgeblich für den Anstieg der Differenzkosten ist nicht nur der Ausbau des Nutzungsstandes an sich, sondern auch der Umfang, in dem mehr neue

Technologien erschlossen werden. Wir haben in Kapitel 9 aber bereits darauf hingewiesen, dass wir diesen breiten Technologiemix brauchen und eine Fokussierung auf nur eine Technologie, die dafür aber vergleichsweise billig ist, nicht zum Ziel führt. Dabei ist zu berücksichtigen: So erfolgreich die Förderung in einigen Bereichen wie etwa in der Windenergie auch war, so groß sind immer noch die Handlungsdefizite in anderen. Zu ihnen gehört generell die Bereitstellung von Wärme mit Hilfe erneuerbarer Energien, ein Sektor, in dem trotz einer großen Anzahl gut gemeinter, häufig dann aber nur unzureichend ausgestatteter Programme ein vergleichbares Wachstum ausgeblieben ist. Technologisch betrachtet liegen die großen Potenziale der energetischen Biomassenutzung aus Reststoffen und Energiepflanzen weitgehend brach, obwohl viele der Nutzungstechnologien nur vergleichsweise geringe Mehrkosten erfordern würden. Auch die Erdwärme, vielversprechend insbesondere für die Wärmebereitstellung, hat bisher noch keinen angemessenen Platz in der Förderlandschaft gefunden. Schließlich haben Technologien, die in Deutschland aufgrund der natürlichen Gegebenheiten nicht umgesetzt werden können, aber weltweit einen bedeutenden Beitrag zu einer zukunftsfähigen Energieversorgung leisten können, einen sehr schlechten Stand in der deutschen Förderlandschaft. Betroffen davon sind vor allem solarthermische Kraftwerke, aber auch Wellenkraftwerke.

Vor diesem Hintergrund wollen wir im folgenden zunächst für den Bereich der Stromerzeugung, dann aber auch für die Wärmebereitstellung Überlegungen anstellen, welche konkreten Maßnahmen zusätzlich zu den schon bestehenden Aktivitäten und über die abstrakte Forderung nach mehr Fördermitteln hinaus noch erforderlich sind, um das Verdopplungsziel zu erreichen. Letztlich geht es darum, viele geeignete einzelne Handlungsoptionen zu einem optimalen Bündel zu schnüren. Experten nennen dies auch einen Policy-Mix. Mit diesem wollen wir uns befassen.

„Mehr Strom!“ ist die Devise!

Wir haben in Kapitel 12 das Erneuerbare Energien Gesetz kennen gelernt, das zumindest für die nächsten Jahre ein ganz wichtiges Instrument zur Förderung der neuen Energien sein wird. Mit der Verabschiedung dieses Gesetzes ist auch klargestellt worden, dass der Schwerpunkt der Förderung im Bereich der Stromerzeugung auch weiterhin durch eine Vergütungsregelung bestimmt wird. Dieser Nachfolger des erfolgreichen Stromeinspeisungsgesetzes ist in unserem policy mix zweifellos die wichtigste Einzelmaßnahme, gewährleistet für sich allein aber auch noch nicht den Erfolg. Wichtige Weggefährten sind das 100 000-Dächer-Programm und das Marktanreizprogramm. Auch diese beiden Unterstützungsmaßnahmen haben wir schon vorgestellt.

Das Stromeinspeisungsgesetz hat 1999 bereits einen Beitrag von mehr als 500 Millionen DM zur Förderung der erneuerbaren Energien geleistet und damit mehr als die Hälfte zur Abdeckung der entstehenden Differenzkosten auf der Stromseite beigetragen. Infolge der Umsetzung des Erneuerbare Energien Gesetzes ist eine Ausweitung des umlagefinanzierten Förderbetrages auf mehr als eine Milliarde DM bis 2010 zu erwarten.

Während das Erneuerbare Energien Gesetz viele unterschiedliche Technologien unterstützt, ist es die Aufgabe des 100 000-Dächer-Programms, mit einem Gesamtvolumen von rund einer Milliarde DM in den nächsten Jahren einen wesentlichen Beitrag zur Kostensenkung der photovoltaischen Stromerzeugung zu leisten. Gelingt dies, könnte der Einstieg in eine weltweite Marktdynamik erreicht werden.

Andererseits ist mit dem 200-Millionen-DM-Förderprogramm eine Unterstützung eingerichtet worden, deren Schwerpunkt in der Förderung der Wärmebereitstellung aus erneuerbaren Energien liegt. In das bisherige Investitionszuschussprogramm des Bundes ist zudem eine Förderung der Wasserkraft sowie der Photovoltaik-Nutzung an Schulen einbezogen. Darüber hinaus sollen Biogas-Anlagen und solarthermische Kraftwerke unterstützt werden. Nach Einschätzungen des Bundeswirtschaftsministeriums wird die Stromerzeugung mit jährlich insgesamt etwa 30 Millionen DM veranschlagt. Trotz dieser drei Programme stehen aber für entscheidende Technologien, die nach unserem Dafürhalten zur Erreichung des Verdopplungsziels beitragen müssen, *nur unzureichende* Fördermittel des Bundes zur Verfügung. Dies gilt insbesondere für größere Biomasseanlagen auf fester Brennstoffbasis, aber auch für Offshore-Windkraftwerke und die spätere Einbindung von Brennstoffzellen. Es ist unsicher, ob die Vergütungssätze des Erneuerbare Energien Gesetzes auch für diese Newcomer ausreichen werden.

Welche zusätzlichen Möglichkeiten zur Förderung haben wir zur Wahl? Sehen wir uns dazu die Zahlen für die Stromerzeugung im Detail an. Bei der Berechnung der Differenzkosten spielt der anlegbare Strompreis die entscheidende Rolle. Er wird nicht zuletzt maßgeblich durch den Fortgang der Ökologischen Steuerreform bestimmt. Mit einer sukzessiven Erhöhung der Stromsteuer (bei einer zeitgleichen Ausnahme der erneuerbaren Energien) könnte demnach ein wesentlicher Beitrag zur Absenkung der zu erwartenden Differenzkosten geleistet werden. Gehen wir von der heute absehbaren Ausgestaltung aus, lässt sich trotz Kostenreduktionen im Wettbewerbsmarkt hieraus für den gesamten Betrachtungszeitraum bis zum Jahr 2010 eine durchschnittliche

Strompreiserhöhung von zwei Prozent im Jahr (entspricht insgesamt 3 Pfennig für die Kilowattstunde von 1997 bis 2010) ableiten. Die resultierenden Differenzkosten liegen bei diesem moderaten Anstieg bei knapp 1,8 Milliarden DM im Jahr 2010 (auf die Wärmeerzeugung entfallen im gleichen Jahr entsprechend Differenzkosten von 2,2 Milliarden DM). Der größte Anteil dieser Differenzkosten ist für die Windenergie (51 Prozent), gefolgt von der Photovoltaik (29), der Biomasse-Kraft-Wärme-Kopplung (14) und der Wasserkraft (6) zu veranschlagen.

Mit rund 60 Prozent kann der größte Anteil dieser Differenzkosten im Jahr 2010 durch das wettbewerbsneutral umgesetzte Erneuerbare Energien Gesetz abgedeckt werden. Bei dem unterstellten moderaten Anstieg der Strompreise und einer festgelegten netzbetreiberseitigen Umlage der Aufwendungen resultiert hierdurch ein von den Stromkunden zu tragender Kostenaufschlag von etwa 0,2 Pfennig pro Kilowattstunde. Dieser sinkt bei einer wie auch immer gearteten Preiserhöhung von im Mittel drei Prozent (entspricht 4,7 Pfennig von 1997 bis 2010) auf etwa die Hälfte ab, bei absolut konstanten Preisen ergibt sich hingegen ein Netzaufschlag von circa 0,36 Pfennig. Die Ökologische Steuerreform muss daher als flankierendes Element in die Rechnung einbezogen werden.

Neben der Förderung durch den Bund werden auch in Zukunft die Länder eine wichtige Rolle spielen. Dabei ist vor allem ein wesentlich höherer Beitrag für die zusätzliche Förderung der Windenergie (beispielsweise an Binnenlandstandorten) im Gespräch. Vor diesem Hintergrund wird insgesamt von einem bis zum Jahr 2005 zunächst in etwa konstanten Fördermitteleinsatz von 50 Millionen DM ausgegangen, der sich dann aber bis zum Jahr 2010 auf 100 Millionen DM verdoppeln wird.

Trotz gegenläufiger Tendenzen kommt den Energieversorgungsunternehmen auch in Zukunft eine bedeutende Rolle zu. Allerdings werden sich die umlagefinanzierten Fördermaßnahmen sowie sonstige freiwillige Programme im Bereich erneuerbarer Energien im Zuge der Liberalisierung der Energiemärkte zwangsläufig verringern. Solche speziellen Verfahren wie etwa die kostendeckende Vergütung werden vermutlich durch das Erneuerbare Energien Gesetz vollständig substituiert werden. Vor diesem Hintergrund wird mit einem Absinken der Förderaufwendungen von 100 Millionen DM im Jahr 1999 auf 30 Millionen DM im Jahr 2010 gerechnet. Bereits in allernächster Zeit könnte es unter den genannten Voraussetzungen zu einer Halbierung kommen. Das bedeutet aber nicht, dass die Energieversorger aus der Verantwortung genommen werden, sondern lediglich, dass sie eine neue Rolle einnehmen. Im Zuge der wettbewerbsneutralen Ausgestaltung des Erneuerbare Energien Gesetzes sind sie nun aufgefordert, selbst oder als Dienstleister für

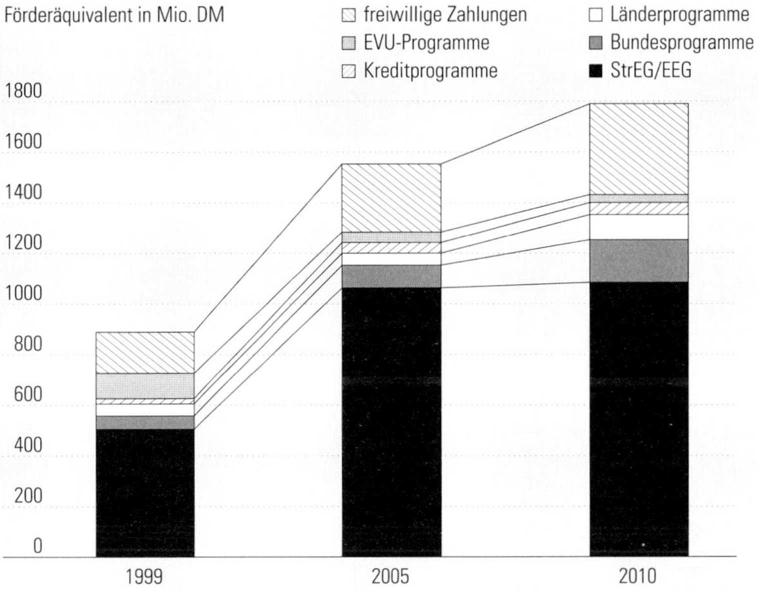

Wollen wir das Verdopplungsziel beim Strom schaffen, muss sich die Förderung so entwickeln.

andere Projekte aus dem Bereich erneuerbare Energien umzusetzen. Sie haben dazu bessere Möglichkeiten als in der Vergangenheit. Im Gegensatz zu früheren Jahren trägt künftig bundesweit die Allgemeinheit aller Stromkunden die durch die Realisierung der Projekte entstehenden Differenzkosten (vgl. Kapitel 12). Firmen, die sich an solchen Projekten beteiligen, haben keinerlei Kostennachteile mehr, im Gegenteil sogar deutliche Vorteile, da sie einen Imagegewinn erzielen werden und so die Kundenbindung verstärken.

Ein Beispiel für solche neuen Aktivitäten der Energieversorgungsunternehmen ist das PV-Contracting der Dortmunder Energie und Wasser (DEW). Die Kunden, die dieses Angebot annehmen, können wählen, ob sie die Photovoltaikanlage, die zu einem Festpreis (inkl. Montage, Wartung und Garantieleistungen) angeboten wird, sofort oder innerhalb von zehn Jahren in Raten bei einem Zinssatz von null Prozent bezahlen möchten.

Die oben stehende Abbildung zeigt in der Gesamtschau die skizzierte Entwicklung des Fördervolumens, das notwendig ist, um das Verdopplungsziel im Bereich der Stromerzeugung zu erreichen. Das gesamte Förderaufkommen erhöht sich danach von rund 730 Millionen DM im Jahr 1999 auf 1,43 Milliarden DM im Jahr 2010. Das hört sich horrend an, doch diese Zahl wird schnell durch die Tatsache relativiert, dass diese Förderung auch dann noch um den Faktor fünf unterhalb der jährlichen Subventionen für den deutschen Steinkohlebergbau und um den Faktor zehn unterhalb der jährlichen Investitionsraten der öffentlichen Stromversorgungsunternehmen in das Erzeugungs-, Transport- und Verteilungssystem liegt.

Bei der Aufzählung der zukünftigen Fördergelder haben wir bisher einen wesentlichen Bereich außer Acht gelassen, der ebenfalls nennenswerte Beiträge liefert: die großen Summen, die durch freiwillige Zahlungen zusammenkommen. Bereits 1999 belief sich dieser Betrag im Strombereich auf 160 Millionen DM oder rund 18 Prozent der insgesamt aufgebrachten Mittel. Was sind das für Zahlungen? Sie werden etwa von Verbrauchern erbracht, die Strom zu durchschnittlich höheren Preisen von so genannten Ökostromanbietern beziehen, sich in Fonds- oder Spendenmodellen an der Errichtung von Anlagen beteiligt haben oder trotz fehlender Wirtschaftlichkeit selber Anlagen realisiert haben. Dabei handelt es sich nicht ausschließlich um private Verbraucher, für die vor allem eine erhöhte Sensibilität für Umweltfragen und innovative Technologien die entscheidenden Kriterien darstellen, sondern auch um gewerbliche Abnehmer, für die eher Image- und Werbegesichtspunkte als Auswahlkriterien maßgeblich sind. Denn nicht selten sorgt die Einweihung einer Photovoltaikanlage für mehr Presserummel und damit Aufmerksamkeit als viele klassische Werbekampagnen.

Hinsichtlich des freiwilligen Engagements in den nächsten zehn Jahren sind heute zwei gegenläufige Trends zu beobachten. Da ist zum einen die mittel- bis langfristig eher rückläufige Faszination, die mit Technologien aus dem Bereich erneuerbare Energien verbunden wird. Darüber hinaus haben viele der Vorreiter und Idealisten bereits Anlagen errichtet. Auf der anderen Seite steigt jedoch der Bekanntheitsgrad der erneuerbaren Energien oder der Angebote, Strom auf der Basis dieser Energieträger zu beziehen. Mit zunehmender Kenntnis wächst das entgegengebrachte Vertrauen stetig an. Auch der Multiplikatoreffekt (was der Nachbar hat, möchte ich auch haben) ist als verstärkendes Element nicht vernachlässigbar. Vor diesem Hintergrund könnte das freiwillige Engagement allein im Strombereich im Jahr 2010 bis zu 360 Millionen DM einbringen.

Aber Vorsicht: Auch eine ganz neue Entwicklung ist denkbar. Aufgrund der verbesserten Förderbedingungen, die insbesondere für die photovoltaische Stromerzeugung zur Verfügung stehen, wird die Eigenerzeugung von Strom aus erneuerbaren Energien vermutlich zunehmen. Auch Angebote zum Bau von Gemeinschaftsanlagen werden auf der verbesserten Förderbasis verstärkt angenommen werden. Damit kann sich, bezogen auf das zusätzlich zur Verfügung stehende Mittelaufkommen, eine Verlagerung des freiwilligen Engagements ergeben. Denn den privaten Investoren (in Eigen- oder Gemeinschaftsanlagen) entstehen unter Inanspruchnahme der Fördermittel deutlich geringere Zusatzkosten als vorher. Für sie stellt der Reiz, selber eine Anlage zu errichten, damit eine ernst zu nehmende Konkurrenz zur Annahme eines Ökostromangebotes dar. Die zusätzlichen Mittel werden daher zukünftig verstärkt von denen eingebracht werden, die nicht selber investieren wollen oder können und sich lieber an Ökostromangeboten beteiligen. Es wird also so etwas wie einen Konkurrenzkampf zwischen geförderten Kleinanlagen und Ökostrom geben. Wie dieser Kampf ausgeht, ist noch völlig offen. Wird es der grüne Strommarkt schaffen, sich als zweite Säule neben der staatlichen Förderung zu etablieren? Wir werden uns nachfolgend mit diesem jungen Markt beschäftigen.

Grüner Strom – was ist das?

Allen Anstrengungen der Werbestrategen auf dem neu liberalisierten Strommarkt zum Trotz: Strom hat keine Farbe, weder Gelb noch Schwarz noch Grün. Denn die Elektronen sind ein wahrhaft demokratisches Volk, denen man nicht ansieht, von welchem Hersteller oder aus welchem Kraftwerk sie kommen, und die auch nicht zu erkennen geben, dass sie sonst irgendetwas unterscheidet. Ist Strom nicht gleich Strom? Mitnichten – ein echter Qualitätsunterschied besteht jedoch nicht in der Farbe oder der Stärke, sondern in der Herkunft. Dem Kunden des so genannten grünen Stroms, auch grüne Tarife oder „green pricing“ genannt, wird nämlich garantiert, dass er aus einer besonders umweltverträglichen Produktion stammt, also insbesondere aus erneuerbaren Quellen. Der Markt hat auf dieser Basis eine Vielzahl teilweise sehr unterschiedlicher Produkte geschaffen. So wird bei einigen Angeboten der Strom ausschließlich aus Anlagen zur Nutzung erneuerbarer Energien gewonnen, oder es wird gar nur eine Technologie, wie die Photovoltaik, berücksichtigt, während bei anderen Angeboten unter umweltverträglicher Stromerzeugung auch Strom aus Kraft-Wärme-Kopplung verstanden wird. Während einige Anbieter im Sinne des Klimaschutzes auf den Zubau von neuen, zusätzlichen Anlagen zielen und Entsprechendes ihren Kunden auch garantieren (etwa energreen von ASEW, Naturstrom AG), sind andere Produkte nur auf die Vermarktung bestehender Kapazitäten (insbesondere der Wasserkraft) ausgerichtet (beispielsweise Aquapower des Bayernwerks).

Der Bezug von grünem Strom ist prinzipiell in zwei verschiedenen Modellen denkbar. Beim Handelsmodell (auch Vollversorgungsmodell genannt; vgl. Abb. Folgeseite) wird der Kunde grünen Stroms mit dem umweltverträglich erzeugten Strom im kaufmännischen Sinne beliefert. Der Verbraucher erlangt

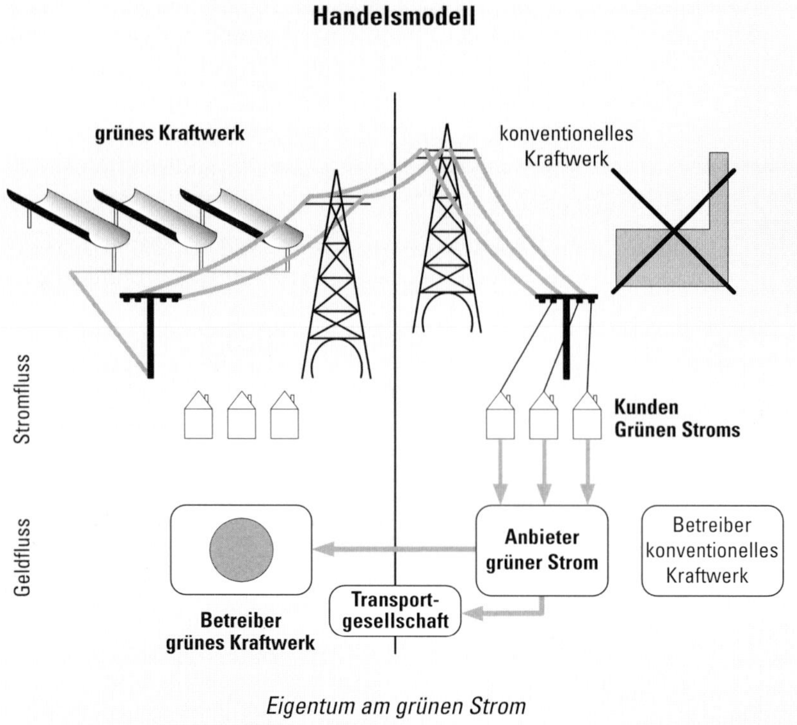

Der Kunde des grünen Stroms erlangt nach dem Handelsmodell Eigentumsrechte an dem Strom. Der Anbieter stellt kaufmännisch die Lieferung des grünen Stroms sicher.

Eigentumsrechte an dem grünen Strom, und der Anbieter stellt über den Abschluss von Netzbenutzungsverträgen die Möglichkeit der Lieferung von der Erzeugungsanlage zum Kunden sicher.

Dagegen erlangt der Kunde beim Fördermodell (vgl. Abb. rechts) keine Eigentumsrechte am umweltverträglich erzeugten Strom, demzufolge müssen auch keine Netzbenutzungsverträge für den Transport von der Erzeugung zum Verbraucher vorliegen. Der Anbieter des Fördermodells leitet einen Teil der Kundengelder als Förderung oder Spende an den Betreiber eines umweltverträglichen Kraftwerkes weiter, ohne dass er dafür eine physische Gegenleistung erhält.

Für den Kunden ist der Unterschied zwischen den beiden Modellen häufig nicht zu erkennen, da Anbieter des Fördermodells meist gleichzeitig auch eine Stromlieferung zusichern, die jedoch nicht zwingend aus erneuerbaren Energien stammen muss.

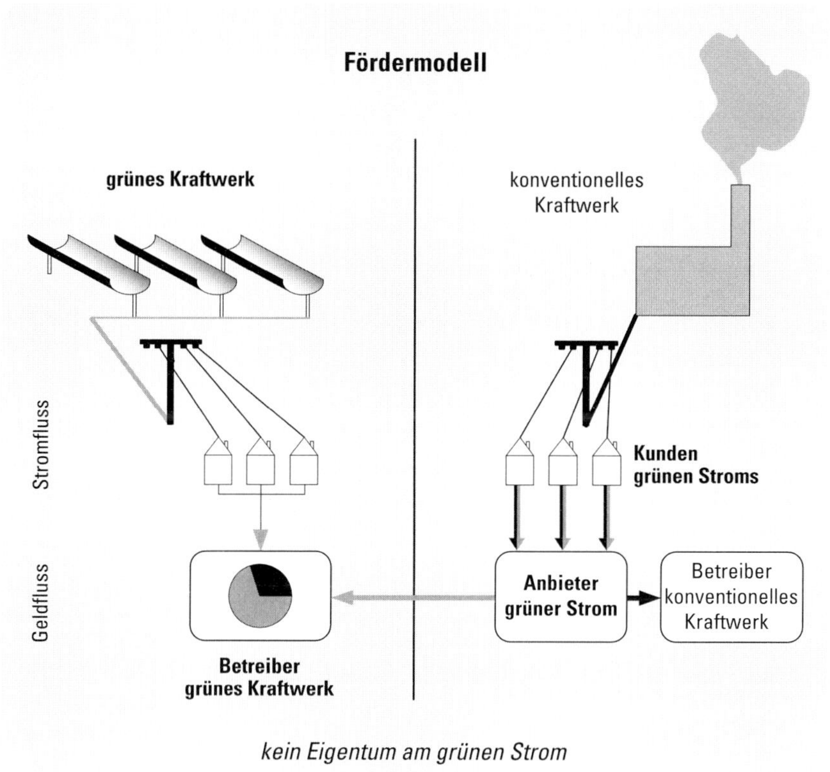

Beim Fördermodell erlangt der Kunde keine Eigentumsrechte an dem grünen Strom. Im Extremfall (hier dargestellt) muss noch nicht einmal eine physikalische Verbindung zwischen grünen Kraftwerk und grünen Stromkunden vorliegen.

Warum ist eigentlich der Unterschied zwischen diesen beiden Modellen überhaupt von Bedeutung? Er ist vor allem eine Frage der Einstellung. Denn im Fördermodell wird der grüne Kunde weiterhin aus konventionellen Kraftwerken beliefert, die Produktion aus solchen Anlagen wird also durch seine Entscheidung nicht direkt verdrängt. Der Anbieter eines Fördermodells kann, soweit er gleichzeitig die Stromlieferung besorgt, die Nachfrage nach Strom bündeln und so auf dem konventionellen Strommarkt günstigere Konditionen für den Strombezug erzielen. Der clevere Anbieter kommt auf dieses Weise in den Genuss einer zusätzlichen Marge. Dagegen kann der Anbieter des Handelsmodells nur von Betreibern umweltverträglicher Kraftwerke Strom beziehen. Ferner ist im Fördermodell auf die Mittelverwendung ein besonderes Augenmerk zu richten, da der Förderung ja keine physikalische Leistung gegenübersteht. Die Mehrkosten des Geförderten müssen also von unabhängiger Stelle, etwa im Rahmen einer Zertifizierung, überprüft werden, um einen Missbrauch zu verhindern. Das Fördermodell erscheint diesbezüglich zumindest problematisch. Und langfristig betrachtet führt auch tatsächlich nur das Handelsmodell zu einer Ablösung der konventionellen Stromerzeugung – wenn denn die Nachfrage nach grünem Strom groß genug ist.

Aber aufgepasst: Wir müssen berücksichtigen, dass das Fördermodell vorteilhaft mit den Regelungen des Erneuerbare Energien Gesetzes zusammenwirkt. Der Betreiber einer Anlage kann den erzeugten Strom nach diesem Gesetz nämlich zunächst an den Netzbetreiber verkaufen, zusätzlich aber auch eine Förderung durch den Vertrieb als grünen Strom im Rahmen des Fördermodells erlangen. Auf diese Weise können auch jene Projekte realisiert werden, bei denen die Vergütung nach dem Gesetz für einen wirtschaftlichen Betrieb allein nicht ausreicht. Da die Mehrkosten der umweltverträglichen Stromerzeugung auf diese Weise sowohl über das Gesetz wie auch durch den grünen Kunden getragen werden, ergibt sich eine größere Wirkung der von den Kunden aufgebrachten Mittel, als wenn er die gesamten Mehrkosten zu tragen hätte.

Im Gegensatz dazu werden beim Handelsmodell die Anbieter grünen Stroms durch die guten Bedingungen, die das Erneuerbare Energien Gesetz für Betreiber erneuerbarer Energieanlagen geschaffen hat, vor eine Schwierigkeit gestellt. Die Händler des grünen Stroms sind nämlich quasi Konkurrenten der nach dem neuen Gesetz zur Stromaufnahme verpflichteten Unternehmen geworden, die diesen weiter vermarkten dürfen. Wenn die traditionellen Unternehmen diesen grünen Strom auf dem Markt anbieten, besteht die Gefahr, dass es zu einer Verschiebung der finanziellen Lasten kommt: Der Ausbau der Stromerzeugung aus erneuerbaren Energien wird von der Allgemeinheit aller Stromkunden, wie es im Gesetz grundsätzlich vorgesehen ist, auf die Kunden grünen Stroms verlagert. Denn durch die Vermarktung des Stroms, der nach dem Erneuerbare Energien Gesetz vergütet worden ist, wird ja keine Kilowattstunde Strom zusätzlich erzeugt. Die hier implementierte Regelung im Erneuerbare Energien Gesetz ist seine vielleicht einzige Schwäche.

Allerdings hat der Gesetzgeber versucht, Schutzmaßnahmen zu ergreifen. So ist als Mindestspreis für den Weiterverkauf des nach dem Erneuerbare Energien Gesetz vergüteten Stroms eine mittlere Vergütungshöhe festgelegt worden. Damit sind aber die Preise des so gehandelten grünen Stroms kaum noch attraktiv. Geht man nämlich von mittleren Erzeugungskosten in der Größenordnung von 17 Pfennig pro Kilowattstunde aus, das ist gegenwärtig die mittlere Vergütung, so werden sich unter Einbeziehung von Netzbenutzungsentgelten und Vertriebskosten keine Angebote grünen Stroms unter 40 Pfennig realisieren lassen. Das sind 15 Pfennig oder 60 Prozent mehr als die gegenwärtig günstigsten Angebote konventionellen Stroms für private Verbraucher – schlechte Voraussetzungen für den Verkauf. Darüber hinaus ist mit dem Angebot solcher grünen Stromtarife eine nicht unerhebliche Gefahr verbunden. Sie könnten nämlich in der Öffentlichkeit den Eindruck verstärken, dass grüner Strom immer sehr teuer sein muss, was zwangsläufig zu einer Verringerung der Akzeptanz führen wird. Ferner fehlen die Kunden, die diesen Strom kaufen, an anderer Stelle, nämlich dort, wo sie durch ihr zusätzliches Engagement auch tatsächlich eine zusätzliche Stromerzeugung aus erneuerbaren Energien bewirken könnten.

Eine aktuelle Erhebung listet gegenwärtig 65 Anbieter grünen Stroms auf. Davon bieten 21 überregional an, während 44 regional beschränkt sind. Das Angebot hat sich binnen Jahresfrist vervielfacht, was die großen Erwartungen in diesem Bereich widerspiegelt. Offensichtlich nutzen gerade Stadtwerke den grünen Strom, um ihre Angebotspalette zu differenzieren und die Kundenbindung zu stärken. Dies wird auch durch die Tatsache bestätigt, dass über die genannte Anzahl von Anbietern hinaus eine große Zahl von Stadtwerken und regionalen Versorgern grünen Strom von anderen Anbietern vertreiben (energreen der ASEW, NaturEnergie, Naturstrom Rheinland-Pfalz). Derzeit existieren neun unabhängige, eigens zu diesem Zweck gegründete Lieferanten grünen Stroms (z.B. Naturstrom AG, Ökostrom-Handels AG), auch einige etablierte Energieversorger haben ihre Aktivitäten in diesem Feld in neu gegründete Töchter ausgelagert (NaturEnergie, HEAG Naturpur).

Der Preisaufschlag gegenüber den konventionellen Stromangeboten liegt meist in der Größenordnung von 6 bis 9 Pfennig pro Kilowattstunde netto. Während sehr viele Anbieter einen geringen Mindestanteil von Strom aus Photovoltaik-Anlagen in ihrem Erzeugungsmix garantieren (in der Größenordnung von ein bis zwei Prozent), wird vereinzelt grüner Strom auch ausschließlich aus Photovoltaikanlagen angeboten. Dann liegt der Preisaufschlag bei 1,30–1,50 DM pro Kilowattstunde. Es ist anzunehmen, dass solche ausschließlich auf Photovoltaik basierenden Angebote aufgrund des hohen Preisaufschlages vorläufig keine große Bedeutung erlangen werden. Es gibt aber auch Angebote, die eine umweltverträgliche Stromerzeugung garantieren, ohne dass damit ein Preisaufschlag verbunden wäre (NaturEnergie im Versorgungsgebiet der Kraftwerke Rheinfelden, Aquapower des Bayernwerks, Österreichisches Verbundnetz AG). Hierbei handelt es sich um Strom aus bestehenden (Wasser-)Kraftwerken. Die Anbieter weisen dem Kunden dabei lediglich eine bestimmte Art der Stromerzeugung zu. Dieser aus bestehenden Kraftwerken resultierende Strom würde aber auch ohne das Engagement der Kunden erzeugt werden. Damit tragen derartige Angebote weder zum Ausbau der erneuerbaren Energien noch zum Klimaschutz bei.

Strom dieser Strickart ohne Preisaufschlag wird sicherlich an Bedeutung gewinnen, da prinzipiell die Befürwortung einer umweltverträglichen Energieversorgung in der Bevölkerung groß ist, die zusätzliche Zahlungsbereitschaft aber gering. Stromanbieter können so potenziellen Kunden neben dem Preis ein zusätzliches Motiv zum Wechsel anbieten.

Ist denn wirklich drin, was draufsteht?

Die besonderen Eigenschaften des grünen Stroms lassen sich leider weder sehen, schmecken oder riechen. Der Kunde kann also nicht an den physikalischen Eigenschaften des Produktes die Versprechungen der Anbieter über die grüne Qualität nachprüfen. Dem Missbrauch sind somit Tür und Tor geöffnet. Deshalb ist die Überprüfung des Produkts durch unabhängige Dritte so wichtig. Dieses Verfahren nennen die Fachleute „Zertifizierung". In Deutschland haben sich drei Organisationen dieser Überprüfung angenommen. Zuerst muss der Verein Grüne Strom Label genannt werden, der von Umweltverbänden wie dem BUND und dem Naturschutzbund Deutschland, von Verbraucherschutzverbänden wie der Verbraucherinitiative und Lobbyvereinigungen wie EUROSOLAR getragen wird. Das Öko-Institut hat ebenfalls ein eigenes Zertifizierungsverfahren geschaffen, und schließlich ist auch der TÜV auf diesem Gebiet tätig. Insbesondere die Kriterien des Grüne Strom Labels und des Öko-Instituts unterscheiden sich kaum (vgl. Tabelle rechts). So fordern beide einen Mindestanteil von Photovoltaikstrom wie auch den Zubau von neuen Anlagen, während der TÜV gemäß seiner Richtlinie dies nicht überprüft. Beiden gemeinsam ist auch, dass sie zwei Klassen besitzen. Die „goldene" (Grüne Strom Label) respektive „regenerative" (Öko-Institut) Klasse fordert, dass der gesamte Strom aus regenerativen Quellen stammt, bei der „silbernen" respektive „effektiven" Klasse sind dagegen bis zu 50 Prozent Strom aus Kraft-Wärme-Kopplungs-Anlagen zulässig. Letzteres ist im übrigen eine gute Möglichkeit, den den grünen Strom im Mix billiger anzubieten.

Einzigartig ist dagegen die Forderung des Grüne Strom Labels, dass kein Händler grünen Stroms (und auch keiner seiner wesentlichen Eigentümer) in seinem konventionellen Stromangebot Strom aus Kernenergie vermarkten darf. Wohlgemerkt: Hier geht es nicht um die Qualität des grünen Stroms, sondern darum, was der Anbieter sonst noch so macht. In Zeiten liberalisierter Strommärkte mit komplexen Bezugsstrukturen ist dieses Kriterium allerdings nur sehr schwierig zu überprüfen.

Im System des Öko-Instituts entscheidet die Kohlendioxidbilanz aller Anlagen zusammen darüber, welche von ihnen und in welchem Mix zur Erzeugung von grünem Strom zulässig sind. Dabei wird der CO_2-Ausstoß

Die Zertifizierungsverfahren in Deutschland (Stand März 2000):

	TÜV (VdTÜV 1303)	Grüne Strom Label e.V.	Öko-Institut
Einführung	1998	1999	1999
Status	auf dem Markt	auf dem Markt	Testphase
staatlich?	nein	nein	nein
Abstufung	einstufig	Silber / Gold	effektiv / regenerativ
Produktkategorien	diverse	nur Strom	nur Strom
Zertifizierungs-objekt	Produkt	Anbieter + Verbraucher	Produkt
Biomasse	kein Abfall nach 17. BImSchV	zulässig	kein Abfall nach 17. BimSchV, kein Deponiegas, Energiepflanzen nur aus ökologischem Landbau
Wasserkraft	zulässig, Pumpspeicherkraftwerke nur, falls Pumpenstrom aus REG	max. 10 MW	bevorzugt Reaktivierung, keine Pumpspeicherkraftwerke
Photovoltaik	zulässig, kein Minimum	Minimum 1 %	Minimum 1 %
Anteil Nicht-REG	nicht zulässig	max. 0 / 50 %, nur KWK, keine Braunkohle	Max. 0 / 50 %
Neuanlagen-quote	min. 25 % der Erzeugung müssen aus Anlagen nach StrEG oder Neuanlagen stammen	min. 10 % der Erzeugung pro Jahr neu	Min. 25 / -75 % der Erzeugung; „neu“ = später als 31.12.1997 und innerhalb der Abschreibungsdauer
Strom aus StrEG	zulässig, min. 25% müssen aus Anlagen nach StrEG oder Neuanlagen stammen	zulässig; im Verhältnis zur Zuzahlung + max. 30 % in den ersten 5 Jahren	im Verhältnis zur Zuzahlung
Zeitnähe von Angebot und Verbrauch	nicht notwendig, falls zertifiziert, dann auf Stundenbasis regelmäßig, falls grüner Strom, weniger als 10 % Gesamtabsatz	auf Vierteljahresbasis	auf Jahresbasis
Import	zulässig	zulässig	nicht zulässig
andere Kriterien	max. 75% des Mix darf aus Altanlagen oder Anlagen nach StrEG stammen, REG soll Bestandteil der Unternehmenspolitik sein, Verbraucherschutz	Anbieter darf ausschließlich grünen Strom anbieten, Anbieter/Eigentümer darf keine AKW betreiben; Haushalte min. 100% grün, gewerbl. min. 25% grün	min. CO_2-Reduktion vs. BRD Kraftwerksmix: 75 / 50%; dabei werden nur Neuanlagen berücksichtigt

über den gesamten Lebenszyklus, also auch durch Errichtung und Abriss der jeweiligen Anlage berücksichtigt. Der Anbieter muss nachweisen, dass mit der Erzeugung seines Stroms 50 Prozent („effektiv") oder 75 Prozent („regenerativ") weniger CO_2-Ausstoß verbunden ist als im bundesdeutschen Durchschnitt.

Aber nicht nur die Glaubwürdigkeit der Angaben ist für die Kunden schwer nachvollziehbar, auch die Sinnhaftigkeit der Versprechungen ist nur schwer zu bewerten: Wie groß soll der Anteil von Photovoltaikstrom sein? Strom aus Klärgas, ist das wirklich umweltverträglich? Und wie steht es mit Deponiegas? Wasserkraft – doch eigentlich gar nicht akzeptabel! Auch hier hilft die Zertifizierung: Das Markenzeichen des Bewerters und der hinter ihm stehenden Organisation signalisiert den Kunden, dass dieses Produkt gegenüber anderen einen ökologischen Vorteil besitzt. Aber Achtung: Uneingeschränkt gilt dies nur für Grüne Strom Label und Öko-Institut, die beide nur Stromangebote zertifizieren, die ihren strengen Kriterien entsprechen. Der TÜV dagegen zertifiziert auch außerhalb seiner eigenen Anforderungen. In einem solchen Fall bestätigt er nur die Richtigkeit der Angaben des Anbieters. Somit kann beispielsweise auch reiner Kernenergiestrom den TÜV-Stempel erhalten.

Mit grünem Strom in die Zukunft?

Wir können also festhalten, dass der Ökostrom auf dem besten Wege ist, sich in der Angebotspalette der Energieversorger einen festen Platz zu erobern. Ist hier eine Möglichkeit geschaffen worden, den erneuerbaren Energien außer durch die beschriebenen Gesetze und Förderprogramme auch auf marktwirtschaftlichem Wege zum Durchbruch zu verhelfen? Fast scheint es so. Denn in einer repräsentativen Untersuchung, die der Fragestellung nachgeht, was Deutsche am meisten fasziniert, rangieren „alternative Energien" unter 100 Möglichkeiten auf dem vierten Platz. Nur von SOS-Kinderdörfern, Mutter Teresa und Greenpeace geht eine größere Strahlkraft aus.

Auch die Energieversorger selbst messen erneuerbaren Energien eine große Bedeutung zum Aufbau von Kundenbindung bei. So sehen 89 Prozent der befragten Unternehmen in Einsatz und Förderung erneuerbarer Energien ein zumindest teilweise wichtiges Marketing-Instrument. 90 Prozent der befragten Firmen geben an, dass es für ihre Kunden wichtig sei, wenn sich ein Energieversorger als kompetent in Sachen erneuerbare Energien erweisen. Nach neuesten Erkenntnissen befassen sich nur fünf Prozent der Energieversorger *nicht* mit dem Thema grüner Strom.

Die generelle Befürwortung erneuerbarer Energien sagt freilich wenig über die zusätzliche Zahlungsbereitschaft aus. Verschiedene Umfragen in den USA,

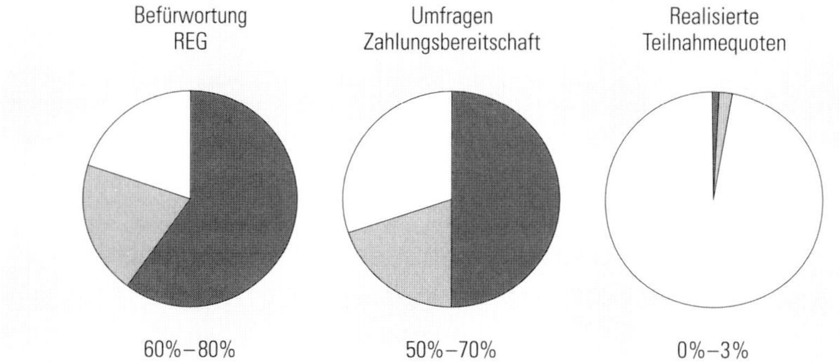

Grüner Strom in Deutschland: generelle Zustimmung, erklärte Zahlungsbereitschaft und realisierte Zahlungsbereitschaft.

den Niederlanden und Deutschland haben jedoch ergeben, dass zwischen 50 und 70 Prozent der Bevölkerung bereit wären, für eine umweltfreundliche Elektrizitätserzeugung mit erneuerbaren Energien auch höhere Preise zu akzeptieren.

Doch wie sieht die Wirklichkeit aus? Trotz aller Wertschätzung, die erneuerbare Energien offenbar genießen, bleiben die erzielten Marktanteile bisher deutlich hinter den hohen Erwartungen zurück. Der wichtigste Grund hierfür dürfte sein, dass die Wechselbereitschaft zu neuen Stromanbietern, egal welcher Couleur, eher verhalten ist. Dies verwundert kaum, weisen doch die neuen Stromprodukte innerhalb der gesamten Bevölkerung einen noch sehr niedrigen Bekanntheitsgrad auf. Zudem stehen Wechselbemühungen häufig handfeste Widerstände des bisherigen Stromlieferanten gegenüber, und die Vermarktungsanstrengungen sind bislang eher als gering einzustufen. Nicht zu vergessen sind auch psychologische und ökonomische Erwägungen. Auch aus anderen Bereichen weiß man, dass zwischen positiver Einschätzung und tatsächlicher Veränderung des Verhaltens große Unterschiede bestehen. Und wenn dann der Ökostrom auch noch teurer ist … So hat denn auch kaum einer der grünen Anbieter in Deutschland derzeit mehr als 1 000 Kunden, und die sind ganz überwiegend Haushaltskunden. Einen in diesem Zusammenhang vergleichsweise erstaunlichen Erfolg hat in sehr kurzer Zeit die Greenpeace Energy eG erzielt, die innerhalb weniger Wochen 8 000 Kunden akquirieren konnte (Stand März 2000) – mit weiter stark steigender Tendenz. Allerdings kann sie auf einen Stamm von etwa 60 000 Interessenten zurückgreifen. Die RWE als bezüglich der absoluten Kundenzahl größtes traditionelles Versorgungsunternehmen hat mit ihrem seit über drei Jahren bestehenden Angebot

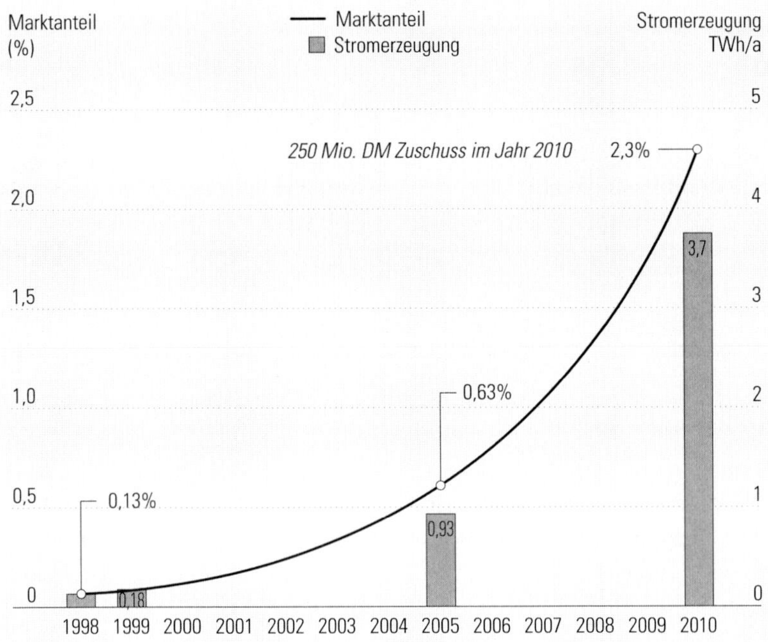

Grüner Strom in Deutschland bis 2010: Auch rasant ansteigende Marktanteile reichen nicht aus, die angestrebte Verdopplung erneuerbarer Energien allein auf diesem Wege zu erreichen.

bisher 15 000 Kunden erreicht, was aber immer noch deutlich weniger als ein Prozent der Gesamtzahl ihrer Kunden darstellt. Die neu gegründeten Anbieter tun sich aus den genannten Gründen noch viel schwerer, Fuß zu fassen. Von Seiten der Anbieter werden unter den gegebenen Rahmenbedingungen nur Marktanteile in der Größenordnung weniger Prozente für möglich gehalten.

Auch ein Blick über die Grenzen zeigt: In den meisten Ländern liegt der Marktanteil deutlich unter einem Prozent. Ein vergleichsweise hoher Wert konnte dagegen in Schweden erreicht werden, wo derzeit sechs Prozent der Haushaltskunden grünen Strom beziehen. Dabei ist zu berücksichtigen, dass bei den Skandinaviern schon seit einigen Jahren eine von den Umweltverbänden getragene Zertifizierung existiert und das Preisniveau für grünen Strom aufgrund der guten natürlichen Gegebenheiten sich kaum von dem des konventionellen Stroms unterscheidet. In Kalifornien haben ein Jahr nach der Einführung des vereinfachten Netzzuganges nur ein Prozent aller Kunden ihren Versorger gewechselt. Von diesen Wechselwilligen entschieden sich allerdings etwa 40 Prozent für einen grünen Tarif.

Wenn es den Anbietern gelingt, den Markt zu entwickeln und damit die genannten Hemmnisse zu überwinden, lassen sich in Zukunft sicherlich höhere Marktanteile erzielen. Aber wo liegen die Obergrenzen? Auf der Basis sehr optimistischer Annahmen von 20 Prozent bei Haushaltskunden, das entspricht 25 Terawattstunden Strom aus erneuerbaren Energien, und einer Bereitschaft, etwa 20 Prozent Mehrkosten zu tragen, ergibt sich ein maximales Volumen von 1,3 Milliarden DM zusätzlicher Mittel, die in Deutschland über grüne Tarife jährlich aufgebracht werden könnten. Hinzu kämen potenziell noch einmal 300 Millionen DM von gewerblichen Kunden. Theoretisch könnte somit der gesamte bis 2010 gewünschte Zubau erneuerbarer Stromerzeugungskapazitäten über grüne Tarife finanziert werden. Allerdings scheint nach den bisher gemachten Erfahrungen eine nennenswerte Umsetzung dieses Potenzials, zumal in diesem relativ kurzen Zeitraum, äußerst unwahrscheinlich. Wahrscheinlicher ist folgende Entwicklung: Selbst mit durchschnittlichen jährlichen Wachstumsraten bei den Haushaltskunden von 30 Prozent über 10 Jahre wird der Marktanteil im Jahr 2010 nur bei 2,3 Prozent liegen (vgl. das nebenstehende Schaubild). Daraus wird sich ein zusätzliches Mittelvolumen von 250 Millionen DM im Jahr 2010 ergeben. Zusätzlich könnten gewerbliche Kunden noch rund 100 Millionen DM beitragen. Doch die Voraussetzung ist auch für dieses Szenario, dass die skizzierten Hemmnisse abgebaut werden.

Angesichts des gesamten Mittelbedarfs im Bereich der Stromerzeugung von 1,8 Milliarden DM für die angestrebte Verdopplung erneuerbarer Energien im Jahr 2010 stellt damit der Markt für grünen Strom keine Alternative zur öffentlichen Förderung dar, *durchaus aber eine wichtige Ergänzung.*

Quoten und Zertifikate?

Wir haben in Kapitel 12 gesehen, dass Deutschland mit dem Erneuerbare Energien Gesetz weiterhin auf ein Vergütungsmodell setzt. Ausschlaggebend für die getroffene Entscheidung waren nicht nur die in der Vergangenheit mit dem Stromeinspeisungsgesetz gewonnenen positiven Erfahrungen, sondern auch die Erkenntnis, dass sich der Energiemarkt, insbesondere der Strommarkt, derzeit in einer durch die Neuregelung des Energiewirtschaftsrechts vom April 1998 in Gang gekommenen Übergangsphase befindet, die mit Sicherheit mehrere Jahre dauern wird. Zwar ist der monopolistische Zustand aufgehoben, ein funktionsfähiger europaweiter Wettbewerb, in welchem auch erneuerbare Energien gleichwertige Chancen haben, existiert jedoch noch nicht. Die nachfolgende Tabelle stellt die Charakteristika der verschiedenen Marktphasen gegenüber. In der gegenwärtigen Phase des erst „rudimentären“

Wettbewerbs bedarf es Übergangslösungen, die die bisherige Ausbaudynamik sicherstellen, jedoch den Übergang zu einem funktionsfähigen Wettbewerb später nicht behindern.

Der Übergang vom Stromversorgungsmonopol zum europaweiten Wettbewerb:

Phase	Monopolphase	Übergangsphase	Wettbewerbsphase
Zeitraum	**bis April 1998**	**April 1998 bis ?**	**zukünftig**
Charakteristika des Marktes	• geschlossene Versorgungsgebiete; • dominierende Marktstellung der Stromanbieter (kein brancheninterner Wettbewerb); • keine freie Wahl des Stromversorgungs-unternehmens	• Aufhebung der Demarkationsverträge; • erster (rudimentärer) Wettbewerb zwischen Stromerzeugungs- und -handelsunternehmen; • Stromnetze bleiben weitgehend mono-polisiert; • Kunden haben freies Wahlrecht ihres Versorgers (stark gehemmt durch teilweise hohe Durch-leitungsentgelte); • nennenswerter Rückgang der Strompreise vor allem im Sondervertrags-kundenbereich; • langsames Entstehen eines neuen Marktes für Ökostrom-anbieter	• funktionierender europaweiter Wettbewerb; • freie Wahl des Versorgers für alle Kundengruppen; • weitreichendes Angebot von Ökostrom; • Konzeptvorschläge und Bedingungen für die Ein-führung international harmonisierter wettbewerbs-orientierter Instrumente sind erarbeitet und überprüft worden; • Internalisierung externer Kosten, z.B. im Rahmen einer mehrstufigen ökolo-gischen Steuerreform
		notwendig:	**möglich:**
Förderung der EEQ	• Vergütung der Strom-erzeugung aus erneuer-baren Energien durch StrEG; • hierdurch Induzierung eines brancheninternen Wettbewerbs für Anlagen zur Stromerzeugung aus erneuerbaren Energien	• Modifikation des StrEG, insbesondere in Bezug auf regionale Disparitäten; • Stärkung des Nachfrage-elementes sowie der Öko-stromanbieter durch Erlass einer Netzzugangsver-ordnung (faire und dis-kriminierungsfreie Durch-leitungsbedingungen); • Erhalt und ggf. Verstärkung des Herstellerwettbewerbs durch eine dynamische Anpassung der Einspeise-bedingungen an die Markt-verhältnisse	• ggf. sukzessive Rücknahme der bestehenden Preisregu-lierung in Abhängigkeit von der Stärke des Ökostrom-marktes (friktionsfreier Übergang); • Festlegung von dynami-schen Zielen/ Quoten (für Strom aus erneuerbaren Energien und ggf. KWK) in Abhängigkeit von den gesetzten Klimaschutzzielen

Mit der Fokussierung auf das Vergütungsmodell ist bewusst auch die Entscheidung gegen Mengenverpflichtungen (Quotenmodelle) getroffen worden. Allerdings ist damit die Diskussion um die Einführung einer Quote nur vorläufig beendet. Das Erneuerbare Energien Gesetz räumt die notwendige Zeit ein, um die erforderlichen Rahmenbedingungen für die Umsetzung von Quoten zu schaffen. Hierzu gehört vor allem der Aufbau hinreichend großer, weitgehend homogener und damit wettbewerbsfähiger Märkte im Bereich der Stromerzeugung.

Quotenregelungen könnten damit möglicherweise die Zukunft gehören, das zeigt nicht nur die intensive Auseinandersetzung mit diesem Instrument im Rahmen der Neugestaltung der Förderpolitik für die erneuerbaren Energien, sondern auch die internationale Diskussion über solche Modelle. Dabei ist insbesondere zu erwarten, dass ausgehend von Überlegungen, wie die im Rahmen des Kioto-Protokolls festgelegten Verpflichtungen zur Reduzierung klimarelevanter Spurengase realisiert werden sollen, starke Impulse für Quotenregelungen entstehen werden. Unter dem Stichwort Emissionshandel (wir haben ihn schon in Kapitel 5 erwähnt) wird heute international ein derartiger Mechanismus intensiv diskutiert. Auch wenn noch nicht klar ist, zu welchen Anteilen die vereinbarten nationalen Ziele mit dem Instrument des Emissionshandels erfüllt werden dürfen, bestehen an der generellen Umsetzung dieses Verfahrens kaum noch Zweifel. Trotzdem wird bis zur Einführung noch einige Zeit vergehen und diese maßgeblich vom Zeitpunkt der Ratifizierung des Kioto-Protokolls selber und auch von den in ersten Testversuchen und Simulationsstudien erreichten Ergebnissen über die Praktikabilität des Instrumentes abhängen. Spätestens mit einem solchen internationalen Emissionshandel könnte auch in Deutschland der Startschuss für die Einführung einer Quotenregelung fallen. Allerdings wird dies nach unserer Meinung dann eher eine allgemeine CO_2-Quote sein. Bis dahin sollten wir die verbleibende Zeit nutzen, die erneuerbaren Energien „fit“ für den Wettbewerb mit anderen Klimaschutzoptionen zu machen und ihnen damit faire Startbedingungen zu gewährleisten. Hierzu soll das Erneuerbare Energien Gesetz beitragen.

Notwendiger Aufbruch im Wärmemarkt

Zu Beginn dieses Kapitels haben wir die Zukunft der erneuerbaren Energien in den Strom- und den Wärmemarkt unterteilt. Wir wollen uns nun dem zweiten zuwenden. Der Wärmemarkt gliedert sich in eine Vielzahl von Teilmärkten mit sehr unterschiedlichen Bedingungen und Entwicklungsperspektiven. So kann der Kunde seinen Wärmebedarf mit verschiedenen Brennstoffen (Heizöl,

Erdgas, Kohle, Strom, Brennholz, Reststoffe) decken. Im Wettbewerb verdrängt das leitungsgebundene Erdgas gegenwärtig zunehmend das Heizöl. Zu beobachten ist auch, dass noch immer ältere Holzeinzelheizungen auf fossile Energien umgestellt werden, anstatt sie zu modernisieren. Der Wettbewerb ist in diesem Bereich auch deshalb so hart, weil aus Gründen verschärfter Wärmeschutzmaßnahmen sogar von einer sinkenden Nachfrage nach Wärme auszugehen ist.

Auch werden derzeit viele unterschiedliche Heizungsanlagen (zentrale Versorgung mit Fernwärme, Zentralkessel im Haus, Etagenheizungen, Einzelöfen) eingesetzt. Dabei dominieren die privaten Einzelanlagen eindeutig vor Gemeinschaftsanlagen, dementsprechend dezentral sind natürlich auch die zu fällenden Entscheidungen. Die Kosten der Energieversorgung, in der öffentlichen Debatte meist der zentrale Punkt, sind freilich häufig nur ein Entscheidungskriterium unter vielen. Komfort und Sicherheit sind weitere wichtige Aspekte. Fernwärmeversorger – und auch die wenigen Betreiber von Nahwärmesystemen – sind im liberalisierten Strommarkt stark unter Druck geraten, was bedauerlich ist, da die Nah- und Fernwärmeversorgung einen unverzichtbaren Anknüpfungspunkt für die Nutzung von erneuerbaren Energien darstellt. Planung, Errichtung und Betrieb von Groß- bzw. Nahwärmeanlagen erfordern die Abstimmung zwischen einer größeren Anzahl unterschiedlicher Akteure und exakte, betriebswirtschaftlich abgesicherte Finanzierungskonzepte.

Das unterscheidet sie deutlich von den privatwirtschaftlichen Einzelentscheidungen im Wärmemarkt. Die öffentliche Förderung ist überwiegend auf eben diese Kleinanlagen orientiert. Auch die Einführung erneuerbarer Energien im Gebäudebestand und in existierenden Siedlungen stellt sich gemeinhin viel schwieriger dar als bei einer Planung auf der „grünen Wiese“. Das angestrebte Verdopplungsziel kann jedoch nur erreicht werden, wenn die neuen Energien verstärkt im Gebäudebestand zum Einsatz kommen, vor allem weil Neubauten bei nachlassender Bautätigkeit und durch bessere Dämmstandards einen immer kleiner werdenden Markt darstellen. Schließlich weist auch der für die Wärmebereitstellung besonders interessante Energieträger Biomasse einige spezifische Besonderheiten wie die konkurrierende stoffliche Verwertung, hohe Transportkosten und eine weite Spannbreite von Brennstoffqualitäten auf, die die Umsetzung schwierig gestalten.

Unter Berücksichtigung dieser Aspekte wird klar, dass es im Wärmemarkt noch viel weniger als im Strommarkt ausschließlich ein einzelnes Förderinstrument für den Einsatz erneuerbarer Energien geben kann. Dazu kommt, dass ein großer Teil der Wärmeversorgung nicht mit leitungsgebundenen Energieträgern abgedeckt wird, weshalb ein dem erfolgreichen Stromeinspeisungsgesetz vergleichbares Instrument hier nicht angewandt werden kann. Es liegt auf der Hand – ein Policy-Mix ist auch in diesem Bereich erforderlich. Dieses Instrumentenbündel sollte einerseits an die erfolgreichen Elemente der bisherigen Förderpraxis anknüpfen. Darüber hinaus erscheint es aber angesichts der bisher nur bescheidenen Erfolge unumgänglich, innovative Förderungsansätze zu finden. Diese sollen zum einen die finanziellen Mittel zur Umsetzung erneuerbarer Energien erheblich ausweiten und zum anderen neue Akteure mit ins Spiel bringen. Schließlich muss auch der bisher marginale Ausbau größerer Anlagen intensiver gefördert werden. Dabei ist man freier als im Strommarkt, weil hier in weit geringerem Umfang Rücksicht auf eingeführte Instrumente genommen werden muss. Drei mögliche Förderoptionen zur Erreichung des Verdopplungszieles im Wärmemarkt wollen wir näher betrachten:

Zuschüsse und Ausschreibungen: Staatliche Zuwendungen müssen in deutlich höherem Ausmaß als bisher geleistet werden (Zuschüsse, zinsverbilligte Kredite). Für Großanlagen und Nahwärmenetze werden diese Zuwendungen öffentlich ausgeschrieben und in einem Bieterwettbewerb an die Anlagen mit den niedrigsten Kosten vergeben (vgl. den Kasten auf Seite 186).

Quoten und Zuschüsse: Die Einführung einer Quotenregelung beinhaltet handelbare Zertifikate, eventuell zeitlich gestaffelt, beginnend mit Großanlagen. Diese Quoten werden übergangsweise mit deutlich ausgeweiteten staatlichen Zuwendungen für Kleinanlagen kombiniert.

Ordnungsrecht: Die Verschärfung des Ordnungsrechts (auf der Basis der geplanten Energieeinsparverordnung) wird auch auf den Altbaubestand ausgeweitet. Sie enthält auch die starke Einbindung erneuerbarer Energiequellen zur Wärmeversorgung.

Diese drei Handlungsoptionen unterscheiden sich teilweise deutlich von der bisher üblichen Zuschussförderung. Am geringsten sind die Unterschiede gegenüber dem bisherigen System bei der Option Zuschüsse und Ausschreibungen, denn die Förderung beruht wie bisher auf Zuwendungen der öffentlichen Hand, nur dass ein Teil der Mittel im Wettbewerb vergeben wird. Dieses Wettbewerbselement ist mit dem diskutierten Ausschreibungsmodell im Strommarkt, wie es beispielsweise in England praktiziert wurde, vergleichbar (siehe Kapitel 13). Bei der Quotenregelung gibt der Staat einen großen Teil seines bisherigen Zuständigkeitsbereichs, insbesondere die Finanzierung, an Brennstofferzeuger und -handel ab. Der staatliche Einfluss beschränkt sich künftig auf die jährliche Festlegung der von der Brennstoffwirtschaft zu erfüllenden Quote. Die dazu verpflichteten Unternehmen suchen selbstständig den kostengünstigsten Weg zur Erfüllung ihrer Pflicht. Das Ausmaß der Veränderungen bleibt aber auch bei dieser Option begrenzt, da empfohlen wird, für

Ausschreibung von Fördermitteln: Wie geht das?

Der Fördermittelgeber (Bundes- oder Landesregierung) bietet keine festen Fördersätze, sondern schreibt seine Gelder in einem Wettbewerb aus und holt Angebote ein. Es wird eine bestimmte, regenerativ zu erzeugende Wärmemenge ausgeschrieben, deren Förderung zugesichert wird. Entscheidungskriterium ist dabei ein möglichst niedriger Fördersatz je Kilowattstunde regenerativer Wärme.

Die Anbieter legen in ihrem Angebot die Kosten der Wärmeerzeugung und die Höhe des benötigten Fördersatzes dar, um das Projekt wirtschaftlich betreiben zu können. Sie erhalten in der Reihenfolge der von ihnen selbst kalkulierten Fördersätze den Zuschlag, bis die ausgeschriebene Menge erfüllt ist. Anbieter können alle Personen, Körperschaften oder Unternehmen sein, die eine Großanlage zur Wärmeversorgung errichten und betreiben können. Für die Teilnahme genügt zunächst eine Grobplanung, eine Detailplanung muss kurz nach der Zusage der Förderung vorgelegt werden.

Die zugesagten Fördermittel fließen nur, wenn die Anlage innerhalb eines bestimmten Zeitrahmens errichtet und die erzeugte Wärme einer Nutzung zugeführt wird. Jährliche Auszahlungen in Abhängigkeit von der tatsächlich erzeugten Wärmemenge bewirken ein hohes Eigeninteresse des Betreibers an einer dauerhaft funktionsfähigen Anlage. Qualitätskontrollen können weitgehend entfallen. Der Förderzeitraum wird sich an den üblichen steuerlichen Abschreibungszeiten orientieren. Dieser Vergabemodus ist nur für größere Anlagen sinnvoll, bei denen die Wärmemengen aus Abrechnungsgründen sowieso gemessen und abgerechnet werden müssen.

Diese Ausschreibung kann auch modifiziert werden: Die erfolgreichen Anbieter können entweder nach ihrem individuellen Gebot oder einheitlich zum Fördersatz des letzten zum Zuge gekommenen Anbieters unterstützt werden. Damit unterschiedlich teure Technologien gleichmäßig zum Zuge kommen, kann die ausgeschriebene Wärmemenge nach Technologien oder Energiearten unterteilt werden.

Kleinanlagen zunächst die alte Zuschussförderung beizubehalten. Die Ausweitung des Ordnungsrechts setzt dagegen auf eine Ausweitung der bestehenden Regelungen, insbesondere der Wärmeschutzverordnung und der geplanten Energieeinsparverordnung. Neu und entscheidend daran ist die weitaus umfassendere Verpflichtung des Altbaubereichs zu Sanierungen. Dabei bleibt wie im Neubaubereich dem Hauseigentümer die Wahl, die gesetzlichen Vorgaben über verbesserte Wärmedämmung, eine rationellere Energieverwendung oder über den Einsatz erneuerbarer Energien zu erfüllen – es gibt keine Verpflichtung, die neuen Energien einzusetzen. Dennoch wird durch eine solche Vorgabe die Wettbewerbsposition dieser Energien deutlich verbessert. Bei dieser Option kann die bisherige staatliche Förderung weitgehend entfallen. Eine systematische Bewertung dieser unterschiedlichen Handlungsoptionen lässt folgendes Bild entstehen:

Zuschüsse und Ausschreibung in der hier beschriebenen Form können durchaus das probate Mittel sein, das Ausbauziel zu erreichen. Durch die Ausschreibung der öffentlichen Zuwendungen sind sie für den Wettbewerb geeigneter und entsprechen eher den Harmonisierungsbemühungen innerhalb der EU als die bisher geübte Praxis. Die Effizienz der eingesetzten Fördermittel dürfte sich gegenüber der gängigen Zuschussregelung erhöhen. Außerdem können mit staatlichen Zuschüssen technologiepolitische Zielsetzungen relativ genau erreicht werden. Und nicht zu unterschätzen: Es kann auf umfangreichen Erfahrungen aufgebaut werden. Aufgrund des deutlich wachsenden Mittelbedarfs, der für das Erreichen der Ausbauziele im Wärmemarkt erforderlich ist, dürften langfristig angelegte staatliche Förderprogramme mit dem dazu erforderlichen Aufwand politisch allerdings nur sehr schwer durchsetzbar sein. Die Erhöhung staatlicher Finanzhilfen allein ist daher kein gangbarer Weg.

Die *Quotenregelung und Zuschussförderung* mobilisiert dagegen finanzielle Mittel außerhalb staatlicher Budgets. Durch den in Gang gesetzten Wettbewerb wird ein starker Kostendruck ausgeübt. Das Ausbauziel kann gut erreicht werden. Quotenregelungen sind darüber hinaus weitgehend kompatibel mit den Anforderungen des Europarechts und dem Wettbewerb im liberalisierten Energiemarkt. Auch dürfte diese Option eine hohe Akzeptanz aufweisen, da die Lasten gerecht verteilt werden. Die zielgerichtete Förderung bestimmter Technologien lässt sich dagegen im Rahmen dieser Option schwerer umsetzen. Das vorgeschlagene Quotensystem mit staatlich vorgegebenen Quoten, der Mittelaufbringung über die Brennstoffwirtschaft und einer praktischen Umsetzung mittels handelbarer Zertifikate bedeutet eine sehr starke Veränderung der gegenwärtigen Förderung. Deshalb sollten Übergangslösungen und die schrittweise Einführung der Quote zuerst nur für Großanlagen vorgesehen werden, um die Risiken zu mildern und Anpassungsreaktionen zu erlauben.

Die Stärken des *Ordnungsrechts* liegen in seiner Transparenz und dem geringen Ausmaß an Transaktionskosten sowie in der Kompatibilität mit dem gesetzlichen Rahmen und den Wettbewerbsregeln. Bedenken bestehen insbesondere bei der Verfassungskonformität der notwendigen Eingriffe in das Eigentumsrecht, die mit einer Ausweitung auf den Altbaubestand einhergehen. Darunter dürfte auch die Akzeptanz dieses Instruments leiden. Auch werden positive Auswirkungen auf technologische Entwicklungen eher gering eingeschätzt. Vor allem ist jedoch die Erreichung des Ausbauziels unsicherer als bei den anderen Optionen, da in der Konkurrenz zur Wärmedämmung offen ist, wie stark sich erneuerbare Energien durchsetzen werden. Als Hauptinstrument zur Förderung dieser Energien ist deshalb die Anwendung der Energieeinsparverordnung auf den Altbaubestand nicht geeignet.

Unter Abwägung dieser Vor- und Nachteile ist es vernünftig, vorrangig auf eine Quotenregelung, gekoppelt mit einer Zuschussregelung für Kleinanlagen, zu setzen und dieses Instrument durch eine Reihe weiterer Maßnahmen zu flankieren.

Prinzipiell kann diese Quotenregelung ähnlich wie auf dem Strommarkt aufgebaut sein. Im *Idealfall* zeichnet sie sich durch drei Elemente aus:

- Der Gesetzgeber legt einen jährlich steigenden Anteil (Quote) der erneuerbaren Energien am Wärmemarkt fest.
- An die Betreiber von Anlagen, die Wärme aus erneuerbaren Energien erzeugen, werden unter öffentlicher Kontrolle Zertifikate ausgegeben. Auf den Zertifikaten ist die Menge an regenerativ erzeugter Wärme bescheinigt. Die Zertifikate sind handelbar.
- Jeder Endverbraucher von Brennstoffen wird zur Erfüllung der Quote verpflichtet. Hierzu muss er sich jährlich eine seinem letztjährigen Brennstoffverbrauch entsprechende Menge von Zertifikaten beschaffen und sie zu einem festen Stichtag einer Kontrollinstanz zur Entwertung vorlegen.

Je nachdem ob bei der Förderung der erneuerbaren Energien dem Klimaschutz, der Schonung endlicher Energievorräte oder der Versorgungssicherheit Vorrang eingeräumt wird, können für die Bemessung der Quotenverpflichtung die CO_2-Emissionen oder der Energiegehalt der unterschiedlichen Brennstoffe herangezogen werden. Das idealisierte Quotenmodell ist elegant, da es sich durch klare und eindeutige Regelungen ohne Ausnahmen auszeichnet.

Der gegenwärtige Wärmemarkt erfordert jedoch einige Modifikationen dieses Idealmodells, auch wenn dadurch die Einfachheit des Instruments leidet. So sollte jeder Brennstoff, der zur Stromerzeugung dient, von der Quotenverpflichtung freigestellt werden, da im Strombereich ja bereits andere Fördermechanismen existieren. Analog zur Ökosteuer sollte auch der Brennstoffeinsatz in Kraft-Wärme-Kopplungs-Anlagen von der Quotenverpflichtung ausgenommen werden, wobei Mindestanforderungen an den elektrischen Wirkungsgrad zu stellen sind, um möglichem Missbrauch vorzubeugen. Um Wettbewerbsverzerrungen zugunsten von Strom am Wärmemarkt zu verhindern, liegt es nahe, auch Heizstrom bei der Quotenverpflichtung zu berücksichtigen. Allerdings ergeben sich dann neue Probleme, die den Transaktionsaufwand erheblich ansteigen lassen. Außerdem lassen sich die befürchteten Wettbewerbsverzerrungen durch kleine Korrekturen bei der Ökosteuer auf Strom bereits kompensieren. Aus pragmatischen Gründen wird daher auf die Berücksichtigung von Heizstrom bei der Quotenverpflichtung besser verzichtet.

Weiterhin sind Endverbraucher als Quotenverpflichtete in der Praxis ungeeignet. Eine Kontrollinstanz müsste nämlich bei mehreren Millionen Verbrauchern prüfen, wie hoch der Brennstoffverbrauch war und ob eine entsprechend große Menge an Zertifikaten erworben wurde. Auch die Endverkäufer von Brennstoffen, insbesondere die Heizölhändler, erscheinen unter dem Aspekt möglichst geringer Kontrollaufwendungen als Quotenverpflichtete ungeeignet. Wer bleibt noch übrig? Wir müssen bei Gas die Erzeuger und Importeure und bei Heizöl die Betreiber von (Mineralöl-)Steuerlagern zur Erfüllung der Quote verpflichten. Kohle und schweres Heizöl werden nicht hinzugezogen, solange auch die Ökosteuer diese Ausnahmen macht. So gesehen werden auf einem zukünftigen Markt für Zertifikate nicht mehr als hundert Nachfrager zusammenkommen.

Um zusätzlichen Verwaltungsaufwand bei den verpflichteten Unternehmen zu vermeiden, ist es ratsam, die Quotenregelung soweit als möglich an die bereits gültigen Verfahren bei der Ökosteuer anzupassen. Schließlich muss für bereits bestehende Anlagen festgelegt werden, ob auch diese von einer neuen Quotenregelung profitieren sollen.

Zunächst sollten nur Großanlagen einschließlich der zugehörigen Nahwärmenetze in den Genuss dieser Neuregelung gelangen. Dementsprechend erhalten nur die Betreiber solcher Anlagen Zertifikate. Auf diese Weise können Erfahrungen gesammelt werden, die eine spätere Erweiterung des Geltungsbereichs auf die vielen Kleinanlagen erleichtern werden. Zum jetzigen Zeitpunkt sollte die positive Entwicklung des Kleinanlagenbereichs nicht voreilig durch eine Quotenregelung gestört werden.

Werden Kleinanlagen zu einem späteren Zeitpunkt dennoch in die Quotenregelung einbezogen, müssen unbürokratische Verfahren für die Vergabe von Zertifikaten eingeführt werden. Für kleine solare Brauchwasseranlagen sollte beispielsweise der zu erwartende Jahresertrag über Simulationen berechnet werden. Für diesen Ertrag wird dann jährlich ein Zertifikat erteilt, solange

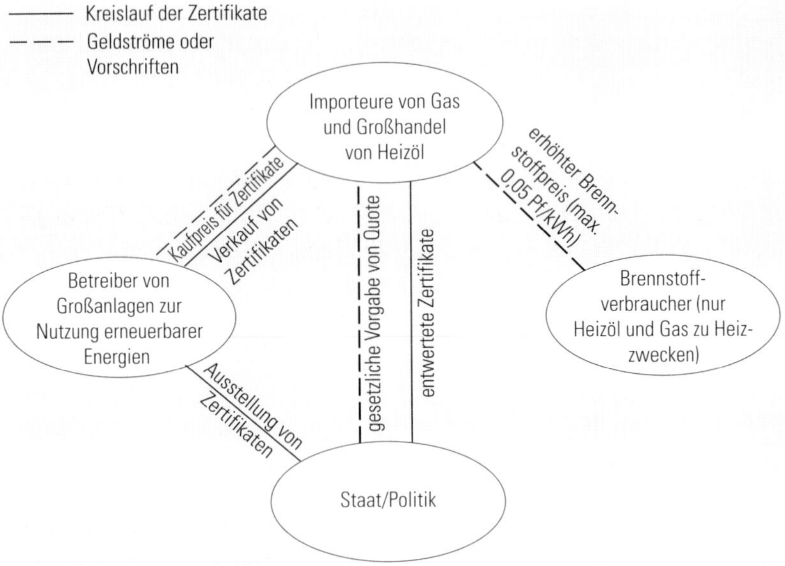

Der Kreislauf der Zertifikate und Geldströme in einem praxisnahen Quotenmodell des Wärmemarktes.

die Anlage in Betrieb ist. Die Kontrolle und die Ausstellung des Zertifikats kann beispielsweise der Schornsteinfeger übernehmen, der ja ohnehin mindestens einmal jährlich die Feuerstellen vor Ort inspiziert. Ein Durchschlag der ausgestellten Zertifikate ist der übergeordneten staatlichen Kontrollinstanz zu überlassen, bei der zu einem späteren Zeitpunkt dann auch die von den Brennstoffversorgern erworbenen Originalzertifikate vorgelegt werden müssen. An bestehende Altanlagen, die bereits hinreichend gefördert wurden, werden natürlich keine Zertifikate ausgegeben. Gegen die Verschwendung von regenerativ erzeugter Wärme mit dem Ziel, den Zertifikatertrag zu maximieren, wird eine Missbrauchssicherung helfen. Ansonsten besteht die Gefahr, dass beispielsweise Heizkessel, die billige Brennstoffe (Rinde, Altholz) nutzen, ohne entsprechenden Wärmebedarf betrieben werden.

Für die Zertifikate sollten in den Anfangsjahren Preiskorridore festgelegt werden, um extreme Preisausschläge zu vermeiden. Durch die Obergrenze werden die Brennstoffversorger, durch die Untergrenze, ab der sich der Staat zum Ankauf von Zertifikaten verpflichtet, die Anlagenbetreiber geschützt. Preisausschläge an den jährlichen Stichtagen, an welchen die Erfüllung der

Quotenverpflichtung durch die Vorlage der Zertifikate nachgewiesen werden muss, können vermieden werden, wenn nicht benötigte Zertifikate auch noch im nächsten Jahr auf die Quote anrechenbar sind und fehlende Zertifikate innerhalb eines begrenzten Zeitraums unter Berücksichtigung eines moderaten Säumnisaufschlags nachgereicht werden können.

Um den angestrebten Ausbau für Großanlagen zu finanzieren, müssen im Jahr 2010 550 Millionen DM an Fördermitteln, etwa durch den Ankauf von Zertifikaten, zusammengebracht werden. Falls der Brennstoffhandel diese zusätzlichen Kosten vollständig auf die Endverbraucher abwälzt, ergibt sich ein Aufschlag von nur 0,05 Pfennig für die Kilowattstunde auf den Verkaufspreis von leichtem Heizöl und Gas. Das entspricht 0,5 Pfennig je Liter Heizöl oder je Kubikmeter Erdgas.

Staatliche Zuschüsse sind weiterhin notwendig

Für Kleinanlagen, also für Solaranlagen zur Warmwasserbereitung bis 50 Quadratmeter und Holzzentralheizungen für einzelne Gebäude bis maximal 500 Quadratmeter beheizter Nutzfläche, ist – wie wir bereits angedeutet haben – zunächst eine Fortführung der bisherigen Zuschussförderung ratsam. Von einer übereilten Übertragung der Quotenregelung auf Kleinanlagen sollte abgesehen werden, da dieser Zielgruppe eine Auseinandersetzung mit den Chancen und Risiken einer Quotenregelung mit Zertifikathandel vorerst nicht zugemutet werden kann. Bei der Installation von solaren Brauchwasseranlagen und anderen Kleinanlagen zur Nutzung erneuerbarer Energien überwiegt darüber hinaus das finanzielle Eigenengagement der Bauherren bei weitem die von der öffentlichen Hand erhaltenen Zuschüsse. Eine Neuregelung darf dieses große Eigenengagement für die Umwelt und damit die hohen Wachstumsraten in diesem monetär bisher bedeutendsten Segment im Wärmemarkt der erneuerbaren Energien nicht gefährden.

Angemessene Fördersätze liegen für solare Kleinanlagen bei 20 Prozent der Investitionskosten und bei Holzzentralheizungen bei 25 Prozent. Bei Solaranlagen könnte ein diesen Ansätzen entsprechender, fixer Fördersatz je Quadratmeter Kollektorfläche festgelegt werden. Auch feste Beträge je Anlage bei Nachweis eines minimalen solaren Deckungsanteils sind möglich. Dies ist bereits heute häufig geübte Praxis. Bei Biomasseheizungen ist ein an die Heizleistung gekoppelter Zuschuss nicht empfehlenswert, da durch eine solche Förderung der Überdimensionierung der Anlagen Vorschub geleistet werden würde. Besser wäre ein Bezug auf das zu beheizende Objekt, etwa über die Größe der Wohn- und Nutzflächen. Verbesserungen des Wärmeschutzes führen dann nicht zu geringeren Zuschüssen bei der Installation einer Holzheizung. Voraussetzung für die Förderung von Biomassekesseln ist natürlich die Einhaltung von strengen Emissionsgrenzwerten.

Werden Zuschüsse auf diese Weise eingesetzt, kann in den nächsten Jahren ein erheblicher Zubau bei kleinen Solaranlagen und Holzzentralheizungen erreicht werden. Hinzu kommt ein beträchtlicher Ersatzbedarf für Holzheizungen. Dementsprechend erhöht sich der Zuschussbedarf für Kleinanlagen von heute 200 Millionen DM im Jahr bis 2005 auf 460 Millionen DM im Jahr. Danach könnte der jährliche Zuschussbedarf aufgrund von Kostendegressionen und einem rückläufigen Zubau von Kleinanlagen bis 2010 wieder leicht absinken. Das jetzige 200-Millionen-DM-Programm der Bundesregierung, dessen Schwerpunkt ohnehin im Bereich des Wärmemarktes liegt, ist eine geeignete Ausgangsbasis, muss allerdings zur Erreichung der Ausbauziele im Wärmemarkt aufgestockt werden.

Außer bei Kleinanlagen werden Zuschüsse in Zukunft auch immer dort sinnvoll sein, wo die Förderung bestimmter Technologien angestrebt wird. Dies betrifft etwa den ganzen Bereich der Biomassevergasung, die heute mit den etablierteren Technologien zur Nutzung erneuerbarer Energien noch nicht konkurrenzfähig ist und somit im Rahmen der Quote keine ausreichende Förderung erhalten würde.

In der Einführungsphase der Quotenregelung, bis ein jährliches Marktvolumen von circa 100 000 Quadratmetern Kollektorfläche in Großanlagen erreicht worden ist, sind auch hier zusätzliche staatliche Zuschüsse in der Größenordnung von 25 Millionen DM notwendig, damit ein leistungsfähiger Zertifikatshandel erfolgreich aufgebaut werden kann. Bis zu einer Einführung von Quotenregelungen sollten für große Solaranlagen im Unterschied zur bisher geübten Förderpraxis die gleichen Zuschüsse je Quadratmeter Kollektorfläche wie für Kleinanlagen gewährt werden. Der Anteil des Zuschusses an der Gesamtinvestition nimmt dadurch bei Großanlagen zu. Dies scheint durch die Tatsache gerechtfertigt, dass von Nutzerkollektiven nicht in gleichem Maße Identifikation und Eigenengagement erwartet werden können wie von den Besitzern privater Kleinanlagen.

Wie bereits dargestellt, darf man von einem oder zwei Fördermechanismen allein keinen wesentlichen Schub für die erneuerbaren Energien im Wärmemarkt erwarten. Vielmehr müssen Quotenregelung und Zuschüsse durch flankierende Maßnahmen ergänzt werden. Eine für den langfristigen Erfolg der erneuerbaren Energien im Wärmemarkt wichtige Voraussetzung stellt der Ausbau von Nahwärmenetzen dar, eine bislang leider in ihrer Bedeutung für eine nachhaltige Energieversorgung völlig unterschätzte Technologie. Die Einrichtung von Nahwärmesystemen ist eine Gemeinschaftsaufgabe von Gemeinden und Städten. Sie könnten verstärkt umgesetzt werden, indem etwa in den Gemeindeordnungen und im Baugesetzbuch die Möglichkeit der Anschlusspflicht eindeutig geregelt wird. Mit der Übernahme von öffentlichen Bürgschaften kann darüber hinaus das für einzelne Investoren nur schwer tragbare Risiko der langfristigen Wärmeabnahme in Wärmenetzen gemindert werden.

Weiterhin sollte die Eigenheimzulage für Solaranlagen auch auf biomassegefeuerte Zentralheizungen ausgedehnt werden. Die Anstrengungen um die Verbesserung des Wärmeschutzes über entsprechende Verordnungen sollten auch in Zukunft nicht nachlassen und dabei den Einsatz erneuerbarer Energien als gleichwertige Option neben Dämmmaßnahmen berücksichtigen. Bewusstseinsbildung und Marketing müssen weiter verstärkt werden, nicht zuletzt, um die 700 Millionen DM Eigenleistung, die für einen Ausbau der erneuerbaren Energien im Wärmemarkt jahresdurchschnittlich bis 2010 notwendig sind, auch tatsächlich mobilisieren zu können. Dieses Marketing bedarf auch deshalb staatlicher Unterstützung, weil die meist klein- und mittelständischen Betriebe der Branche keine ausreichenden Mittel für diese Marktentwicklung zur Verfügung haben. Hier kann man an die Erfahrungen mit der „Solar? Na klar!“- Kampagne anknüpfen und diese insbesondere auch auf die energetische Biomassenutzung ausdehnen.

Darüber hinaus müssen Behörden und Verbände eine Vielzahl rechtlicher Regelungen an die Erfordernisse erneuerbarer Energien anpassen. Die Handwerksordnung könnte flexibler gestaltet werden, da die bisherige Monopolstellung des Gewerbes „Sanitär, Heizung und Klima“ ein sachlich nicht gerechtfertigtes Hemmnis darstellt. Weiterhin sind die bestehenden Verbrennungsverbote für feste Brennstoffe im Hinblick auf die ganz erheblich reduzierten Emissionswerte moderner Holzzentralheizungen anzupassen und durch Grenzwerte für erlaubte Emissionen zu ersetzen. Auch die Biogasnutzung wird an vielen Stellen durch überzogene Verordnungen behindert. Eine zentrale und unabhängige Informationsstelle in Form etwa einer bundesweiten Energieagentur könnte mit besonderem Sachverstand ordnend und vereinheitlichend auf die Schnittstelle zwischen Genehmigungsbehörden und Antragsteller einwirken.

Das Investor-Nutzer-Dilemma, in öffentlichen Körperschaften durch die Trennung von Investitions- und Betriebskostenhaushalt zementiert, kann mit Hilfe des so genannten internen Contractings überwunden werden. Dabei handelt es sich um ein verwaltungstechnisches Verfahren, bei dem Einsparungen im Betriebshaushalt den Investitionshaushalten gutgeschrieben werden. Zur Förderung von Erdwärmeanlagen sind Bürgschaften hilfreich, die das Risiko erfolgloser Bohrungen abdecken. Schließlich bleibt die öffentliche Unterstützung von Forschung und Entwicklung sowie von Demonstrationsprojekten weiterhin notwendig, etwa für saisonale Speicher sowie Demonstrationsanlagen zur Nutzung von oberflächenferner Geothermie und zur Vergasung von Biomasse.

Fassen wir zusammen: Das vorgeschlagene Maßnahmenbündel sorgt dafür, dass die Förderung erneuerbarer Energien im Wärmemarkt mittels Zuschüssen trotz starker Ausweitung der Investitionstätigkeit nur relativ gering von derzeit rund 300 Millionen DM im Jahr auf 450 Millionen DM im Jahr 2010 ausgeweitet werden muss. Der Löwenanteil des gestiegenen Förderbedarfs wird durch die Quotenregelung finanziert. Bei erfolgreicher Einführung der Quotenregelung für Großanlagen ist deren Erweiterung auf Kleinanlagen möglich. Der Staatshaushalt wird hierdurch weiter entlastet. Weitere Einsparungen sind durch eine maßvolle Rückführung der Fördersätze für Kleinanlagen denkbar. Hierzu muss das Eigenengagement der Bürger durch wirkungsvolle Marketingmaßnahmen weiter gestärkt werden. Keinesfalls darf allerdings der Eindruck entstehen, dass die öffentliche Hand kein Interesse mehr am Ausbau der erneuerbaren Energien hat. Insgesamt stärkt das empfohlene Maßnahmenbündel die Eigenverantwortung der Marktpartner. Die vorgesehenen wettbewerblichen Elemente und die Bevorzugung von Großanlagen können zu einem rascheren Erreichen der Wirtschaftlichkeitsschwelle führen.

Eine stete Erhöhung der Ökosteuern auf fossile Brennstoffe stärkt parallel dazu die wirtschaftliche Konkurrenzfähigkeit der erneuerbaren Energien im Wärmemarkt. Staatliche Unterstützung und staatlich verordnete Quoten werden in Zukunft in dem Maß zurückgefahren werden können, wie die Ökosteuern erhöht werden.

Die Flexibilität der Hauptinstrumente, die sachlich begründete Aufgaben- und Lastenverteilung auf die Akteure im Wärmemarkt sowie die zuverlässige Zielführung der Quotenregelung stimmen uns optimistisch: Eine Verdopplung des Anteils erneuerbarer Energien im Wärmemarkt bis 2010 ist machbar.

Fazit: Schaffen wir's?

Wir haben auf den vergangenen Seiten sowohl für den Strom- wie auch für den Wärmebereich den Policy-Mix vorgestellt, der notwendig ist, um den weiteren Ausbau der erneuerbaren Energien voranzutreiben. So wie wir es skizziert haben, könnte sich die Förderung der erneuerbaren Energien in nächster Zukunft entwickeln. Wenn wir dieses Maßnahmenbündel umsetzen können, werden wir unser Etappenziel erreichen und somit den Grundstein für die Umgestaltung der Energieversorgung in eine nachhaltige Versorgung legen können. Wir gehen dabei nicht von null aus, sondern können auf wichtige Erfahrungen der letzten Jahre zurückgreifen.

Die bisher errreichten Erfolge bei der Einführung in den Markt sind in erster Linie mit dem Stromeinspeisungsgesetz verbunden gewesen, auch wenn die vielfältigen Fördermaßnahmen des Bundes, der Länder, der Gemeinden, der Energiewirtschaft und nicht zuletzt auch das erhebliche Eigenengagement der Bürger zu einer gerechten Bewertung nicht vernachlässigt werden dürfen. Das Stromeinspeisungsgesetz kam hauptsächlich der Windenergie zugute, Strom aus Wasserkraft und Biomasse folgten mit deutlichem Abstand. Trotz anfänglicher Erfolge blieb die direkte Bundesförderung Anfang und Mitte der neunziger Jahre eher zweitrangig. Es ist in erster Linie den Förderprogrammen der Bundesländer, den Aktivitäten vieler Kommunen und beachtlichen freiwilligen Aufwendungen von Bürgern zu verdanken, dass bis heute auch andere Technologien aus dem Bereich erneuerbare Energien ihre Marktanteile vergrößern konnten.

Seit dem Regierungswechsel von 1998 hat sich die Situation verändert. Mit dem Erneuerbare Energien Gesetz und den anderen vorgestellten Förderprogrammen sind eindeutige Signale für eine kontinuierliche Weiterentwicklung der erneuerbaren Energien gesetzt worden. Doch trotz aller bisher realisierten Unterstützung ist die Einführung von zusätzlichen Programmen und Maßnahmen notwendig, um das angestrebte Ziel, die Verdopplung des Beitrags erneuerbarer Energien bis 2010, zu erreichen.

Mit diesem Maßnahmenbündel werden im Zeitraum 2000 bis 2010 rund 21 Milliarden DM an Fördermitteln zum verstärkten Ausbau von erneuerbaren Energien mobilisiert. Dem steht in demselben Zeitraum etwa das Dreifache, nämlich insgesamt 60 Milliarden DM, an getätigten Investitionen gegenüber. Die erneuerbaren Energien stellen damit bereits in nächster Zukunft einen nicht mehr vernachlässigbaren Wirtschaftsfaktor dar. Sie können zudem als belebendes Element für den Arbeitsmarkt angesehen werden. Durch den vorgeschlagenen Ausbau der Nutzung erneuerbarer Energien können rund 245 000 Arbeitsplätze zusätzlich zu den bereits vorhandenen geschaffen werden.

Für den Staat halten sich die erforderlichen Aufwendungen in Grenzen, denn nur rund ein Drittel der benötigten Mittel sind budgetwirksam. Der restliche Beitrag resultiert aus den wettbewerbsneutralen Umlageverfahren, im Bereich der Stromerzeugung durch das Erneuerbare Energien Gesetz und im Wärmebereich durch die Quotenregelung. Die resultierenden Investitionen liegen bezogen auf die budgetwirksamen Mittel damit um das Neunfache höher. Dies ist ein günstiges Verhältnis für eine gezielte Anschubfinanzierung.

Und wie sieht es für die Strom- und Wärmekunden aus? Auch für sie hält sich die erforderliche Belastung in Grenzen. Beim Strom ist eine Erhöhung des Netzaufschlags von heute 0,15 Pfennig pro Kilowattstunde auf 0,25 Pfennig je Kilowattstunde im Jahr 2010 zu erwarten. Dies sind etwa ein Prozent des durchschnittlichen Haushaltstarifs, eine Größenordnung, die deutlich unter den durch die Liberalisierung der Strommärkte bedingten Preissenkungen der letzten Monate liegt. Um vergleichbare Größenordnungen geht es im Wärmesektor. Die Aufschläge werden sich hier von heute 0,3 Pfennig pro Liter Heizöl auf etwa 1 Pfennig pro Liter Heizöl erhöhen. Auch dies erscheint angesichts der damit ausgelösten Investitionen mehr als vertretbar.

Wie aber wird es nach 2010 weitergehen?

Klar ist, dass es allein aus Klimaschutzgründen über das Verdopplungsziel hinaus zu einer weiteren Ausweitung der Nutzung erneuerbarer Energien kommen muss. Um dies zu erreichen, wird die Debatte über geeignete Instrumente weitergeführt werden müssen. Möglicherweise wird im nächsten Jahrzehnt eine CO_2-Quote die Schlüsselfunktion übernehmen, die heute das Erneuerbare Energien Gesetz und traditionelle Förderprogramme haben.

Klar ist aber auch, dass der Einstieg in eine nachhaltigere Energieversorgung mittelfristig zwingend die Korrektur heutiger Energiepreise verlangt, welche die externen Kosten der herkömmlichen Energieversorgung nicht enthalten. Es ist also wesentlich, die ökologische Steuerreform konsequent weiterzuführen und die „Subventionierung" der fossilen und nuklearen Energieversorgung in absehbarer Zeit zu beenden, damit erneuerbare Energien in liberalisierten Energiemärkten faire Wettbewerbschancen erhalten.

In dem Maße, in dem über natürliche Energiepreissteigerungen oder Maßnahmen der ökologischen Steuerreform die Differenzkosten zwischen Energiesystemen auf der Basis erneuerbarer Energien und herkömmlichen Energiesystemen sinken, verringern sich auch die durch zusätzliche Instrumente zu mobilisierenden Fördermittel. Treten mittelfristig näherungsweise „ökologisch korrekte" Energiepreise an die Stelle der heutigen Preisgestaltung auf den Energiemärkten, kann auf andere Unterstützungsmaßnahmen zur Markteinführung erneuerbarer Energien langfristig möglicherweise verzichtet werden. Bis auf wenige Ausnahmen (z. B. Photovoltaik) können sich im Bereich der erneuerbaren Energien dann selbst tragende Märkte entwickeln. Dies ist spätestens für den Zeitraum nach dem Jahr 2010 unbedingt anzustreben.

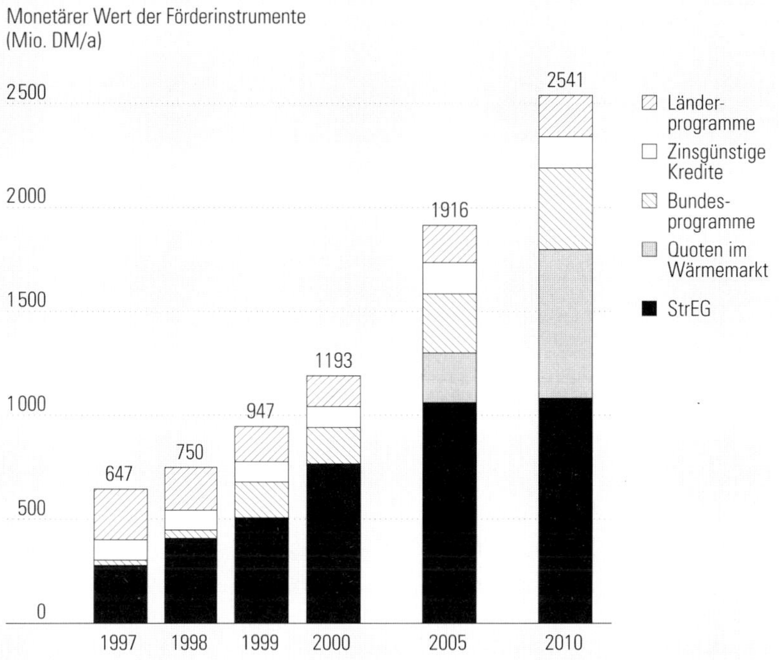

Verlauf der für eine Verdopplung des Beitrags erneuerbarer Energien erforderlichen Fördermittel, getrennt nach StrEG (bzw. dem EEG als seinem Nachfolger), Quote im Wärmemarkt (für Großanlagen) und budgetwirksamen Aufwendungen des Bundes und der Länder.

Epilog
Aufbruch in die Zukunft

Wir sind am Ende unserer Überlegungen zum Thema erneuerbare Energien angekommen. In den vergangenen 14 Kapiteln haben wir uns bemüht, das für die weitere Entwicklung der Menschheit so wichtige Gebiet der künftigen Energieversorgung von allen Seiten zu beleuchten und dem Leser wesentliche Informationen zu vermitteln. Jetzt, zum Schluss, fällt es uns schwer, all das, worauf es ankommt, noch einmal kurz und bündig zusammenzufassen. Wir wollen es daher mit einer schlaglichtartigen Darstellung der wichtigsten Erkenntnisse und Schlussfolgerungen bewenden lassen in der Hoffnung, damit dem Leser eine Orientierung zu geben, aber auch die Lust für eine tiefer gehende Lektüre der einzelnen Kapitel zu wecken. Welche wesentlichen Erkenntnisse lassen sich also aus unseren Überlegungen ableiten?

- Klimaschutz, knapper werdende Ressourcen und das Gebot einer nachhaltigen Entwicklung für alle Menschen erfordern in den nächsten Jahrzehnten deutliche strukturelle Veränderungen in der weltweiten Energieversorgung. Die notwendigen Weichen hierfür müssen schon heute gestellt werden. Zudem müssen die Veränderungen sorgfältig aufeinander abgestimmt werden, damit die gewünschten Wirkungen auch erreicht werden. Hierzu kann und muss insbesondere auch der Ausbau erneuerbarer Energien beitragen.

- Die Bundesregierung hat mit der Erklärung von Bundeskanzler Schröder Ende 1999 auf der Klimakonferenz in Bonn eine Verdopplung des Anteils erneuerbarer Energien bis 2010 zur offiziellen Zielsetzung des Bundes erklärt. Dieses Verdopplungsziel ist als erstes Etappenziel und Beitrag Deutschlands auf dem Wege der weltweiten Umstrukturierung zu verstehen. Aus heutiger Sicht erscheint diese Verdopplung sowohl im Strom- wie im Wärmemarkt eine Minimalvoraussetzung und ein wichtiger Meilenstein zu sein, um die längerfristigen Anforderungen an eine nachhaltige Energieversorgung zeitgerecht erfüllen zu können. Sie sichert Deutschland aber gleichzeitig auch eine gute Position in den wachsenden globalen Märkten für Technologien erneuerbarer Energien. Die Bundesregierung steht damit in der Pflicht, neben der Realisierung der bereits formulierten Klimaschutzziele auch dieses Ziel mit entsprechenden Maßnahmen in Angriff zu nehmen.

Erneuerbare Energien sind umso eher in der Lage, einen maßgeblichen Beitrag zur Erreichung der angestrebten Ziele zu leisten, je größer die zeitgleich erzielbaren Erfolge im sparsamen Umgang mit Energie sind. Langfristig wird die Einführung erneuerbarer Energien nur dann eine Umorientierung bewirken, wenn gleichzeitig eine konsequente Politik für die Erhöhung der Energieproduktivität betrieben wird. Energiesparen ist darüber hinaus für die Industrieländer auch aus ökonomischer Sicht ein Gebot künftiger Entwicklung.

Mit der Verabschiedung des Erneuerbare Energien Gesetzes sowie der Ausweitung oder Konsolidierung weiterer bundes- und landesweit wirksamer Programme sind wichtige Impulse für den angestrebten Ausbau erneuerbarer Energien gesetzt worden. Insbesondere der Bund bekennt sich nun zu seiner Verantwortung, auch in der schwierigen Anfangsphase. Der Kurs stimmt also.

Hinsichtlich des Umbaus der Energieversorgung in Deutschland ist vor allem – neben dem von uns betrachteten Verkehrssektor – zwischen zwei Bereichen zu unterscheiden: der Strom- und der Wärmeversorgung. Die Strukturveränderungen werden im Strombereich kurz- und mittelfristig vor allem durch verstärkte Stromeinsparanstrengungen, einen Ausbau der Kraft-Wärme-Kopplung und eine verstärkte Nutzung von Erdgas gekennzeichnet (Etappe 1); langfristig aber durch den Ausbau erneuerbarer Energien (Etappe 2).

Spätestens zwischen 2030 und 2050 können erneuerbare Energien zur wichtigsten Quelle für die Stromerzeugung werden. Bis dahin muss der Umbau der heimischen Energieversorgung weitestgehend abgeschlossen sein. Die Kernenergie wird zu diesem Zeitpunkt keine Beiträge mehr zur Stromerzeugung leisten, und auch fossile Energieträger werden stetig zurückgedrängt. Auch der Stromimport aus erneuerbaren Quellen gewinnt dann zusehends an Bedeutung. Heimische Erzeugung und Import von Strom aus erneuerbaren Energien zusammen könnten zur Jahrhundertmitte mehr als drei Fünftel des Strombedarfs in Deutschland decken.

Die Umstrukturierung des Wärmesektors findet vermutlich langsamer statt, sie bringt jedoch längerfristig ebenfalls erhebliche Veränderungen mit sich. Kennzeichen einer zukünftigen Wärmeversorgung werden vor allem Nahwärmeversorgungen unterschiedlicher Größe sein, die eine gesicherte Wärmeversorgung aus verschiedenen Quellen erneuerbarer Energien hauptsächlich in Verbindung mit Erdgas gewährleisten. Erneuerbare Energien dringen auch in den Bereich der Prozesswärme vor.

- Die zeitliche Entwicklung der Einzeltechnologien ist für jeden der beiden Teilmärkte verschieden. Im Bereich der Stromerzeugung liegt der Fokus zunächst im weiteren Ausbau der Windenergie, während im Bereich der Wärmebereitstellung vor allem biogene Energieträger und Solarthermie deutlich stärkere Beiträge leisten werden.

- Die bisherigen Maßnahmen reichen nicht aus, um die Verdopplung der erneuerbaren Energien bis 2010 zu erreichen. Ausruhen gilt also nicht. Wir haben versucht, einen Policy-Mix aufzuzeigen, mit dessen Hilfe es möglich wird, die angestrebten Ziele zu realisieren.

- Die notwendigen Maßnahmen sind eine Mischung aus eher evolutionär geprägten Instrumenten und innovativen Konzepten. Dabei ergibt sich für den Umbau der Stromerzeugung ein eher evolutionärer Ansatz. Dieser enthält das erst im April 2000 verabschiedete Erneuerbare Energien Gesetz, das jedoch durch weitere Elemente flankiert werden muss. Bei der bisher stiefmütterlich behandelten Wärmeerzeugung sollten dagegen innovative Instrumente wie Quotenregelungen und/oder Bieterwettbewerbe eine Chance bekommen.

- Mit dem Maßnahmenpaket müssen Differenzkosten zur konventionellen Energiebereitstellung von 1,8 Milliarden DM im Jahr 2000 und bis zu 4 Milliarden DM im Jahr 2010 kompensiert werden. Unter Einbeziehung eines freiwilligen Engagementes der Stromverbraucher ist dies durch ein Fördervolumen zu realisieren, das von 1,3 Milliarden DM im Jahr 2000 auf 2,6 Milliarden DM im Jahr 2010 ansteigt.

- Insgesamt werden im Zeitraum 2000 bis 2010 rund 21 Milliarden DM an Fördermitteln zum verstärkten Ausbau von erneuerbaren Energien notwendig sein. Auch wenn die notwendige Anschubfinanzierung deutlich niedriger ist als Subventionen in anderen Bereichen (beispielsweise für den deutschen Steinkohlebergbau), ist die zeitgerechte Verwirklichung des Verdopplungsziels insgesamt eine große Herausforderung.

Für die Umsetzung der in unserem Buch angeregten Neuorientierung in der Energiepolitik und der dazu vorgeschlagenen Maßnahmen ist die Zeit so günstig wie nie. Dies belegen nicht nur die seit 1998 bereits getroffenen Maßnahmen. Darüber hinaus ist der im Juni 2000 zwischen Bundesregierung und Kernkraftwerksbetreibern ausgehandelte Energiekonsens ein wichtiger Meilenstein in der Neugestaltung der Energieversorgung. Mit dem eingeläuteten

Ende der Kernenergie in Deutschland endet auch die Phase der weitgehenden Beschränkung energiepolitischer Diskussionen auf die Frage nach den Laufzeiten von Kernkraftwerken, und es entsteht der Freiraum wie auch die Notwendigkeit, über eine andere Energiepolitik nachzudenken, ein Neuanfang, der zu einer klimaverträglichen, risikoarmen und energieeffizienten Energieversorgung führen muss. Mehr denn je besteht die Chance, dies im Verbund mit der Industrie und dem Handwerk zu schaffen – eine Gelegenheit, die beim Schopf gepackt werden muss, um das Know-how, den Innovationsgeist und den Ideenreichtum der Branche und aller übrigen Akteure für die wichtige Aufgabe nutzen zu können. Das Klima dafür ist günstig, die Chancen sind nach diesem Auftakt gegeben.

Wir, die Autoren, hoffen, dass sie engagiert genutzt werden. Wenn dieses Buch dazu einen Beitrag leisten könnte, würden wir uns freuen.

Glossar

Endenergie
Der Begriff bezeichnet die vom Endverbraucher genutzten Energieträger. Endenergie ist Primärenergie abzüglich aller Umwandlungs- und Verteilungsverluste, des Energieverbrauchs von Kraftwerken und Raffinerien und des Einsatzes von Rohenergie für nicht energetische Zwecke.

Energiemengen (Beispiele)

Globaler Primärenergieverbrauch 1997:	390	EJ/a	Deutschland: 14,5 EJ/a
Globaler Endenergiebedarf 1997:	275	EJ/a	Deutschland: 9,5 EJ/a
Globaler Stromverbrauch 1998:	14 400	TWh/a	Deutschland: 460 TWh/a
Stromverbrauch von Stuttgart:	3,7	TWh/a	= 3 700 GWh/a
Brennstoffverbrauch für Raumheizung und Warmwasser in Stuttgart:	25	PJ/a	= 25 000 GJ/a

J (Joule)
Dies ist die Basiseinheit für Energie.
1J = 1 NM (Newtonmeter) = 1 Ws (Wattsekunde). Da 1 Joule nur einer geringen Energiemenge entspricht, werden meist Vielfache dieser Einheit verwendet:

kJ	=	10^3 Joule	=	1000 Joule (Kilo-)
MJ	=	10^6 Joule	=	1 Million Joule (Mega-)
GJ	=	10^9 Joule	=	1 Milliarde Joule (Giga-)
TJ	=	10^{12} Joule	=	1 Billion Joule (Tera-)
PJ	=	10^{15} Joule	=	1 Billiarde Joule (Peta-)
EJ	=	10^{18} Joule	=	1 Trillion Joule (Exa-)

kWh (Kilowattstunde)
sehr gebräuchliche Einheit, die vor allem für Elektrizität benutzt wird:

1 kWh	= 3600 kJ	= 3,6 MJ	(1h (Stunde)	= 3600 s (Sekunde))
1 GWh	= 10^6 kWh	= 1 Million kWh	= 3 600 GJ	= 3,6 TJ
1 TWh	= 10^9 kWh	= 1 Milliarde kWh	= 3 600 TJ	= 3,6 PJ

Mio. t SKE (Millionen Tonnen Steinkohleeinheiten)
Einheit, die in Statistiken häufig verwendet wird. Analog sind Mio. t ROE Rohöleinheiten:

1 Mio. t SKE	=	8,14 TWh	=	29, 31 PJ
1 Mio. t ROE	=	11,63 TWh	=	41, 87 PJ

Primärenergie
Der Begriff bezeichnet die zur Gewinnung von nutzbaren Energieträgern (Heizöl, Benzin, Strom, Fernwärme usw.) eingesetzte Rohenergie (Braunkohle, Steinkohle, Uran, Erdgas, Biomasse usw.).

TWa (Terawattjahr)
sehr große Energieeinheit, 1 a (Jahr) = 8760 h:
1TWa = 8760 TWh = 31,54 EJ

W
Dies ist die Basiseinheit für die Leistung von Energieanlagen. Sie entsteht durch Division der Energieeinheit durch die Zeit:
1 W = 1 J/s
1kW = 1 KJ/s = 1 kWh/h *usw.*

Weiterführende Literatur

Bundesministerium für Umwelt und Reaktorsicherheit. *Erneuerbare Energien und Nachhaltige Entwicklung,* Broschüre, Bonn 1999.

Bundesministerium für Wirtschaft und Technologie. *Jetzt Erneuerbare Energien nutzen,* Broschüre, Berlin 1999.

Dt. Bundestag (Hrsg.): *Mehr Zukunft für die Erde.* Schlussbericht der Enquete-Kommission „Schutz der Erdatmosphäre". Economica Verlag, Bonn 1995.

Energie im 21. Jahrhundert, Aktuelle Wirtschaftsanalysen 5/1995, Heft 25. Studie der Shell AG. Hamburg 1995.

Energie für Deutschland – Fakten, Perspektiven und Positionen im globalen Kontext, Dt. Nat. Komitee des Weltenergierates. Düsseldorf 1998.

Global Energy Perspectives to 2050 and Beyond. Joint IIASA – World Energy Council Report, Laxemburg, London 1995.

M. Kaltschmitt, M. Fischedick: *Wind- und Sonnenenergie im Kraftwerksverbund,* C. F. Müller Verlag, Karlsruhe 1995.

M. Kaltschmitt, A. Wiese: *Erneuerbare Energien,* Springer Verlag, Berlin, 2. Auflage 1997.

H. Lehmann, T. Reetz: *Zukunftsenergien,* Birkhäuser Verlag, Basel 1995.

A. Lovins, P. Hennicke: *Voller Energie – Die globale Faktor Vier-Strategie für Klimaschutz und Atomausstieg.* Campus, Frankfurt 1999.

D. Meadows u. a.: *Die Grenzen des Wachstums,* DVA, Stuttgart 1972.

D. Meadows u. a.: *Die neuen Grenzen des Wachstums,* DVA, Stuttgart 1992.

J. Nitsch, M. Fischedick, N. Allnoch, F. Staiß u.a.: *Klimaschutz durch Nutzung erneuerbarer Energien.* Studie im Auftrag des BM für Umwelt, Naturschutz und Reaktorsicherheit und des Umweltbundesamtes, Stuttgart, Berlin, Nov. 1999. Erschienen in der Berichtsreihe des Umweltbundesamtes: Bericht 2/00, Erich Schmidt Verlag, Berlin 2000.

J. Nitsch, J. Luther u.a.: *Strategien für eine nachhaltige Energieversorgung. – Ein solares Langfristszenario für Deutschland.* In: Strategien für eine nachhaltige Energieversorgung. Workshop des Forschungsverbunds Sonnenenergie, Hrsg: H. Hertlein, Köln 1998.

J. Nitsch, F. Trieb: *Potenziale und Perspektiven regenerativer Energieträger.* Gutachten im Auftrag des Büros für Technikenfolgen-Abschätzung am Dt. Bundestag, Stuttgart, März 2000.

Politikszenarien für den Klimaschutz. Untersuchungen im Auftrag des BMU. Hrsg. G. Stein, B. Strobel. Band 5: H.J. Ziesing u.a. „Szenarien und Maßnahmen zur Minderung der CO_2-Emissionen in Deutschland bis 2020". FZ Jülich, Reihe Umwelt/Environment, Bd. 20, 1999.

Prognos AG (Hrsg): *Energiereport III – Die längerfristige Entwicklung der Energiemärkte im Zeichen von Wettbewerb und Umwelt.* Hrsg. von der Prognos AG, Schäffer-Poeschel Verlag, Stuttgart 2000.

F. Staiß: *Jahrbuch Erneuerbare Energien 2000.* Hrsg. von der Stiftung Energieforschung Baden-Württemberg, Bieberstein Verlag, Radebeul 2000.

Umweltbundesamt (Hrsg.): *Nachhaltiges Deutschland,* Erich Schmidt Verlag, Berlin 1997.

E. U. von Weizsäcker, A. Lovins, L. H. Lovins: *Faktor Vier: Doppelter Wohlstand – halbierter Naturverbrauch,* Droemer Knaur, München 1995.

W. Witzel, D. Seifried: *Das Solarbuch – Fakten, Argumente, Strategien.* Förderverein Energie- und Solaragentur Regio Freiburg (fesa), Freiburg 2000.

Bildnachweis

S. 23, Abb. oben rechts (Flachkollektoren): Wagner & Co. Solartechnik, Cölbe; S. 27, Abb. oben links (Parabolrinnen-Dampfkraftwerk): IEA-SolarPACES – SANDIA/DOE, Abb. oben rechts und unten links (Solarturm-Kraftwerk und Paraboloid-Kraftwerk): IEA-SolarPACES – CIEMAT und DLR (SolarPACES = Solar Power and Chemical Energy Systems Program of the International Energy Agency, Gifhorn-Winkel); S. 30, Abb. links (netzgekoppelte Anlage): Fraunhofer Institut Solare Energiesysteme, Freiburg; S. 45 (Hot Dry Rock Verfahren): Stadtwerke Bad Urach; S. 48 (Talsperren-Speicherkraftwerk): Tauernkraftwerke AG, Salzburg.

Die Autoren

Dr. Ing. Manfred Fischedick
Jahrgang 1964, Studium der Chemietechnik an der Universität Dortmund mit den Schwerpunkten Energie- und Umwelttechnik, Promotionsstudium und wissenschaftlicher Mitarbeiter an der Universität Stuttgart, seit November 1993 wissenschaftlicher Koordinator für die Arbeitsgebiete „Zukunftsenergien und Energieszenarien" und Projektleiter in der Abteilung Energie am Wuppertal Institut für Klima, Umwelt, Energie GmbH. Neben den Nutzungsmöglichkeiten erneuerbarer und innovativer Energietechniken beschäftigt sich Manfred Fischedick mit Fragen der Energiesystemanalyse, mit Energiemodellen und –szenarien sowie mit Instrumenten der globalen und nationalen Energiepolitik.

Dipl. Wirtsch. Ing. Ole Langniß
Jahrgang 1965, Studium des Wirtschaftsingenieurwesens an der Technischen Universität Berlin, seit 1992 wissenschaftlicher Mitarbeiter in der Abteilung „Systemanalyse und Technikbewertung" im Institut für Technische Thermodynamik des Deutschen Zentrums für Luft- und Raumfahrt und Projektleiter verschiedener europäischer Forschungsprojekte im Bereich der Markteinführung erneuerbarer Energien. Arbeitsschwerpunkte sind die Entwicklung von Markteinführungsstrategien für fortschrittliche Energietechnologien mit Schwerpunkt bei erneuerbaren Energien, deren Wirtschaftlichkeit und Finanzierung sowie Auswirkungen ihrer Einführung auf die Volkswirtschaft.

Dr. Ing. Joachim Nitsch
Jahrgang 1940, Studium der Luft- und Raumfahrttechnik an der Universität Stuttgart; seit 1975 im Energiebereich tätig; Leiter der Abteilung „Systemanalyse und Technikbewertung" im Institut für Technische Thermodynamik des Deutschen Zentrums für Luft- und Raumfahrt, Gründungsmitglied von EUROSOLAR. Wichtigste Arbeitsbereiche: Modellrechnungen, Szenarioentwürfe und Einsatzanalysen zu neuen Energie- und Antriebssystemen und zu ihrem Stellenwert in einer nachhaltigen Energieversorgung mit den Schwerpunkten Erneuerbare Energien, Kraft-Wärme-Kopplung, kommunale Energieversorgung sowie Wasserstoff- und Brennstoffzellentechnologie.